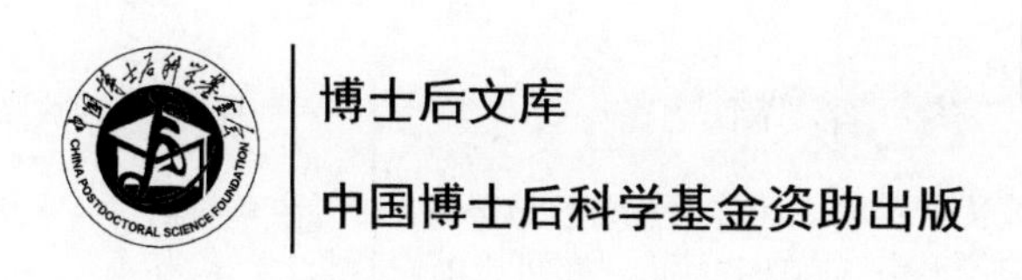

气固两相流的“超可压缩性”

张晨曦　著

科学出版社
北　京

内 容 简 介

本书围绕气固两相流优异流动性和传递能力的显著特点，抓住其与低温物理“超流”的相似性，提出气固两相流的“超可压缩性”概念，借鉴朗道准粒子模型建立描述气固两相流“超可压缩性”这一宏观量子效应的理论框架。在此基础上，面向气固两相流相结构调控这一核心问题，基于实验建立颗粒相压力、颗粒温度和固体颗粒体积分数的定量关系，对于不同颗粒温度的气固流动体系通过颗粒相压力的变化调控气固相结构。进一步地，深刻理解“超可压缩性”气固一维变截面流的噎塞与二维钝体绕流的类脱体激波现象，面向生产实践设计了一维多孔板和二维伞型构件，实现了气固流化床反应器内停留时间分布的精准调控。

本书从数学方法、物理模型以及化工应用三个层次展开论述。既有基础的数学推导与物理概念，也有面向应用的工程设计，可作为高等学校研究生和多相反应器工程技术人员的参考书。

图书在版编目(CIP)数据

气固两相流的“超可压缩性”/张晨曦著. —北京：科学出版社，2021.3

(博士后文库)

ISBN 978-7-03-068125-6

Ⅰ. ①气…　Ⅱ. ①张…　Ⅲ. ①气体-固体流动　Ⅳ. ①O359

中国版本图书馆 CIP 数据核字(2021)第 033198 号

责任编辑：霍志国　金　蓉/责任校对：杨　赛
责任印制：吴兆东/封面设计：东方人华

科学出版社 出版
北京东黄城根北街 16 号
邮政编码：100717
http://www.sciencep.com

北京九州迅驰传媒文化有限公司 印刷

科学出版社发行　各地新华书店经销

*

2021 年 3 月第 一 版　开本：720×1000　1/16
2021 年 6 月第二次印刷　印张：16
字数：330 000

定价：118.00 元

《博士后文库》编委会名单

《博士后文库》序言

1985 年，在李政道先生的倡议和邓小平同志的亲自关怀下，我国建立了博士后制度，同时设立了博士后科学基金。30 多年来，在党和国家的高度重视下，在社会各方面的关心和支持下，博士后制度为我国培养了一大批青年高层次创新人才。在这一过程中，博士后科学基金发挥了不可替代的独特作用。

博士后科学基金是中国特色博士后制度的重要组成部分，专门用于资助博士后研究人员开展创新探索。博士后科学基金的资助，对正处于独立科研生涯起步阶段的博士后研究人员来说，适逢其时，有利于培养他们独立的科研人格、在选题方面的竞争意识以及负责的精神，是他们独立从事科研工作的“第一桶金”。尽管博士后科学基金资助金额不大，但对博士后青年创新人才的培养和激励作用不可估量。四两拨千斤，博士后科学基金有效地推动了博士后研究人员迅速成长为高水平的研究人才，“小基金发挥了大作用”。

在博士后科学基金的资助下，博士后研究人员的优秀学术成果不断涌现。2013 年，为提高博士后科学基金的资助效益，中国博士后科学基金会联合科学出版社开展了博士后优秀学术专著出版资助工作，通过专家评审遴选出优秀的博士后学术著作，收入《博士后文库》，由博士后科学基金资助、科学出版社出版。我们希望，借此打造专属于博士后学术创新的旗舰图书品牌，激励博士后研究人员潜心科研，扎实治学，提升博士后优秀学术成果的社会影响力。

2015 年，国务院办公厅印发了《关于改革完善博士后制度的意见》（国办发〔2015〕87 号），将“实施自然科学、人文社会科学优秀博士后论著出版支持计划”作为“十三五”期间博士后工作的重要内容和提升博士后研究人员培养质量的重要手段，这更加凸显了出版资助工作的意义。我相信，我们提供的这个出版资助平台将对博士后研究人员激发创新智慧、凝聚创新力量发挥独特的作用，促使博士后研究人员的创新成果更好地服务于创新驱动发展战略和创新型国家的建设。

祝愿广大博士后研究人员在博士后科学基金的资助下早日成长为栋梁之才，为实现中华民族伟大复兴的中国梦做出更大的贡献。

中国博士后科学基金会理事长

前　言

气固两相流因其具有类似气体的优异流动性，又得益于颗粒碰撞带来的优异传递能力而广泛应用于化学工业。本书围绕气固两相流优异流动性和传递能力的显著特点，抓住其与低温物理“超流”的相似性，提出气固两相流的“超可压缩性”概念，借鉴朗道准粒子模型建立描述气固两相流“超可压缩性”这一宏观量子效应的理论框架。在此基础上，面向气固两相流相结构调控这一核心问题，基于实验建立颗粒相压力、颗粒温度和固体颗粒体积分数的定量关系，对于不同颗粒温度的气固流动体系通过颗粒相压力的变化调控气固相结构。进一步地，深刻理解“超可压缩性”气固一维变截面流的噎塞与二维钝体绕流的类脱体激波现象，面向生产实践设计了一维多孔板和二维伞型构件，实现了气固流化床反应器内停留时间分布的精准调控。

本书第 1 章对气固两相流与流化床反应器、相结构与反应器停留时间分布、可压缩性以及低温物理中超流现象和朗道准粒子模型进行概述。第 2 章围绕气固两相流的相结构特征，从热力学角度揭示其在气固两相流中普遍共存的原因：气穴相与颗粒聚团是气固拟均相这一亚稳态在一定条件下对应的两个稳定相态；基于爱因斯坦扩散方程给出了气固相结构对流化床停留时间分布影响的定量关系式。第 3 章围绕气固密相流化的优异流动性和高效的导热能力，基于类超流的低温物理特性在朗道准粒子模型的基础上提出“超可压缩流”的概念，并建立完整的数学框架进行描述。第 4 章抓住气固两相流可压缩性的特征，围绕气固过孔相分离展开论述，先后建立描述气固稀相与密相准一维变截面流的理论框架，定量分析其在过窄孔时相分离的程度，构建了具有缩口结构的旋风分离器以及具有多孔板构件的多段流化床。第 5 章抓住气泡与激波结构的相似性，借鉴强可压缩流中激波的数学表达，建立二维气固密相流态化中气泡形成机制的数学框架；提出带伞型构件的多级喷动流化床，首次在喷动床中实现了多级气固流动结构的设计。

在本书的撰写过程中，得到了清华大学魏飞教授、骞伟中教授以及王垚副教授的指导。本书研究内容部分来自于国家自然科学基金项目“气固两相流过孔相分离的机制与调控”(No. 21908125)、国家重点研发计划子课题“甲醇制芳烃和聚甲氧基二甲醚的催化与反应工程基础”(2018YFB0604801)以及第 64 批中国博士后科学基金面上资助一等资助(2018M640138)和第 12 批中国博士后科学基金特别资助(2019T120099)。特别地，本书献给我的妻子朱青女士，本书凝结你给予我一如既往的支持。

由于本书内容涉及许多复杂的科学问题，且作者学识水平与能力有限，难免会存在一些不当与疏漏，恳请广大读者批评指正。

张晨曦
于清华园

2020 年 12 月 1 日

目　录

第1章 绪 论

1.1 气固两相流与流化床反应器

1.1.1 气固两相流

多相流是自然界三种物质状态(气态、液态和固态)其中两种或三种的混合流动，即气-液、气-固、液-固构成的两相流动以及气-液-固三相流动。由于多相流相间存在相互作用且有相界面，因此多相流是流体力学的一个重要分支，广泛应用于化学工程、生物、医学、石油等重要领域[1]。在自然界中，一些典型的例子是雨、雾、沙尘、泥沙入海(图 1-1)；在工程应用中，各种发动机、流化床反应器、宇航飞行器的两相绕流、石油天然气的开采和运输、血液的循环和凝固、水利工程中的泥沙等无不与两相流动有关；在人类社会中，若是将人视为离散的颗粒，则其流动也呈现多相流的特征。本书的研究对象是气固两相流，因其既具有类似气体的优异流动性又得益于颗粒碰撞带来的优异传递能力，已成为多相反应工程的核心。固体颗粒间强相互作用使得其成为典型的远离平衡态的耗散体系[2]，因此其颗粒相温度随着耗散降低进而呈现低温物理中类“超流”的宏观量子效应；

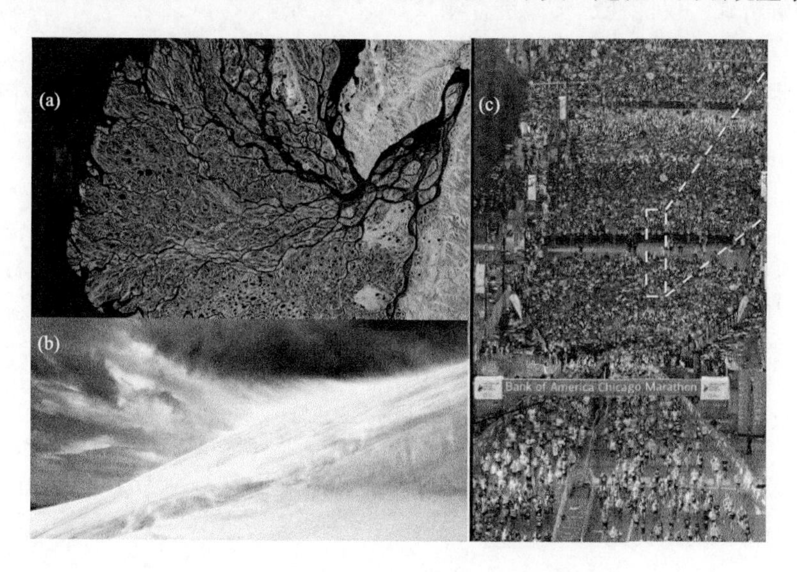

图 1-1 自然界与人类社会中的多相流体系

同时，由于较低的颗粒温度意味着声速即压力波在固体颗粒介质中的传播速度很低，进而出现“超可压缩性”，这成为气固两相流体系中相结构形成的主因。

气固两相流的主要特点是气体与固体颗粒可分别具有其自身的速度与温度。因此，由于存在两相速度和温度梯度，气固两相必然发生相互作用。固体颗粒受到阻力作用且与气体发生热交换，使得气固两相流的速度和温度趋于相同，该相互接近趋势的瞬时速率取决于瞬时气固两相流场的速度及温度梯度。由此可见，气固两相流是典型的远离平衡态耗散体系。这一类随着时间衰减的偏离平衡态的过程(如弹簧的阻尼振荡)称为松弛，这里可以用松弛时间表示其特征。本节从气固两相流的松弛过程出发，以气固两相松弛时间为特征值，阐述气固两相的特征并对其分类描述。

1. 气固两相的速度松弛过程

首先考虑气体与单颗粒的作用关系。一般地，气固两相流中流体与固体颗粒之间的相对运动有三种情况：气体对静止固体颗粒做绕流；固体颗粒在静止气体中做沉降运动；气固两相都运动且具有相对速度。但是只要保证气固两相相对运动速度相同(称之为滑移速度)，以上三种情况是一致的。如果固体颗粒的速度 U_p 与气体的速度 U_g 不同，那么气体作用在固体颗粒上的力取决于气固滑移速度 U_g-U_p，称这个力为黏性阻力。由于湍流的复杂性，即使颗粒是最简单的球形也仅对于滑移速度很低的情况有解析解，对于雷诺数较高的湍流体系至今未能给出黏性阻力的解析式，仅能通过实验进行测量。

这里根据气固相对流动的动压头与颗粒迎风面积来定义曳力系数 C_D 进而表达黏性阻力的大小。对于颗粒直径为 d_p 和密度为 ρ_p 的单一球形颗粒，其牛顿运动定律为

$$\frac{1}{6}\pi d_p^3\rho_p\frac{dU_p}{dt}=C_D\frac{1}{2}\rho_g(U_g-U_p)^2\frac{1}{4}\pi d_p^2 \tag{1-1}$$

其中，ρ_g 为气体密度，式(1-1)的左边为固体颗粒质量与其加速度乘积，右边仅为黏性阻力项。与流体力学中单相管流曳力系数一致，曳力系数(C_D)是颗粒雷诺数的函数

$$Re_p=\frac{\rho_g d_p\left|U_g-U_p\right|}{\mu} \tag{1-2}$$

其中，μ 为气体黏度。对于很低的颗粒雷诺数($Re_p<1$)，由斯托克斯(Stokes)定律在理论上得出的阻力为

$$F_D=3\pi d_p\mu(U_g-U_p) \tag{1-3}$$

斯托克斯区的典型特征是，斯托克斯阻力与气体的密度无关，黏性阻力与速度成正比，即服从一次方定律。典型事例为黏性流体对直径为 d_p 圆球的低速绕流(爬流)。当进一步提高颗粒雷诺数，C_D 与雷诺数的关系开始变得复杂，通常可将 C_D 与 Re_p 之间的综合关系绘制成如图 1-2 所示的“标准曳力系数”曲线，则相应曳力系数可写成以下形式

$$C_D=\left(\frac{24}{Re_p}\right)f(Re_p) \tag{1-4}$$

将式(1-4)代入(1-1)中可得

$$\frac{dU_p}{dt}=\frac{(U_g-U_p)f(Re_p)}{\tau_V} \tag{1-5}$$

其中，运动的速度松弛时间为

$$\tau_V=\frac{\rho_p d_p^2}{18\mu} \tag{1-6}$$

在斯托克斯区(Re_p<1)，对于恒定的气体速度(U_g)对式(1-5)积分可得

$$U_p-U_g=(U_{p,0}-U_g)\exp\left(-\frac{t}{\tau_V}\right) \tag{1-7}$$

其中，$U_{p,0}$ 为在 t=0 时的颗粒速度，该式说明典型松弛过程的滑移速度呈指数衰减。随着 Re_p 的增大，气流在球形颗粒表面上的边界层开始发生脱体现象，脱体点约位于 θ=85° 处；此时颗粒后部形成由许多旋涡组成的尾流，在尾流区内压力降低，因流动引起的压力差显著提高。此处需说明该压力差的存在并不以边界层脱体为前提，事实上在斯托克斯区(爬流区)并不发生边界层的脱体，但是由于黏性耗散颗粒前后压力差同样存在，边界层脱体现象的发生只是该压力差明显增强的标志。当 Re_p 大于 500，此时颗粒前后的压力差成为曳力系数的主要贡献。此时，曳力系数不再随 Re_p 而变化(C_D=0.44)，黏性阻力与流速的平方成正比，即服从平方定律(图 1-2)。当 Re_p 进一步提高至 2×10^5 时，边界层内发生由层流到湍流的转变，气体在颗粒表面的脱体点进一步后移至 θ=145°，由于尾流区域减小，黏性曳力系数下降为 0.1。这里给出一个在较宽颗粒雷诺数范围内都吻合的关系式

$$C_D=\frac{24}{Re_p}\left(1+\frac{1}{6}Re_p^{2/3}\right) \tag{1-8}$$

Re_p 在 500 以内，由式(1-8)计算得到的曳力系数比实验测量获得的标准曳力系数相差小于 5%；在 Re_p=1000 时，相差不大于 10%。

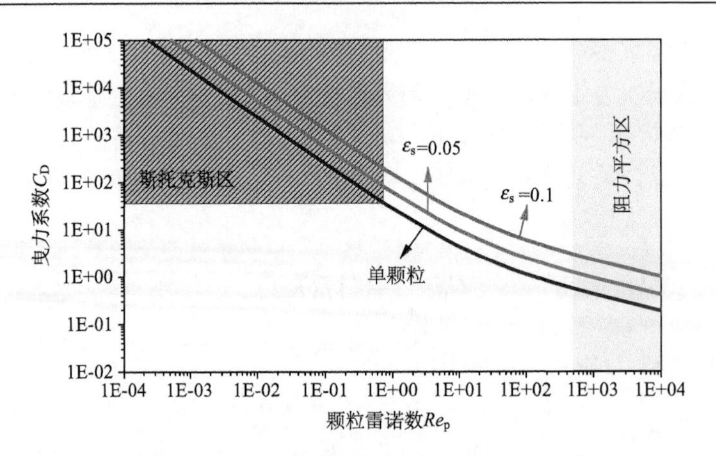

图 1-2　单颗粒与颗粒群曳力系数（C_D）与颗粒雷诺数（Re_p）的关系

随着颗粒浓度的提高，由于颗粒之间相互作用的贡献不能忽略；更为重要的是，颗粒尾迹的体积比颗粒本身大 2～3 个数量级。因此，即使颗粒体积分数很小，颗粒尾迹的相互作用也相当大。此时，固体颗粒体积分数 ε_s 可作为修正颗粒群曳力系数的特征变量。对于颗粒群的表观曳力系数与单个颗粒曳力系数差异的描述有以下两种策略：一种是通过固体颗粒体积分数直接构造颗粒群曳力系数的修正项：

$$\psi=\frac{4+3\varepsilon_s+3(8\varepsilon_s-3{\varepsilon_s}^2)^{1/2}}{(2-3\varepsilon_s)^2} \tag{1-9}$$

其中，ε_s 为固体颗粒体积分数，当 ε_s=0.01 时曳力系数修正项为 1.26；这也说明即使颗粒浓度很小也可能对曳力系数有相当大的影响。另一种颗粒群整体曳力系数的修正思路是从气固两相流的表观黏度入手，即以固体颗粒体积修正过的气固体系黏性系数为基准获得颗粒雷诺数：

$$\mu_{\text{eff}}=\mu\exp\left(\frac{2.5\varepsilon_s}{1-a\varepsilon_s}\right) \tag{1-10}$$

其中，a 为颗粒性质的结构参数，其数值范围 1.35～1.91；如图 1-3（a）所示，当 ε_s 较小时，式（1-10）近似于描述布朗运动的爱因斯坦方程 1+2.5ε_s。

2. 气固两相的温度松弛过程

在气固两相反应器中，通常气相温度与颗粒相温度差异巨大，此时气固两相间传热速率取决于瞬时的气固两相温度梯度。令 T_g 与 T_p 分别代表气相和颗粒相温度，由单颗粒对流传热定律可得：

$$\frac{1}{6}\pi d_p{}^3\rho_p c_s\frac{\mathrm{d}T_p}{\mathrm{d}t}=h\pi d_p{}^2(T_g-T_p)=\pi Nuk_g d_p(T_g-T_p) \tag{1-11}$$

其中，h 为传热系数，c_s 为颗粒比热。传热系数 h 通常使用无因次的努塞特数 $Nu=hd_p/k_g$ 表示，其中 k_g 是气体热传导系数。对于单纯热传导 $Nu=2$，如图 1-3(b)所示，气固对流可大幅提高传热速率。这里努塞特数(Nu)是颗粒雷诺数(Re_p)和普朗特数($Pr=\mu c_p/k$)的函数：

$$Nu=2+0.6Pr^{1/3}Re_p{}^{1/2} \tag{1-12}$$

恒定气相温度并令 $Nu=2$，此时气固两相温度松弛时间为 τ_T:

$$\tau_T=\frac{d_p{}^2\rho_p c_s}{12k_g} \tag{1-13}$$

在起始颗粒温度为 $T_{p,0}$ 的情况下，积分式(1-11)可得解析解为

$$T_p-T_g=(T_{p,0}-T_g)\exp\left(-\frac{t}{\tau_T}\right) \tag{1-14}$$

根据式(1-6)和(1-13)可得到速度与温度松弛时间的关系：

$$\tau_T=\frac{3}{2}Pr\delta\tau_V \tag{1-15}$$

其中，δ 为气固相对比热比 c_s/c_p，对于一般的无机非金属颗粒来说，气固相对比热比一般为 1。对于大多数气体，普朗特数(Pr)接近 2/3。因此，温度与速度的松弛过程通常以近似相等的速度发生。

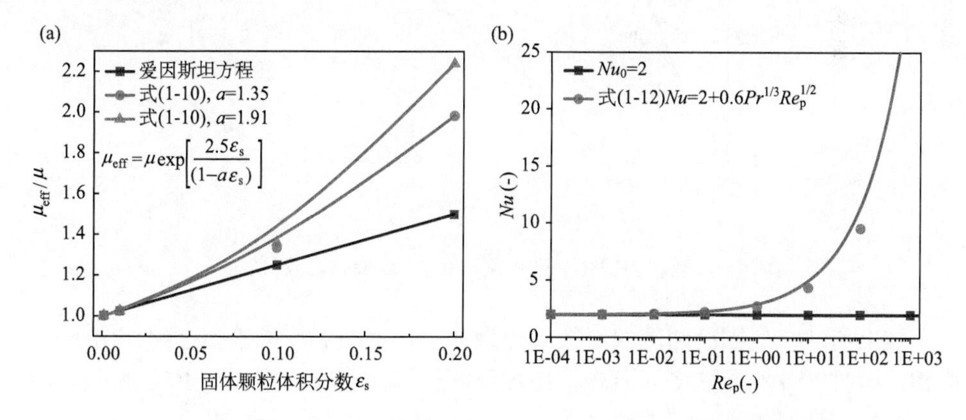

图 1-3 (a)气固两相流有效黏度与固体颗粒体积分数的关系；(b)球形颗粒的努塞特数 Nu

然而，对于包含化学反应尤其是强热效应的过程，热松弛往往是一个十分重要但是易被忽略的方面。对于一个具有均一温度的颗粒，假设其表面温度突然变化且维持在一个新的温度上所传输的热量 q，令 q_∞是当颗粒温度又变为均一时所

传输的总热量，根据热扩散定律可得

$$\frac{q}{q_{\infty}}=1-\frac{6}{\pi}\exp(-\pi^{2}\theta) \tag{1-16}$$

这里

$$\theta=\frac{4k_{\mathrm{p}}t}{\rho_{\mathrm{p}}c_{\mathrm{s}}d_{\mathrm{p}}^{2}} \tag{1-17}$$

如图 1-4 所示，当 θ=0.4 时，颗粒内部已经完成了约 99%的传热。此处定义颗粒内部传热时间 τ_{i} 是颗粒内部温度均一化速率的一个量度，则

$$\frac{\tau_{\mathrm{i}}}{\tau_{T}}=\frac{k}{k_{\mathrm{p}}} \tag{1-18}$$

即颗粒内部与气固之间温度松弛时间之比等于气体与颗粒的热传导系数比值。一般地，对于在空气中的金属颗粒，该比值的数量级在 10^{-4}；即使对于非金属绝缘材料，该比值仍小于 0.1。因此通常不考虑颗粒内部的温度梯度。但是在氢气中的氧化镁(碳纳米管的制备过程)，$\tau_{\mathrm{i}}/\tau_{T}\approx 2$，此时颗粒内部温度均一化需要的时间较长，在此情况下颗粒内部的温度梯度还需特别重视。

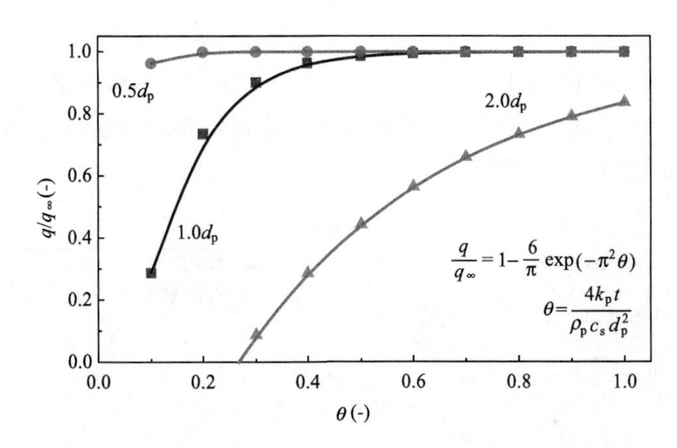

图 1-4　颗粒内部传热过程均一化程度与颗粒直径的关系

综上所述，气固两相流的特征可视为一个速度与温度的松弛过程。由于气固两相流同时涉及湍流和多体问题，在数学解析方面存在困难，对于松弛过程有以下两个极端情况容易进行求解。

① 平衡流动：若速度或温度的松弛时间与所研究体系的特征时间尺度相比可忽略不计，即在非常短的时间内速度或温度梯度趋近于零，在这样的前提下认为气固两相在任何时间和位置保持平衡。在数学描述中，此时速度与温度的松弛时间非常接近于零，即可取 $U_{\mathrm{p}}=U_{\mathrm{g}}$ 和 $T_{\mathrm{p}}=T_{\mathrm{g}}$，称之为“平衡流动”。

② 冻结流动：此时速度或温度的松弛时间与所研究体系的特征时间长度比很长，U_p和T_p的变化可被忽略，即假设U_p和T_p在任何时间与位置保持其起始值，称之为“冻结流动”。

然而，气固两相流的独特魅力在于速度与温度松弛时间不可忽略且速度与温度的梯度又显著存在的情况，此时由于气固两相的动量-能量关系不匹配，会产生自组织相分离过程即出现以气相为主的“气穴”和以颗粒相为主的“聚团”，这两相的相互作用带来了类似超流过程的传递能力大幅提升，这也是本书的研究重点。

1.1.2 气固流化床反应器

1. 流态化的特征

气固流态化的核心是将大比表面的固体颗粒利用低黏度的气体悬浮起来，参与对流传递从而使得固体颗粒具有流动性，且其传热能力与固定床相比提高4～6个数量级。气固流态化具有三个显著特征：①从整体上看，流态化使得原本紧密堆积的颗粒显示某些液体的性质，即“类液体性”。该特性是一个具有实用意义的重要特征，使得固体颗粒的装卸、输送都更为灵活方便；且可容易地实现反应器与再生器之间大量催化剂循环以及反应气氛的转变，非常适应化学工业对大型化的要求。②流化床内固体颗粒处于悬浮状态并不停运动，其中气体与固体颗粒以及固体颗粒间存在强混合。特别对于含有气泡相的气固流态化体系，气泡的上升推动着固体颗粒的向上运动，而此时造成的气穴需要颗粒床层中另一些地方的等量固体颗粒进行补充，这也使得在宏观颗粒床层尺度形成对流而进一步增强宏观尺度的混合能力。③当固体颗粒床层一旦被气体流化起来，全部颗粒处于悬浮状态，相比固体床此时流化床的压降不再随表观气速升高，而恒等于单位截面床内固体颗粒的表观重量，即与表观气速无关。如图1-5所示，恒定压降是流化床的

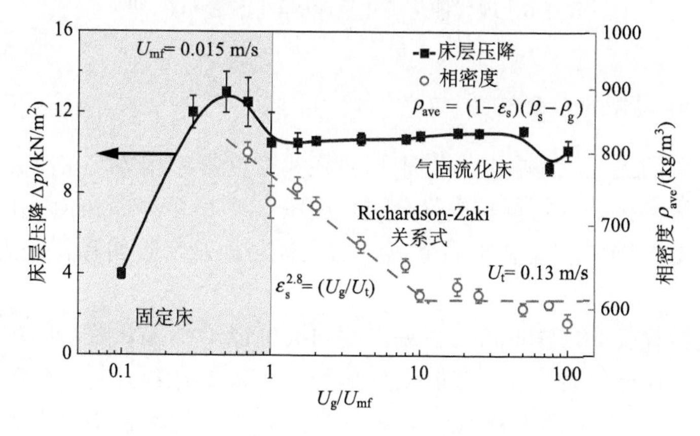

图1-5 固体颗粒床层压降(Δp)和平均密度(ρ_{ave})与表观气速(U_g)的关系

一个重要优点，这一方面使得气固流化床中可以采用细小的微球催化剂以消除内扩散限制而无需担心压降过大；另一方面得以在较高气速下进行操作，极大提高反应器的处理能力[3]。

20 世纪 20 年代初期，德国科学家 Fritz Winkler 建立了世界上第一台用于粉煤气化的流化床气化炉。20 世纪 40 年代，麻省理工学院化工系的 Lewis 教授意识到流化床可以很好地使催化剂在两器间循环流动，同时解决反应器催化剂失活、供热，再生器烧焦需取热的工程问题，因而发明了流化床催化裂化装置。1942 年，第一套工业化的装置建成，这也奠定了现代石油化工的基础。1950 年，流态化成为一门化工学科出现在化工教科书当中。经过几十年的发展，如图 1-6 所示，流化床反应器已经广泛应用于工业生产中。然而，流化床中的固体颗粒间以及气固两相间强非线性耗散使得其成为现代流体力学中最难认识的科学问题之一，如今一般解决方法还是来自于实验和经验。

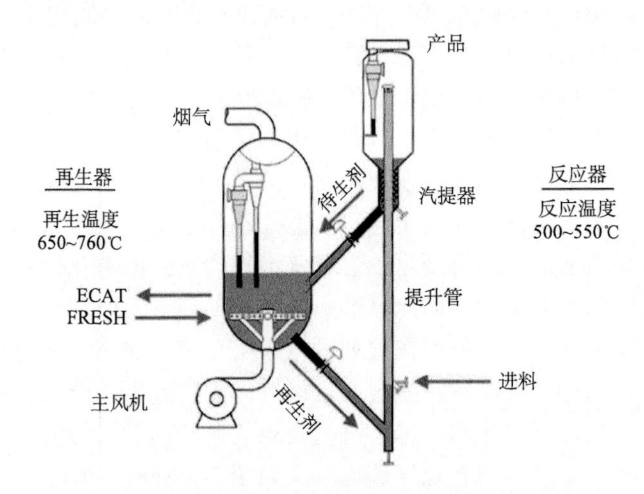

图 1-6 现代催化裂化反应-再生装置示意图[4]

2. Geldart 固体颗粒分类

固体颗粒的流化状态首先与其平均粒径和密度紧密相关，在流态化研究中常根据颗粒的流态化特征将颗粒进行分类。如图 1-7 所示，Geldart[5]在大量实验的基础上，针对气固两相流基于固体颗粒的直径与表观密度将颗粒分为 A、B、C 和 D 四类。

将平均粒径在 30～100μm、表观密度<1400kg/m^3 的细颗粒（可充气颗粒）称为 A 类颗粒。工业催化裂化（FCC）催化剂是典型的 A 类颗粒。其典型流化特征是初始鼓泡速度（U_{mb}）明显高于初始流化速度（U_{mf}），即在达到初始流化速度后会有明

显的散式流化区。气泡相与密相之间的气体交换速度较高，随着颗粒粒度分布变宽或平均粒度降低，气泡尺寸相应减小。

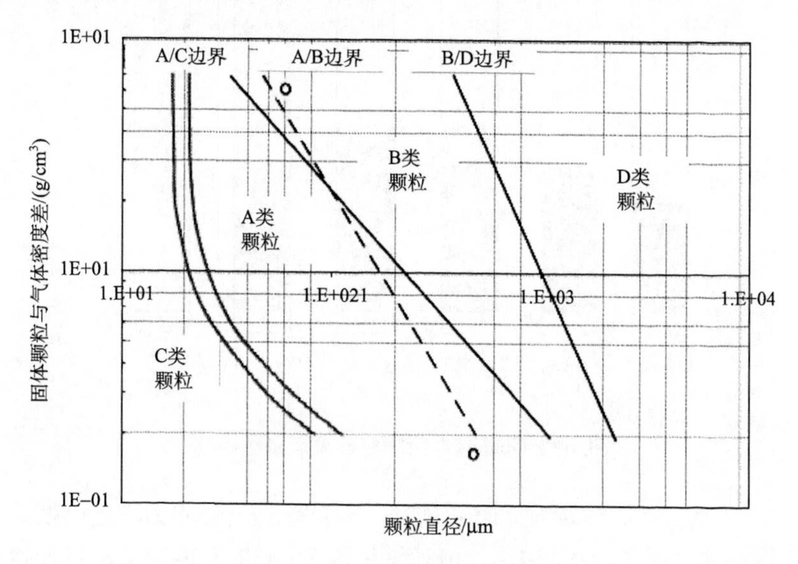

图 1-7 Geldart 颗粒分类[5]

将固体颗粒粒径介于 100～600μm 及表观密度介于 1400～4000kg/m^3 的颗粒称为 B 类颗粒。砂砾以及粉煤燃烧均为典型的 B 类颗粒，其典型流化特征是其初始鼓泡速度(U_{mb})与初始流化速度(U_{mf})相等，即不存在散式流化区。当气速达到初始流化速度时，固体颗粒床层直接进入鼓泡状态。相对 A 类颗粒的流化状态，气泡相与颗粒密相之间的相互作用较弱。

一般将固体颗粒直径小于 20μm 的超细颗粒称为 C 类颗粒，这一类颗粒的显著特征是由于粒径较小、比表面积大，其颗粒间的范德瓦耳斯力很大并超过了气体对颗粒的剪切，极易导致颗粒的聚团，不易流化。传统上认为这类颗粒无法进行流态化操作，但是近年来随着对于纳米粉体的研究，不少成功流化 C 类颗粒的情况也被相继报道，成为了颗粒技术中的热点领域。

将固体颗粒平均粒径>0.6mm 的粗颗粒称为 D 类颗粒。诸如玉米、小麦等粮食颗粒是典型的 D 类颗粒。该类颗粒流化时易产生极大的气泡和节涌，使得操作难以稳定，一般采用喷动床进行流化操作。

3. 流态化操作域

当固体颗粒(平均粒径和密度)确定后，流化状态就主要由表观线速(U_g)决定。这里以 A 类颗粒流化状态为例，如图 1-8 所示随床层内表观气速 U_g 增大，可将操作区间分为以下几个区域。

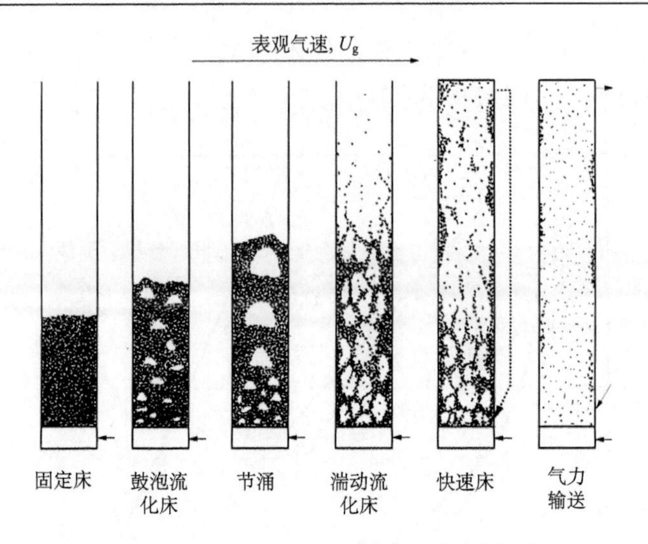

图 1-8　Geldart A 类颗粒的流态化操作域

固定床：气体从固体颗粒间隙通过时，颗粒受到气体阻力不足以抵消其自身重力，颗粒不动呈紧密堆积状态；如流速继续增加，则颗粒间空隙率将开始增加，床层体积逐渐增大，到达某一限值，床层刚刚能被流体托动时，床内颗粒开始流化，此时的线速度为临界流化速度 U_{mf}。设气固流化床的固体颗粒床层高度为 H，床层孔隙率为 ε，则床层压降为

$$\Delta p=\frac{m_s}{A\rho_s}(\rho_s-\rho_g)g=H(1-\varepsilon)(\rho_s-\rho_g)g \tag{1-19}$$

根据欧根公式，对于小颗粒 (Re_p<20) 的固定床压降为

$$\Delta p=150\frac{(1-\varepsilon)^2}{\varepsilon^3}\frac{\mu H}{d_p^2}U_g \tag{1-20}$$

那么，两条压降曲线的交点为起始流化临界点，定义 U_{mf} 为起始流化速度，ε_{mf} 为固体颗粒床层起始流化时的孔隙率，可得

$$U_{mf}=\frac{\varepsilon_{mf}^3}{150(1-\varepsilon_{mf})}\frac{d_p^2(\rho_p-\rho_g)g}{\mu} \tag{1-21}$$

本书主要研究对象是工业使用的微球颗粒催化剂，起始流化速度可用下式快速计算得到

$$U_{mf}=\frac{d_p^2(\rho_p-\rho_g)g}{1650\mu} \tag{1-22}$$

散式流化床：催化剂颗粒脱离接触，但均匀地分散在流化介质中，不存在颗粒聚团现象，床层界面清晰而稳定。这一类流化现象是 A 类颗粒与 B 类颗粒的显

著不同，散式流态化主要发生于液-固系统，此时床层均匀膨胀即颗粒均匀分布于流体之中并做随机运动。

对于 A 类颗粒这样的细颗粒，床层均匀膨胀是显著的。设在临界流化速度 U_{mf} 时，固体颗粒床高为 H_{mf}，颗粒床层空隙率为 ε_{mf}。定义颗粒床层的膨胀比 R 为

$$R \equiv H_f / H_{mf} = (1-\varepsilon_{mf})/(1-\varepsilon_f) = \rho_{mf}/\rho_s \tag{1-23}$$

其中，ρ_{mf} 和 ρ_s 分别为临界流化和实际操作条件下的固体颗粒床层平均密度，R 一般在 1.15～2 之间。

鼓泡流化床：随着表观气速进一步增大，固体颗粒床层内就出现一些气穴，更多的气体将优先取道气穴进而穿过床层至顶部逸出。气穴的移动与合并，就其表面现象来看类似“气泡”，因此称为鼓泡流化床。床内存在两个相，分别称为气泡相和乳化相。由于过量的气体涌向气穴，气穴顶部的颗粒被推开，其结果是另外部分的乳化相补充进来，形成宏观对流进一步增强了宏观传递。聚式流化床的床层上界面不如散式流化那样平稳，而是频繁地起伏波动。界面以上的空间也会有一定量的固体颗粒，其中一部分是由于颗粒直径过小，被气体带出；另一部分是由于“气泡”在界面处破裂而被抛出。流化床界面以下区域为浓相区，界面以上为稀相区。值得注意的是气泡向上的运动速度大于气体的线速度，随着气泡的上升，小气泡会相互聚并形成大气泡，气泡的直径也逐渐增大，气泡直径越大上升的速度越快。在实际应用中，气固在大气泡中接触受到极大抑制，大气泡的比表面积减小传递阻力增大，加之大气泡的快速上升也降低了反应气体的停留时间，这些不利因素都决定了大型鼓泡流化床的设计中如何使进入床层的气体均匀分布是重要课题。当大气泡的尺寸与床直径相当时，就产生了稳定的节涌，其低频高幅压力波动会造成流化床的机械不稳定性，应尽量避免在该状态下操作。

湍动流化床：气速进一步增大，由于气泡不稳定而使得气泡分裂成更多的小气泡，此时气泡尺寸反而比鼓泡床小，运动剧烈且呈不规则形状。在密相床层内，气泡与乳相的边界模糊，内循环加剧，气泡分布更为均匀。此时气体夹带颗粒量大增，使稀相区的固体浓度增大，稀相、密相之间的界面也变得模糊不清，此时稀相空间的气固相互作用不可忽视。在此流化状态，催化剂颗粒碰撞达到极大值，传递效果最佳。正因如此，工业流化床反应器已从二十世纪五六十年代的以鼓泡流化床为主过渡到目前以湍动流化床为主。

快速床：当气速增大使得气体夹带颗粒量已达到饱和夹带量，密相床已不能继续维持而被气流带走，此时需靠一定的固体颗粒循环量维持，密相床层的密度与循环量密切相关。通过前面单颗粒的阻力方程可计算出不同雷诺数下的颗粒终端速度或沉降速度 U_t：

$$U_t = \frac{gd_p^2(\rho_p - \rho_g)}{18\mu}, \quad Re_t < 1$$

$$U_t = \sqrt{\frac{4}{3}\frac{gd_p^2(\rho_p - \rho_g)}{0.43\rho_g}}, \quad Re_t > 500 \tag{1-24}$$

该速度同时也是单颗粒被气流夹带时气固两相的相对滑移速度。在快速床阶段，气泡相转化为连续含颗粒的稀相，而连续乳化相逐渐变成由组合松散的颗粒群构成的密相。对于粒径较小的颗粒体系，比较起始流化速度 U_{mf} 与颗粒终端速度 U_t，可知 U_t/U_{mf} 为 92，对于大颗粒体系这一比值为 8.5，故细颗粒流化床较之粗颗粒可以在更为广泛的流速范围内操作。当气速增大至即使颗粒循环也无法维持床层时，进入气力输送状态。

1.2 相结构与反应器停留时间分布

1.2.1 气固两相流的相结构

在气固两相流中，由于气固之间的松弛过程以及颗粒之间非弹性碰撞，故在时间和空间两个维度上均会出现不均匀状态(密相流态化中气泡的产生以及稀相流态化中颗粒的聚集)。在垂直两相流中(气固流化床)，局限于有限床空间的气固相互作用主要来源于颗粒群的组成与颗粒间碰撞、气固相对运动速度以及两相流的湍动作用。因此，在气固密相区中，固体颗粒间距较小使得颗粒湍动加剧，此时颗粒群内的非弹性耗散使得颗粒相互连接成颗粒群形成乳化相；气体则汇聚成气泡并以高于表观线速的形式通过固体颗粒床层，这显著降低了气固间的接触进而降低了整体的气固能量耗散。与此相对应，在稀相流态化中，固体颗粒浓度降低间距增大，此时颗粒会趋于在上游颗粒尾涡处聚集，这一规律更广泛存在于自然界，如图 1-9 所示，这样颗粒在湍流中以较大的概率相互屏蔽(即一个颗粒进入另一个颗粒的尾涡区的概率增加)而逐渐积累形成絮状物聚集体，可大幅降低前进的能量消耗。当然，无论在气固密相还是气固稀相，气泡与颗粒团都不会无限制地长大，其核心在于气固间较高的滑落速度会促使气泡或颗粒聚团失稳进而发生解体。因此，气固两相流在整个时空中处于不断形成与解体的动态平衡之中。

1. 气固密相流化的相结构

正如之前所述，在气固密相床层中，随着气速超过最小流化速度 U_{mf}，固体颗粒床层内就开始出现一些气穴，更多的气体将优先取道气穴进而穿过床层至顶部逸出，气穴的移动与合并就形成了气泡相。在气固密相流化床中，固体颗粒的混合行为直接受气泡运动的影响。对于一般的鼓泡床，气泡尾涡的颗粒输运尤其是尾涡中的局部混合可极大促进固体颗粒宏观循环。因此，可将鼓泡流化床视为由气相气穴、气固混合的尾涡以及颗粒乳相中构成的多相复杂体系，其相间发生剧烈传递与交换。

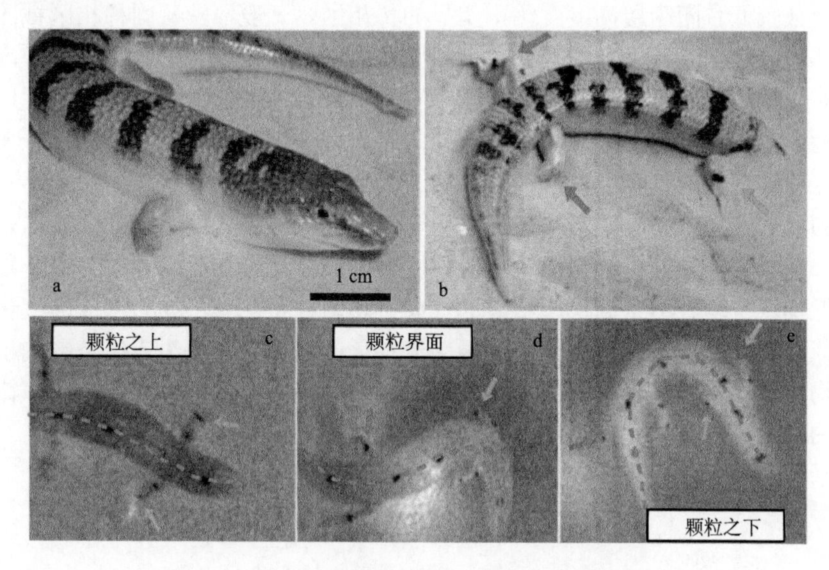

图 1-9　动物在颗粒介质中的快速移动

在鼓泡流化床中同时存在气泡的破碎与聚并，随着表观气速 U_g 进一步提高，气泡的破碎速度超过聚并速度，此时流化床进入湍动床状态。与鼓泡流化床相比，湍动床的处理能力更强且气固两相相互作用更为剧烈，体现出明显的时间不均匀和空间均匀性。这也说明湍动床正在发生气固密相到稀相的相转变过程。上述优点使得湍动床气固接触良好、混合强烈，在工业中应用广泛。

下面以湍动床作为密相流化的代表阐述其相结构特征：湍动床内气泡相中固体颗粒浓度较高，进而无论在径向上还是在轴向上固体颗粒体积分数分布相比鼓泡流化床更为均匀，但也由于颗粒床层内强烈的气固脉动使得气固相互作用在时间域上变得十分复杂。通常，气固鼓泡流化床与湍动床的分界气速 U_c 定义为床层压力脉动达到最大时的表观气速，这也说明了湍动床中局部颗粒体积分数、压力脉动明显大于鼓泡流化床。其核心原因在于进入湍动流态化后，表观气速的提高使得大气泡迅速分裂成为小气泡与气穴进而引起床层气固两相的剧烈湍动；从传递角度看，小比表面的大气泡消失以及大比表面的小气泡广泛存在极大促进了气固两相的混合以及传热传质能力。通常还是认为湍动床与鼓泡流化床的相结构均是由气固稀相与颗粒团聚构成，但湍动床中正在发生相转变的过程，任何一相均不能称为连续相或是分散相。

如图 1-10 所示，根据截面平均颗粒体积分数沿流化床轴向分布的变化特点，可将密相流化床分为三个区域：固体颗粒体积分数较高且随床层高度变化不明显的颗粒密相区；固体颗粒体积分数随床层高度急剧变化的弹溅区，以及固体颗粒体积分数较低且随床层高度变化不明显的稀相区。一般地，气固稀相区截面固体颗粒体积分数随气速升高而增大，密相区截面固体颗粒体积分数随气速升高而减小。对于气固湍动床，可认为稀相区中心局部固含的径向分布是均匀的，仅在壁面附近会出现局部固体颗粒体积分数的急剧增大。这也说明了对于流化床尤其是稀相区，边壁效应是明显的。随表观线速的增加或离颗粒床层表面的距离越大，局部固含的径向分布越趋于均匀。这也说明了固体颗粒之间的非弹性碰撞是颗粒体积分数分布不均的核心来源。在密相区内，截面径向上固体颗粒体积分数存在中心低梯度平坦、边壁高梯度明显的径向不均匀分布，其不均匀程度随流化床径减小或表观气速的增大而增大。在湍动流态化区域内，表观线速仅是影响了截面的平均固体颗粒体积分数，而相对的径向分布却具有相似性，可通过相似律进行统计归纳，该部分工作将在第 2 章详细讨论。

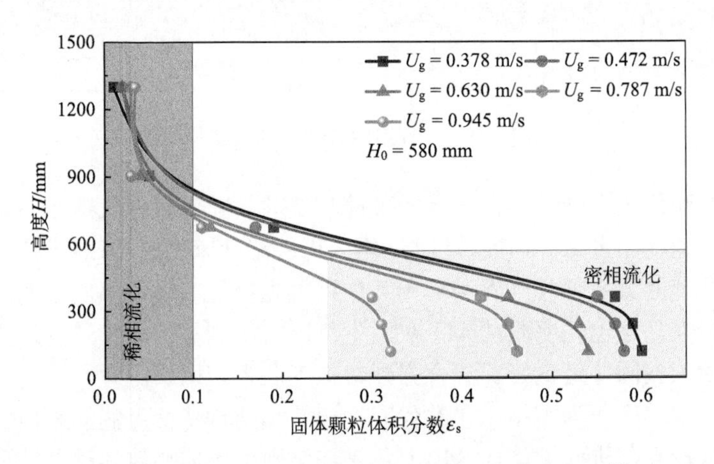

图 1-10　气固密相与稀相固体颗粒浓度的轴向分布[6]

2. 气固稀相流化的相结构

在气固快床中，由于操作表观线速高于鼓泡流化床与湍动床，气固两相的滑落速度需要考虑，即从近“冻结流动”向近“平衡流动”转变。此时，气固两相的流体力学行为与低气速的密相流化床有本质的区别。与密相流态化气固空间均匀、时间不均相反，在气固稀相流态化中，由于此时气相贡献占主导其混合与传递能力受限，气固两相在空间上的不均匀结构表现在局部固体颗粒体积分数、两相滑移速度等参数的轴径向分布上，相对而言局部气固两相在时间域上反而波动不大。

与气固密相床相反，稀相床中的连续相为稀薄弥散的颗粒相而分散相为颗粒聚团。这也说明从密相流化到稀相流化的流型转变中有明显的相逆转。在鼓泡流化床和湍动床中，气体聚集为气泡而在快床中颗粒聚集为颗粒团，即在低操作气速下气固流动表现为气相的聚式流动，而在高操作气速下则表现为颗粒的聚式流动。在稀相流态化中，气体为连续相，浓相以絮状物聚集形态存在；颗粒团时而形成时而解体，以不连续状态分布在稀相中。此处值得强调的是，颗粒团聚对气固两相流行为有极大影响，稀相流态化能够在数倍于颗粒终端速度的操作气速下形成稳定的密相区，其核心就是由于细颗粒在稀相流态化中能够以絮状物或颗粒团的形式存在。因此，稀相流态化中气固两相的行为特征很大程度取决于颗粒絮状物的形成与解体。

我们以气固提升管为研究对象描述气固稀相流态化的相结构。通常提升管由下部的固体颗粒浓相区与上部的固体颗粒稀相区组成，但在某些操作条件下底部的浓相区不存在而顶部也可能出现出口处固体颗粒体积分数较高的情况。因此，提升管中轴向固体颗粒体积分数分布形式具体分为三种类型：S 型分布，此时提升管出口的约束较弱，系统内固体颗粒藏量较大，对应此时底部固体颗粒体积分数较高顶部固体颗粒体积分数较低；指数型分布，固体颗粒一旦进入提升管则立即被气相带走，此时固体颗粒床层底部无积累，若出口的约束较弱则呈现指数型的分布；C 型分布，与指数型分布操作条件一致，但若出口约束较强则由指数型分布变为 C 型分布。对于提升管内局部固体颗粒体积分数在径向上呈明显抛物不均匀分布，一般可通过环-核流动模型进行描述：通常认为提升管的流动充分发展段是由占截面大部分、气固向上流动的稀相区与靠近边壁、颗粒向下流动的浓环区构成。其中，核区占比较大可从中心延伸到 r/R=～0.8 处，其局部固体颗粒体积分数很低且径向分布较均匀；从核区边界到边壁，局部固体颗粒体积分数急剧上升，边壁效应明显。在相同操作条件下，局部固含的径向分布随轴向高度增加而变得更为均匀；在相同轴向高度上，表观气速的减小与颗粒循环量的提高均会使得局部固体颗粒体积分数增加，并使得其径向分布变得陡峭。与气固密相床类似，提升管中的局部固体颗粒体积分数的径向分布形式可用相似律来表示。我们之前的工作[6]表明，可通过玻尔兹曼分布描述在两个稳态之间过渡变化的过程，这也说明提升管中的局部固体颗粒体积分数在核区和环区中分别处于不同的稳态中。核心区的颗粒主要为向上流动，环区中的颗粒则以较小的速度向下流动。在颗粒循环量提高或操作气速增加时，中心区向上流动的颗粒通量增加，环区向下流动的颗粒通量亦同时增加。与局部固体颗粒体积分数的径向分布相似，提升管中的颗粒速度也符合玻尔兹曼相似律。

3. 相结构的失稳现象

虽然在气固聚式流化中气泡和颗粒聚团长大到一定程度后受气固强滑移带来的剪切作用而破碎，但是在某些特定条件下气泡和颗粒聚团会自发地长大，气泡相的失稳而急剧长大至床直径的尺寸进而形成节涌或是噎塞，与此同时颗粒聚团失稳而急剧长大则会形成沟流。下面将对这两类失稳现象进行详细阐述：

(1) 节涌或噎塞

当通过固体颗粒床层的表观气速高于起始流化速度后，颗粒床层内会形成气穴并在其上升过程中会合并增大形成明显的“气泡”；气泡上升速度随气泡直径变大而升高，此时气固之间的滑移速度也显著增强，进一步加大了固体颗粒对气泡的剪切作用，因此，理论上气泡是不可能无限增大的。但是，如果对于床层直径较小而气固密相区的高度较高的情况，气泡可能在为达到破裂条件之前就和密相床直径相当。此时，气泡将床层分节，整段颗粒如活塞般向上移动。

$$\frac{1}{6}\pi d_{\mathrm{p}}^{3}\rho_{\mathrm{p}}\frac{\mathrm{d}U_{\mathrm{p}}}{\mathrm{d}t}=C_{D}\frac{1}{2}\rho_{\mathrm{g}}(U_{\mathrm{g}}-U_{\mathrm{p}})^{2}\frac{1}{4}\pi d_{\mathrm{p}}^{2} \tag{1-25}$$

由于气体的节涌是强不可压缩性的有力体现，相关内容将在第 5 章详细讨论。

(2) 沟流与纳米流态化

固体颗粒从固定床进入流化床状态实际上是气流的剪切作用对固体颗粒聚团的切削和破坏过程，当颗粒聚团的抗拉强度过大时，就容易形成沟流，这一类失稳的相结构通常存在于纳米流态化中。那么，对于是否沟流以及何时产生则与固体颗粒堆积体的抗拉强度有关。当固体颗粒床层处于固定床到流化床状态转变过程时，其床层内颗粒受力情况可由式(1-26)表达，左边第一项为颗粒所受重力与浮力之差，第二项为当颗粒床层达到最大抗拉强度时传递到每个颗粒的平均抗拉力；右边为气流黏性阻力，可表达为表观气速和颗粒床层孔隙率的函数，具体推导过程见 1.1.1 小节。该方程可用于判断颗粒的流化性质，和 1.1.1 小节不同，这里考虑当表观气速达到颗粒终端速度 U_{t} 时，如果等式右边的黏性阻力项数值仍小于等式左边各项的合力，则说明在表观气速达到颗粒终端速度还无法实现固体颗粒聚团的破碎，此时颗粒无法分散进入气相，即无法实现颗粒床层由固定床到流化床的转变，此时极易发生沟流。

$$\left(\rho_{\mathrm{p}}-\rho_{\mathrm{f}}\right)\frac{\pi d_{\mathrm{p}}^{3}}{6}g+F_{T}\left(\varepsilon\right)=F_{\mathrm{D}}\left(U_{\mathrm{g}},\varepsilon\right) \tag{1-26}$$

对于式(1-26)中的单个颗粒所受阻力 F_D，可得到其与固体床层压降(Δp)以及床层空隙率 ε 的关系式：

$$F_{\mathrm{D}}=\frac{\pi d_{\mathrm{p}}^{3}}{6}\times\frac{\varepsilon}{1-\varepsilon}\times\frac{\Delta p}{H} \tag{1-27}$$

其中，单位高度颗粒床层压降为

$$\frac{\Delta p}{H}=\begin{cases}17.3\dfrac{\mu U_{\mathrm{g}}}{d_{\mathrm{p}}^{2}}(1-\varepsilon)\varepsilon^{-4.8}, & Re_{\mathrm{t}}\leqslant 0.2\\ 17.3\dfrac{\mu U_{\mathrm{g}}}{d_{\mathrm{p}}^{2}}(1-\varepsilon)\varepsilon^{-4.8}+0.336\dfrac{\rho_{\mathrm{f}}U_{\mathrm{g}}^{2}}{d_{\mathrm{p}}}(1-\varepsilon)\varepsilon^{-4.8}, & 0.2<Re_{\mathrm{t}}<500\\ 0.336\dfrac{\rho_{\mathrm{f}}U_{\mathrm{g}}^{2}}{d_{\mathrm{p}}}(1-\varepsilon)\varepsilon^{-4.8}, & Re_{\mathrm{t}}\geqslant 0.2\end{cases} \tag{1-28}$$

其中，Re_{t}为用颗粒终端速度计算的颗粒雷诺数。对相同大小球状颗粒堆积形成的固定床，其极限抗拉强度为

$$\sigma=\frac{9}{8}\times\frac{1-\varepsilon}{\pi d_{\mathrm{p}}^{2}}kF_{H} \tag{1-29}$$

其中，F_H为相邻颗粒发生接触时的黏性力，令 k 为颗粒配位数，其中 $k\sim\pi/\varepsilon$；对颗粒固定床任取一截面，则单个颗粒在该截面上的平均截面积为

$$A_{\mathrm{e}}=\frac{1}{d_{\mathrm{p}}}\int_{0}^{d_{\mathrm{p}}}\pi\left[x\left(d_{\mathrm{p}}-x\right)\right]\mathrm{d}x=\frac{\pi}{6}d_{\mathrm{p}}^{2} \tag{1-30}$$

若该截面上有 n 个颗粒，A 为该截面总的截面积，则有

$$nA_{\mathrm{e}}=(1-\varepsilon)A \tag{1-31}$$

从而可得到单个颗粒承受的最大平均抗拉力为

$$F_{T}=\frac{\sigma A}{n}=\frac{3}{16}\times\frac{\pi}{\varepsilon}F_{H} \tag{1-32}$$

至此，已对式(1-26)中关键两项 F_T和 F_{D}给出了表达式。为更清楚地分析颗粒流化性能，还需要定义一个关键参数即黏性数 Co，为颗粒间黏性力与颗粒自身重力与所受浮力之差的比值，对气固体系可近似为颗粒间黏性力与颗粒自身重力之比，是一个表征固体颗粒黏性力相对强弱的重要参数。

$$Co=\frac{F_{H}}{\left(\rho_{\mathrm{p}}-\rho_{\mathrm{f}}\right)\dfrac{\pi d_{\mathrm{p}}^{3}}{6}g}\sim\frac{F_{H}}{G} \tag{1-33}$$

基于式(1-33)可将式(1-26)化为

$$\left(\rho_{\mathrm{p}}-\rho_{\mathrm{f}}\right)\frac{\pi d_{\mathrm{p}}^{3}}{6}g\left(1+\frac{3}{16}\times\frac{\pi}{\varepsilon}Co\right)=F_{\mathrm{D}}\left(U_{\mathrm{g}},\varepsilon\right) \tag{1-34}$$

式(1-34)说明在讨论颗粒流化性能时，颗粒间黏性力与颗粒间重力的相对大小(即

Co)而非绝对值更为重要。假设 ε=0.5，根据式(1-34)可计算得到颗粒出现沟流的临界黏性数 $Co_c = 11$，当 Co_c<Co 时固体颗粒不能被流化，极易产生沟流；当 Co_c>Co 时，固体颗粒能够被流化。从另一方面阐述，若颗粒间的黏性力为颗粒重力的 11 倍以上，则颗粒床层易出现沟流。

进一步分析，固体颗粒间作用力 F_H 主要包括范德瓦耳斯力和液桥力。对于气固流态化体系，干燥的气相中可忽略由于水分存在而引起的液桥力。此时，黏性数 Co 可近似为范德瓦耳斯力与固体颗粒重力之比。我们知道范德瓦耳斯力的重要特征为近程力，即当两固体颗粒间距离与两颗粒直径之和在 100nm 以内，其范德瓦耳斯力与距离的平方呈反比关系；当两颗粒间距离超过 100nm，则与间距的立方呈反比关系；两颗粒间距在上述二者之间则与距离的 2～3 次方呈反比。由此可见，范德瓦耳斯力的大小随距离的增加而迅速衰减，对表面光滑的固体颗粒，其 Co 为

$$Co = \frac{F_{\mathrm{vdw}}}{G} = \frac{A}{4\pi g s_0^2} \times \frac{1}{\rho_{\mathrm{g}} d_{\mathrm{p}}^2} \sim \frac{1}{\rho_{\mathrm{p}} d_{\mathrm{p}}^2} \tag{1-35}$$

至此，我们建立了以无因此参数 Co 为自变量的颗粒流化稳定性判据。对应于 1.1 节中 Geldart 颗粒分类：当 $Co_{\text{A-C}}$<Co 时固体颗粒易发生沟流甚至不能被流化，属于 C 类颗粒，此时大量气体经过局部短路逸出颗粒床层，而床层的其余部分却仍处于固定床状态而未被显著流化。因此，当发生沟流现象时，气固接触效率大幅下降，气体在流化床反应器内的停留时间大幅缩短；当 $Co_{\text{A-C}}$>Co 时固体颗粒能够被流化，进一步，当颗粒的 Co 非远小于 1 时，颗粒为 Geldart A 类颗粒以及 Co 远小于 1 的 B 或 D 类颗粒。

1.2.2　流化床反应器的停留时间分布

1. 理想与非理想流动

反应物料在反应器尤其是多相反应器中的流动与混合是非常复杂的，其通常还耦合了传热、传质与化学反应。因此，从化学工程的角度出发，需抽提出主要因素将每一个步骤进行必要简化以实现对整个单元的估算。对于反应器内流动问题，可先基于理想流动进行描述在此基础上考虑非理想流动与理想流动的偏差，进而与实际情况趋于一致[7]。

理想流动有两个极端：平推流，即所有反应物料在反应器内的停留时间是相同的，无返混现象；全混流，即在反应器内各处物料浓度相同且等于出口浓度，各反应物在反应器内具有一定的停留时间分布，此时返混无穷大。

以下我们就反应工程中的经典流程进行分项阐述：在间歇操作的反应釜以及平推流反应器中，反应器内物料单元的停留时间都是相同的，随着物料停留时间

的增长，反应物浓度降低产物浓度则随之增高；与此相对应，在连续操作的全混釜中，物料浓度在整个反应釜中是均匀的，即物料自入口进入反应器后瞬间混合完毕且等于出口物料的浓度。从两个角度看，全混釜内的混合能力极强适用于强热效应或是对温度敏感的反应，然而由于全混釜内总处在一个最低的反应物浓度下操作，因此反应推动力较弱进而导致反应速率比间歇釜或平推流反应器的情况慢。

这里着重阐述返混的概念，对于上述这种连续操作的搅拌釜，当新鲜且具有高浓度的反应物料进入反应釜后，立即就与留存在那里的已反应物料发生混合而使浓度降低。此时部分物料在激烈的搅拌下可能迅速到达出口位置而排出反应釜；而另有一些物料则可能要停留较长的时间才排出，即存在所谓的停留时间分布，而这种具有不同停留时间物料间的混合，通常称之为返混。全混釜是能达到瞬间全部混匀的一种极限状态，故返混程度最大；平推流是前后物料毫无返混的另一种极限状态，其返混程度为零；然而实际流动情况均是返混程度介于这两者之间的中间状态。凡是流动状况偏离平推流和全混釜这两种理想情况的流动，统称为非理想流动。此时通过相对理想流动偏差的描述可将非理想流动问题得以大幅简化。这里需特别强调的是虽然非理想流动都有停留时间分布的问题，但停留时间分布不一定都是由返混一起的。例如层流中存在速度梯度也会引起停留时间分布的非理想流动，但并没有返混的存在。因此，非理想流动比返混具有更广泛的意义。

一般地，引起非理想流动无非两个方面原因：一是由于反应器中诸如搅拌和分子扩散而导致与主体流动方向相反的运动；二是由于反应器内各处速度的不均匀性。值得强调的是，非理想流动使物料在反应器中的停留时间有长有短(形成停留时间分布)，引起反应器内各个物料微元的反应进程不均一，对反应速率和产品的产量、质量产生一定的影响。例如上述的间歇反应釜，所有物料的停留时间应完全相同，而对连续操作的反应器总是伴有停留时间分布的。因此，存在当某反应过程从间歇操作改为连续操作后原料转化率降低的风险。连续化仅是对处理量的强化而非意味着反应转化率和选择性的提高。因此，对流动系统必须考虑物料在反应器中的流动状况与停留时间分布的问题。理论上，当反应的动力学已经确定则代入有解析解的流动模型后即可方便给出反应器的设计。如果流动状况偏离理想流动，反应的结果也将随之发生变化。本节主要介绍停留时间分布的数学表达和描述其偏离理想流动的方法。

2. 停留时间分布的数学表达

反应器内的停留时间分布可视为一个随机过程。根据概率理论，可使用两种概率分布函数定量描绘流动系统中的停留时间分布，即停留时间密度函数 $E(t)$ 和

停留时间分布函数 $F(t)$。

在一个稳定连续流动系统，对于某一瞬间一定量流体在此时进入系统，但其中各流体粒子将经历不同的停留时间之后依次流出系统，这里 $E(t)$ 的定义为：在同时进入系统的 N 个流体粒子中，其中停留时间介于 t 和 $t+\mathrm{d}t$ 间的流体粒子所占的分率 $\mathrm{d}N/N$ 为 $E(t)\mathrm{d}t$。当做出 $E(t)$-t 曲线后，该曲线下方阴影部分的面积为停留时间介于 t 和 $t+\mathrm{d}t$ 之间的流体分率。基于稳定流动系统的假设，在不同瞬间进入系统的各批 N 个流体粒子均具有相同的停留时间。所以，流过系统的全部流体粒子或系统在任一瞬间的出口流中，流体粒子停留时间的分布密度显然是同一个 $E(t)$ 所确定。根据 $E(t)$ 的定义，必然具有归一化性质。

$$\int_0^{\infty} E(t)\,\mathrm{d}t = 1 \tag{1-36}$$

另一个停留时间分布函数是 $F(t)$，其定义为

$$F(t) = \int_0^{\infty} E(t)\,\mathrm{d}t \tag{1-37}$$

即流过系统的物料中停留时间小于 t 的物料百分率等于 $F(t)$。根据式(1-37)可知停留时间趋于无限长时，$F(t)$ 也趋于 1。为了对不同流动状况下的停留时间函数进行定量比较，可以采用随机函数的“数学期望”和“方差”予以表达：对 $E(t)$ 曲线，数学期望对应于距原点的一次矩，即平均停留时间 τ

$$\tau = \frac{\int_0^{\infty} tE(t)\,\mathrm{d}t}{\int_0^{\infty} E(t)\,\mathrm{d}t} = \int_0^{\infty} tE(t)\,\mathrm{d}t \tag{1-38}$$

数学期望为随机变量的分布中心，也就是 $E(t)$-t 曲线上这块面积的中心在横轴上的投影。在本书后续测量实验中，若每一段时间取一次样所得的 E 函数一般为离散的，则各等时间间隔下的 E 为

$$\tau = \frac{\sum tE(t)\Delta t}{\sum E(t)\Delta t} = \frac{\sum tE(t)}{\sum E(t)} \tag{1-39}$$

所谓方差是指相对于平均值的二次矩，也称散度

$$\sigma_t^2 = \frac{\int_0^{\infty} (t-\tau)^2 E(t)\,\mathrm{d}t}{\int_0^{\infty} E(t)\,\mathrm{d}t} = \int_0^{\infty} t^2 E(t)\,\mathrm{d}t - \tau^2 \tag{1-40}$$

方差描述了停留时间分布分散程度，当方差越小时流动状况越接近平推流。对于完全平推流而言，流体粒子在系统中的停留时间相等(V/v)，故方差为零。

若上述各函数采用对比时间 $\theta = t/\tau$，则平均停留时间

$$\bar{\theta}=\frac{t}{\tau}=1 \tag{1-41}$$

在对应的时标处(即 θ 和 $\theta\tau=t$)，停留时间分布函数值应相等，即 $F(\theta)=F(t)$，此处 $F(\theta)$ 表示以对比时间为自变量的停留时间分布函数。如图 1-11 所示，$E(\theta)$ 表示以 θ 为自变量的停留时间分布密度，则有

$$E(\theta)=\frac{\mathrm{d}F(\theta)}{\mathrm{d}\theta}=\frac{\mathrm{d}F(t)}{\mathrm{d}F(t/\tau)}=\tau\frac{\mathrm{d}F(t)}{\mathrm{d}t}=\tau E(t) \tag{1-42}$$

其归一化性质依然存在。对于随机变量的方差

$$\sigma^2=\int_0^{\infty}(\theta-1)^2E(\theta)\mathrm{d}\theta=\sigma_t^2/\tau^2 \tag{1-43}$$

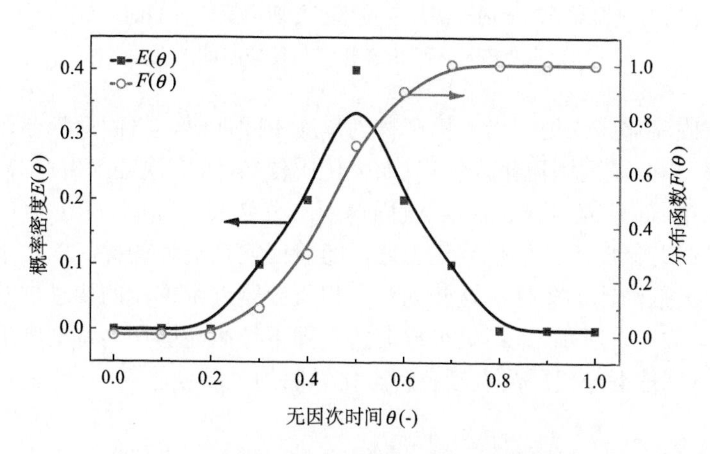

图 1-11 停留时间密度函数 $E(t)$ 和分布函数 $F(t)$

3. 气固流化床的 RTD

气固流化床反应器因其优异的流动性和高效的传递能力而广泛应用于化学工业。然而，流化床反应器内气相与固体颗粒相的剧烈返混将导致反应器停留时间分布(RTD)变宽。根据反应工程原理，宽停留时间分布会使得反应器效率和选择性下降，成为气固流化床反应器高转化率、高选择性获得反应中间产物的瓶颈问题。如图 1-12(a)所示，当一级反应达到相同转化率时，无返混的平推流反应器因其较高的传递推动力使得所需反应时间小于全混流反应器，尤其对于需要深度转化的反应，其所需反应时间可相差一个数量级；如图 1-12(b)所示，对于一个目标是中间产物的串联反应(一级反应)，全混流反应器中的返混将导致目标产物进行不必要的二次转化，使其选择性下降。因此，如何有效控制气固返混成为流化床反应器高效、高选择性获得反应中间产物的核心问题[8]。

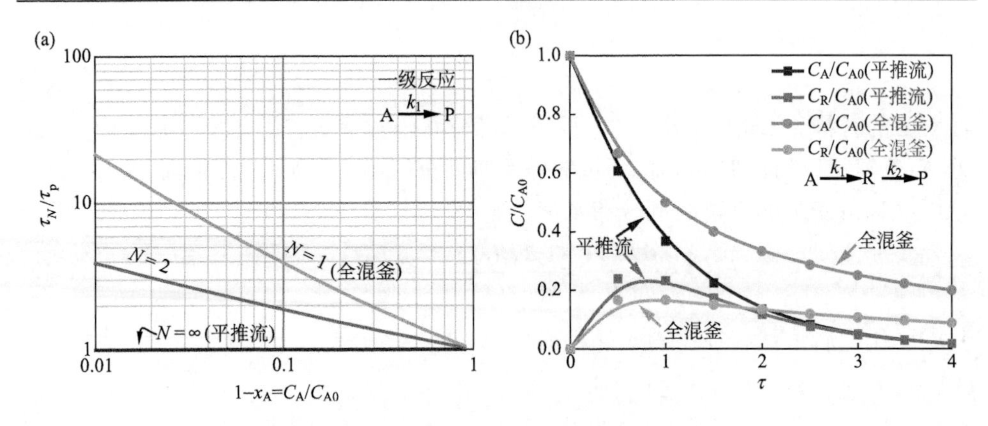

图 1-12 (a)不同返混程度反应器内一级反应转化率与所需反应时间的关系；(b)串联反应在不同返混程度反应器内选择性与反应时间的关系

对于气固流化床来说，当目标产物为反应中间体时，气固返混会极大降低目标产物收率。那么在利用流化床优点(如强传质传热,可实现连续生产等)的同时，控制流化床中气固接触状态与抑制气固返混十分必要。如图 1-13(a)所示，一个典型例子是高苛刻度下的催化裂化工艺，随着催化剂活性的提高以及采用更高反应温度、更大剂油比的条件，这些均对多相反应器近平推流的要求越发严格。如图 1-13(b)与表 1-1 所示，采用类平推流的气固下行床能够在高苛刻度下获得更高的 LPG 收率，是下一代原油直接裂解产化学品的重要技术[9]。

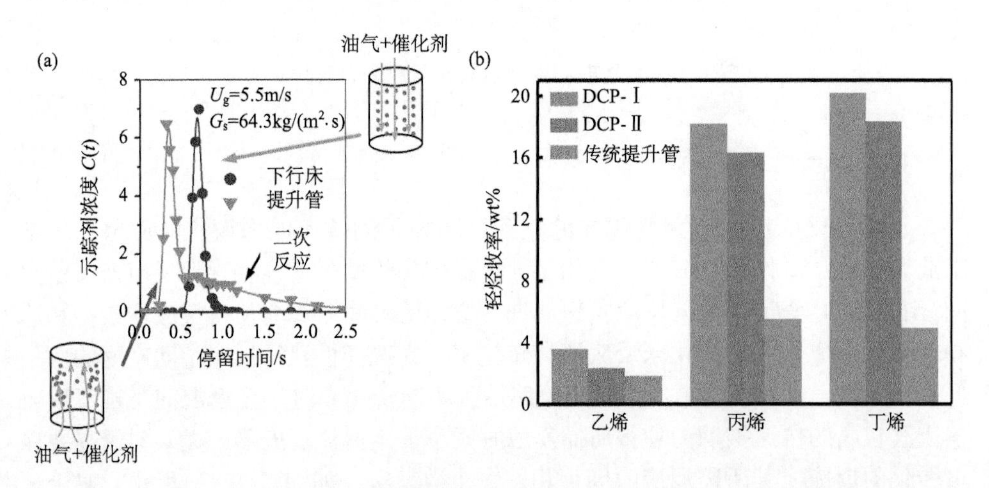

图 1-13 (a)提升管与下行床的停留时间分布对比；(b)提升管与下行床催化裂化反应性能的对比

表1-1 下行床与提升管反应器的产品分布

	DCP-II	DCP-I	传统提升管
反应温度/℃	600	550	～507
剂油比/(kg/kg)	30	30	～8
停留时间/s	0.40	0.40	～2
有损产品收率/wt%			
干气	**5.30**	**3.02**	**4.02**
氢气	0.05	0.02	
甲烷	1.19	0.41	2.16
乙烷	0.45	0.21	
乙烯	3.61	2.37	1.86
液化气	**50.88**	**48.99**	**16.86**
丙烷	2.16	1.78	1.37
丙烯	18.18	16.29	5.53
正丁烷	1.09	1.10	0.89
异丁烷	9.26	11.50	4.01
丁烯	20.18	18.33	4.96
汽油	**27.00**	**30.60**	**47.1**
柴油	**6.49**	**6.92**	**14.13**
重油	**5.30**	**6.03**	**10.32**
焦炭	**5.00**	**5.41**	**7.43**
损失/wt%	0.03	-0.97	0.14
转化率/wt%	88.21	87.05	75.55

1.2.3 相结构与停留时间分布的关系

为定量描述气固流化床内偏离理想流动的程度，可借鉴分子扩散的扩散系数来表征返混的程度，即在平推流中叠加一个扩散项。对于一维轴向返混模型，其核心的模型假设为沿着与物料流动方向垂直的每一截面上不存在径向浓度梯度；物料的速度与扩散系数在每一个截面以及沿着物料流动方向都是一个定值；可使用连续函数描述物料浓度变化。以下分别介绍气固流化床内气固返混的测量方法与进展。

1. 流化床内气体返混的描述与实验测量

对于气固密相流化床中，固体颗粒几乎不被带出反应器，连续流动相为气相。

因此，对于气固密相流化床核心关注气体的返混程度。为进一步定量考察气体轴向返混特性，此处引入气体轴向扩散系数 D_{ag} 并采用一维扩散模型描述气体轴向流动行为偏离理想流的程度，即

$$\frac{\partial C_g}{\partial t}+U_g\frac{\partial C_g}{\partial x}-D_{ag}\frac{\partial^2 C_g}{\partial x^2}=0 \tag{1-44}$$

该方程在开-开式边界条件下有解析解：

$$C_g=\frac{1}{2\sqrt{\pi\theta(D_{ag}/U_gL)}}\exp\left[-\frac{(1-\theta)^2}{4\theta(D_{ag}/U_gL)}\right] \tag{1-45}$$

其中，定义

$$\begin{aligned} Pe_a &= U_gL/D_{ag} \\ \theta &= U_gt/L \end{aligned} \tag{1-46}$$

那么已知 C_g-θ 曲线的期望、方差与轴向佩克莱数有如下关系：

$$\begin{aligned} \overline{\theta} &= 1+2/Pe_a \\ \sigma^2 &= 2/Pe_a+8(1/Pe_a)^2 \end{aligned} \tag{1-47}$$

据此可以计算出流化床反应器内气相轴向扩散系数 D_{ag}。

Gilliland 等开创性地将 RTD 的概念引入气固鼓泡流化床中并通过示踪方法测量得到气固密相流化床内的气体返混程度。在此之后很多学者研究了鼓泡流化床中的气体流动模式和气相返混。如前文所述，鼓泡流化床由以下两种流域组成：固体颗粒体积分数较小的气泡，固体颗粒体积分数较大的乳相。因此，气相扩散系数应是上述两种不同相结构共同影响的结果。Kunii 与 Levenspiel 提出的鼓泡流化床模型对整体气相流动行为使用单参数即床层中气泡的有效尺寸描述。如图 1-14 所示，基于此模型可以有效估算出流化床内示踪剂的行为，进而计算得到气体轴向扩散系数。进一步地，使用这一模型仔细分析了吸附气体和非吸附气体在鼓泡床中的轴向扩散系数，这为实验过程中示踪气体的选择提供指导[10]。

相比鼓泡流化床而言，气固湍动流化床中的气体流动更为复杂，那么气相返混的特征对预测反应器效果显得更为重要。对比分析气固湍动流化床内轴向扩散系数和径向扩散系数：在湍动流化床中，相对轴向扩散系数而言径向扩散基本可以忽略不计，这也说明在湍动流化床的工业应用中径向上的温度梯度因相对传递能力不足而更突出。除了气相稳态示踪方法，通过示踪气脉冲实验中测量了不同轴向位置的示踪气浓度并基于颗粒床层不同位置之间的停留时间分布，基于数值反卷积的方法获得轴向扩散系数。此方法可以得到“瞬时响应函数”，其中边界条件是开-开式的。该瞬态的方法基于原始 RTD 的定义，物理意义更为清晰且数据处理较为便捷；但是由于气相在固体颗粒床层内停留时间较短，瞬态示踪实验往

往需要相应更为迅速的质谱作为检测器。

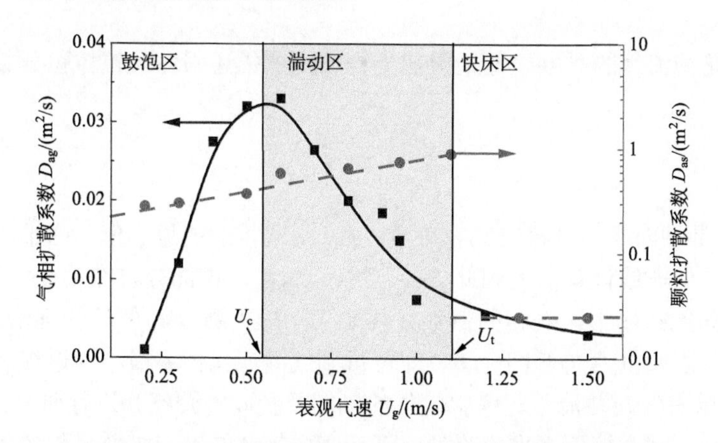

图 1-14 气体与固体颗粒轴向扩散系数随气速的影响[8]

通过氢气非稳态示踪在较宽操作气速下测量得到气体停留时间分布，进而求取了轴向气体扩散系数 D_{ag}。实验表明，在气速较低处于鼓泡流态化时，D_{ag} 与 ${U_g}^2$ 大致呈正比；当表观气速(U_g)介于 0.4～0.8m/s 时，D_{ag} 随气速升高而急剧增大；当气速大于 0.8m/s 时，D_{ag} 随气速升高而增大的幅度大为减缓；在更高的气速下 D_{ag} 则随气速升高呈下降趋势。使用 H_2 作为示踪气研究了 Geldart A 类颗粒从气固密相到稀相流化床中的气体 RTD 曲线，通过如式(1-44)的气体的一维轴向返混模型拟合 RTD 曲线计算出轴向气相扩散系数，并将该扩散系数与颗粒床层空隙率关联：

$$D_{ag} = 0.18\varepsilon^{-4.45} \tag{1-48}$$

这说明随着床层空隙率的增加，扩散系数急剧减小。这也说明气固密相流态化超强的传递能力。通过放射性氩气脉冲获得了 RTD 曲线，然后将扩散模型与气固两相模型进行拟合同样得到气体扩散系数随着床层空隙率和气速的增加而减小的规律。从气固密相到稀相更为宽广的操作范围内，固体颗粒体积分数与气体轴径向混合能力的定量关系：当平均固体颗粒体积分数大于 10%时(即气固密相流态化)，气体的轴径向混合达到最大，此时佩克莱数随气速与截面平均固体颗粒体积分数的变化很小；然而当平均固体颗粒体积分数小于 10%时(即气固稀相流态化)，气体的轴径向混合程度将减小，这也说明佩克莱数将随截面平均固含的降低而急剧增大。这也说明对于需要强取热能力的反应过程应优先选择湍动流化流域，而希望抑制气固返混则需在密相床层中建立局部的稀相空间。一般地，气固多相流的有效黏度(μ_{eff})与固体颗粒体积分数之间存在正相关关系。考虑爱因斯坦黏度方程，它是稀相颗粒范围内有效黏度随固体颗粒体积分数的线性函数：

$$\frac{\mu_{\text{eff}}}{\mu_0}=1+\frac{5}{2}\varepsilon_s \tag{1-49}$$

其中，μ_0是纯流体的黏度。基于类似方程可定量描述固体颗粒体积分数对佩克莱数的贡献：

$$\frac{Pe}{Pe_0}=1+f(\varepsilon_s) \tag{1-50}$$

其中，Pe 是轴向或(和)径向佩克莱数，Pe_0是密相区的最小值。由于方程式应考虑密相部分的非线性耗散，因此$f(\varepsilon_s)$不应为线性，该部分将在第 3 章详细展开。

在气固流态化中，气相的返混往往是由于固体颗粒与气体的强滑移引起的，因此若是气固顺重力向下(下行床)即可得到气固流化体系最小的返混。利用稳态H_2示踪实验对气固并流下行床中气体的轴向及径向混合行为进行研究，下行床中气体轴向混合基本接近平推流流型，下行床中气体的轴向扩散系数较气固稀相的提升管还低 1～2 个数量级。对于催化裂化这类以中间产物为目标产物的反应过程，尤其在高苛刻度即高温、大剂油比的反应条件下，气体轴向返混的大幅度降低对目标产物选择性的提高以及干气与焦炭的抑制都极为有利。从下行床气体径向混合的数量级上看，其气体径向扩散系数(15～34cm^2/s)与提升管中气体的径向扩散系数(5～30cm^2/s)相当。但由于下行床中气固径向分布较提升管均匀得多，因而其气体径向混合能力的强弱对于反应的影响要远小于提升管。

此外，D_{ag} 还与流化床直径有关，这方面的研究对流化床的放大来说至关重要。从内径 100mm 到 474mm 的湍动流化床中气体扩散系数的变化规律：轴向扩散系数随流化床的床径增大而增大，且在床径大于 300mm 以后增加较快，说明床径增加后气体的返混程度增加，该关系可由下式表达：

$$Pe_{\text{g}}=\frac{U_{\text{g}}L}{D_{\text{ag}}}=4.4\times10^{-3}Ar^{0.32}\left(\frac{d_{\text{p}}}{D}\right) \tag{1-51}$$

关于湍动流化床内的气相扩散与反应器尺寸的关系，其核心是由于气固返混在大型反应器中不仅由湍动和分子扩散引起，同时受宏观反应器尺度的非均匀速度场以及大尺度对流影响。大尺度流化床内还需认识到气泡或气穴的破碎机制造成的额外混合能力，气穴破碎主要是由湍动环流引起的，这种宏观环流为湍动流化床的高效传递提供了额外的动力。

2. 流化床内颗粒返混的描述与实验测量

利用示踪颗粒测定流化床中颗粒运动及混合行为已有一些文献报道，所用的示踪颗粒有盐颗粒、放射性颗粒、热颗粒、铁磁性颗粒、荧光颗粒和磷光颗粒等，其中利用受光激发而发光的磷光物质作为示踪颗粒测定流化床中颗粒混合行为的方法具有很多的优越性。

首先将磷光物质与氢氧化铝溶胶进行喷雾造粒，形成与 FCC 催化剂物理性质类似的颗粒(d_p =54μm，ρ_p =1710 kg/ m^3)并将其作为流化颗粒。然后在流化床中心置入一个电子闪光灯，它可在瞬时使其周围的磷光物质激发并产生余辉。将被闪光灯激发发光的颗粒当作示踪颗粒，当这部分带余辉的磷光颗粒运动到光敏检测探头附近时，探头会将余辉光强转化为相应的电信号，经过 A/D 转换送入计算机。这一信号扣除由于自然衰减的影响后，即可表征磷光示踪颗粒经过探头的浓度，从而得到颗粒的停留时间分布曲线。根据在某一轴向位置上停留时间分布曲线的测量结果，可用一维扩散模型通过非线性拟合得到轴向混合系数。一维扩散模型的形式如下：

$$D_a \frac{\partial^2 C}{\partial x^2} - U_s \frac{\partial C}{\partial x} = \frac{\partial C}{\partial t} \tag{1-52}$$

在开–开式的边界条件下，

$$x = -\infty, c = 0$$
$$c(t,x) = c_0 \delta(t,x) \tag{1-53}$$

方程有解析解：

$$\frac{c}{c_0} = \frac{\sqrt{Pe}}{\sqrt{4\pi\theta}} \exp\left[-\frac{(1-\theta)^2 Pe}{4\theta}\right] \tag{1-54}$$

其中，

$$Pe = U_s L / D_a$$
$$\theta = U_s t / L \tag{1-55}$$

由上述扩散模型，用非线性拟合方法拟合颗粒 RTD 曲线后，即可得表征颗粒轴向返混程度的佩克莱数。

提升管中气固的轴向返混也颇为严重，远偏离于平推流的流型，气体的轴向佩克莱数多在 5～20 之间，颗粒的轴向佩克莱数多在 10 以下，典型的 RTD 曲线如图 1-15 所示，可以看出存在较大的拖尾甚至双峰分布。提升管中的颗粒分为两种：一种为弥散颗粒，另一种为颗粒聚团。弥散颗粒基本上未受到床内颗粒聚集现象的影响，随气体迅速通过床层，形成了 RTD 曲线的前峰；而颗粒团则由于聚集效应，运动速度远低于气速，对应着 RTD 曲线宽大的尾峰。对于催化裂化这类以中间产物为目标产物的反应过程而言，气固的轴向返混对目标产物的选择性有重要的影响，提升管较大的轴向返混势必造成目标产物选择性和收率的降低。与提升管相比，下行床的轴向返混要小得多。图 1-15(a)为磷光颗粒示踪技术测得的典型下行床及提升管中颗粒的停留时间分布曲线，下行床中颗粒的停留时间分布曲线为一个窄而对称的尖峰，与提升管中停留时间分布曲线的双峰分布在形状上有较大的差异，利用一维轴向扩模型对下行床停留时间分布曲线进行拟合，得到下行床的颗粒返混准数，其轴向颗粒的佩克莱数一般都高于 100，如图 1-15(b)所示，比提升管的轴向佩克莱数高 1～2 个数量级。这说明在下行床中由于气固顺重力场流动，床内颗粒的返混程度较提升管小很多。从反应器设计的角度来看，可把颗粒流动当作平推流处理。

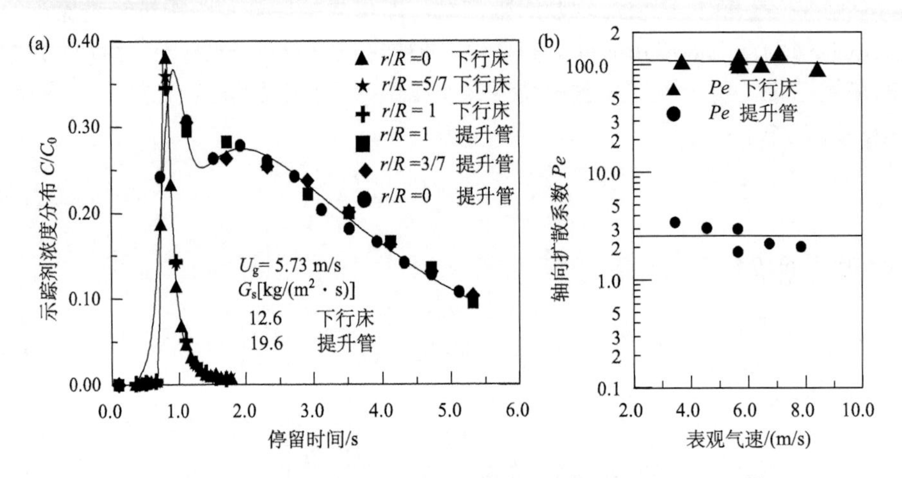

图 1-15 提升管与下行床颗粒停留时间曲线及轴向佩克莱数[9]

1.3 气固两相流可压缩性

1.3.1 连续性假设与可压缩性

1. 连续性假设

对于所研究的流体而言，其是由众多分子组成而分子在做随机热运动，一般来说分子间距比分子自身尺度大得多。因此，从分子角度看，任意时刻流体分子应是离散的且不连续地分布于流体所占空间，任意空间的流体分子是随着时间不断变化的。然而，流体力学的研究对象通常是流体的宏观运动，其核心关注的是这些分子作为整体的性质而非这些物质的分子。因此，描述众多分子做宏观运动的模型在这里称为连续介质。连续介质假设物质连续地、无间隙地分布于物质所占有的空间，所研究流体宏观的物理量是空间与时间的连续函数。

对于一般的流体，将分子间平均距离(对于气体为 10^{-9} m，对于液体为 10^{-10} m)或气体分子的平均自由程(10^{-8} m)作为离散粒子特征尺度，并记作 l；将空间密度等物理量有显著变化的特征尺度记作 L。这里若 a 满足下式[11]：

$$l << a << L \tag{1-56}$$

那么其作为流体宏观物理量统计平均的尺度是合理的。进一步，我们将气体分子的平均自由程与流场中物体特征长度的比值定义为克努森数(Knudsen number, *Kn*)，对于气固两相流体系，颗粒克努森数 Kn_p 为

$$Kn_p = \frac{\lambda}{d_p} \tag{1-57}$$

一般地，当颗粒克努森数 Kn_p 趋近于零，采用欧拉方程(Euler's equation)来描述流体是合理的；当颗粒克努森数 Kn_p 小于 0.01 时，则采用无滑移边界条件的纳维-斯托克斯方程(Navier-Stokes equations)描述流体，连续性假设依然成立；当颗粒克努森数 Kn_p 介于 0.01 和 0.1 时，可以用有滑移边界条件的纳维-斯托克斯方程描述流体；而当颗粒努森数 Kn_p 介于 0.1 和 10 时，此时处于连续性假设与离散分子假设的过渡区；当颗粒努森数 Kn_p 大于 10 时，应采用离散分子假设，直接用玻尔兹曼方程(Boltzmann equation)来描述流体。由于一般气体的分子平均自由程尺度为 10^{-8} m，而颗粒的尺度一般大于 10^{-6} m，此时颗粒克努森数 Kn_p 应小于 0.01，气体的连续性假设在气固两相流体系内是成立的。

2. 流体可压缩性

所谓流体的可压缩性，即流体受外力作用下自身密度变化的大小。这里先定义流体密度这一流体最基本的物理量，流体密度 ρ 是流体某空间点上单位体积的平均质量，即

$$\rho = \lim_{\Delta\tau \to 0} \frac{\Delta m}{\Delta \tau} \tag{1-58}$$

流体密度是空间位置和时间的函数，单位是 kg/m^3。流体在受外力作用或温度改变时均会发生改变，定义流体在外力作用下，其体积或密度可以改变的性质为流体的可压缩性；而流体在温度改变时，其体积或密度可以改变的性质称为流体的热膨胀性。对于单一组分的流体(如空气、水等)，其密度随着压强或温度而改变，可将密度的改变量写为

$$\mathrm{d}\rho = \frac{\partial \rho}{\partial p}\mathrm{d}p + \frac{\partial \rho}{\partial T}\mathrm{d}T = \rho\gamma_T\,\mathrm{d}p - \rho\beta\,\mathrm{d}T \tag{1-59}$$

这里将

$$\gamma_T = \frac{1}{\rho}\left(\frac{\partial \rho}{\partial p}\right)_T \tag{1-60}$$

定义为等温压缩系数，将

$$\beta = -\frac{1}{\rho}\left(\frac{\partial \rho}{\partial T}\right)_p \tag{1-61}$$

定义为热膨胀系数。等温压缩系数的物理意义为在一定温度下压强增加一个单位时，流体密度的相对增加率。因此，它是衡量流体可压缩性的一个物理量。等温压缩系数 γ_T 的倒数为体积弹性模量 E：

$$E = \frac{1}{\gamma_T} = \rho\left(\frac{\partial p}{\partial \rho}\right)_T \tag{1-62}$$

表示流体体积的相对变化所需的压强增量。在常温下的水，当压强增大 1 个大气压$(1.013\times10^5\ \mathrm{N/m^2})$时，体积仅缩小约 5/10000，即 $\mathrm{d}\rho/\rho = 0.49\times10^{-4}$。一般液体的等温压缩系数也较小，因而认为大多数液体是很难压缩的。对于气体，若可用完全气体的状态方程 $p=\rho RT$ 描述，则 $\gamma_T = 1/p$，即 $\mathrm{d}\rho/\rho = 0.1$。由此可见气体的可压缩性比液体大得多。对于不可压缩流，密度视为不变意味着

$$\frac{\Delta\rho}{\rho} \approx \gamma_T \Delta p \tag{1-63}$$

并视为一小量，这可以有两种方式使其满足：流体的等温压缩系数 γ_T 很小(或体积弹性模量很大)，即使压强的变化相当大，所引起的密度变化仍然很小；压强的变化充分小，以至于等温压缩系数并不太小时，密度的变化也很小。

1.3.2　变截面颗粒流的噎塞现象

理想不可压缩变截面管流遵循伯努利方程，当孔道截面减小则流速加快，例如文丘里流量计以及水库放水的过程；然而颗粒流过孔的典型特征是流量减小甚至发生噎塞(chocking)的现象，如过收费站时出现的交通拥堵现象以及如图 1-16 所示的

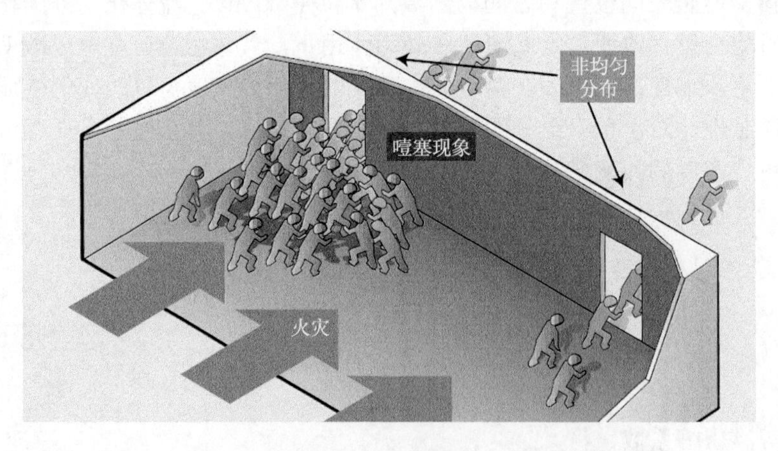

图 1-16　火灾逃生中的拥堵(噎塞)现象[12]

火灾逃生中拥堵的现象[12]，颗粒流的噎塞现象与高马赫数流的特征一致；此外，颗粒流圆柱绕流会形成类似高马赫数流的脱体激波。因此，本书抓住颗粒流与高马赫数流的相似性，充分考虑气固两相流的强可压缩性对气固相结构的影响。

马赫(Mach)开创性的工作揭示了当扰动在连续介质传播比声速更快时，流体的压缩性将变得尤为重要，此时会导致激波的形成。虽然颗粒流的可压缩性很早就被学者观察到，但真正引起大家关注的还是从 Rericha 发表在 2004 年 *Phys Rev Let* 的工作开始[13]。他测量了颗粒流过锥形障碍物时流场的时均温度、密度和温度(图 1-17)，认为基于颗粒温度得到的颗粒流声速(颗粒相压力传播速度)仅是颗粒流速的 10%，因此会呈现类似超音速流体圆柱绕流的特征。由于连续性流体的显著特征是能够准确描述激波的形成，因此，尽管气固两相流体系具有本征非线性且远离平衡状态，但将其看作可压缩的连续流体仍是合理的。当流体主体的流速超过声速时在过障碍物时会产生显著的激波，而颗粒流与激波的相似性早已被学者所发现。一般描述颗粒流常借鉴稠密气体动力学，在基于牛顿方程和玻尔兹曼的基础上，其宏观流动可由 Navier-Stokes 即连续介质来描述。但是，颗粒碰撞的强耗散意味着颗粒温度的大幅下降。由于颗粒流的声速是颗粒温度的函数，当

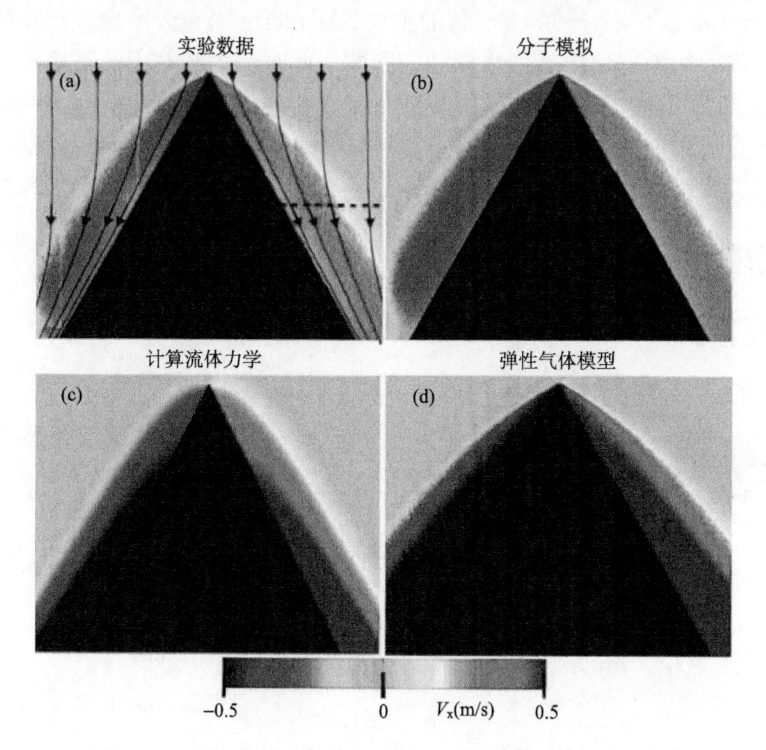

图 1-17 颗粒流过尖端转角时形成类脱体激波的速度场[13]

(a)实验数据；(b)基于牛顿力学的分子模拟；(c)基于 Navier-Stokes 方程模拟；(d)基于软球模拟的计算结果

颗粒温度随着颗粒耗散下降后其声速必然也随之下降。当整个体系没有能量供给时，流体流动速度必然会超过声速进而产生激波。那么在多大程度上还可采用连续介质看待颗粒流成为重要的学术问题。Rericha 通过精确的分子模拟和连续介质的 N-S 方程计算，发现在颗粒流可压缩性的描述上连续介质是成立的。其实，激波这一现象的产生就是连续性介质的证明，更是波动方程的体现。这一观点的提出极大促进了对气固两相流可压缩性的数值模拟与实验研究。

1.3.3 颗粒圆柱绕流的类激波现象

声速不仅是气固两相流可压缩性的量度，同时也表达了压力波的传递特性，因此，声速的测量在学术研究和工程应用中都非常重要。声速是温度的函数，在标况下理想双原子气体的声速是 340 m/s；对于气固两相流，由于颗粒之间的强耗散使得“颗粒温度”远低于气相温度，正如前述的“过冷”颗粒流可压缩性是显著的。因此，随着颗粒相的加入，气固两相流的平衡声速会显著下降；传统流态化领域常用的驻波法测量的声速约为 10～20 m/s。

然而，近期发展的通过测量圆柱绕流后类脱体激波马赫锥角(图 1-18)计算的声速(0.1～1 m/s)并不一致。不一致的主要原因在于：当充分考虑颗粒流的可压缩性时，气固密相流态化中易形成激波即间断，此时压力波动无法扩散至全局，因而床层驻波法测量的其实是从气泡相或是稀相传递过来的压力波速，从而远高于密相颗粒流的本征声速。因此，基于激波特殊几何结构与气固两相流马赫数、声速的定量关系，可有效测量气固两相流局部尤其是构件处可压缩性的程度。

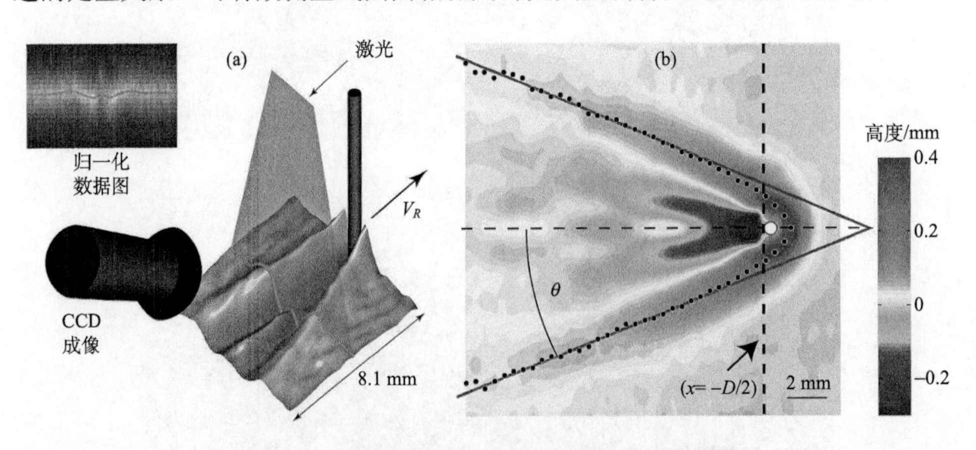

图 1-18 颗粒流圆柱绕流马赫锥角的实验观测[14]

1.4 超流与朗道准粒子理论

1.4.1 超流体与低温物理

固体颗粒流强可压缩性的本质是颗粒温度极低，符合低温物理类“超流”的条件，呈现显著的宏观量子效应。本节主要介绍超流体的概念与低温物理的特性，典型的超流体 He^4 能够在一定条件下毫无阻力地流过毛细管，因而称为超流体。在低温物理中，物相与有序度的关系十分紧密，而具有超流性质的液氦具有和一般物质在晶体状态时一样高的有序程度；在 2.17K 以下，超流体 He^4 具有典型的宏观量子效应，包括黏滞系数测量、热机效应及第二声等。因此，对于超流体与低温物理的论述和借鉴是十分重要的。除此之外，朗道的“准粒子”模型从能级分裂的角度成功阐述了超流实验的理论基础，这对讨论气固两相流中气穴相与颗粒聚团相互作用而带来的超可压缩性提供了另一个分析的视角。

1. 超流体

具有优异流动性的物质(如液体和气体)都称为流体。以水为例，可存在气(水蒸气)、液(水)和固(冰)三个状态。其中，液相的水和气相的水蒸气都属于流体范畴且它们的化学结构相同，但其微观流动性质却不一样。在常压下，当温度逐渐降低并低于冰点时，水分子会形成有序规整的固态冰。这里首先阐述气液两相的不同：若是在一个容器中注入水蒸气，无论容器的容积和形状如何变化，蒸汽均可立刻充满整个容器；相对而言，液态的水会保持自身的体积并形成一个显著的界面。从微观尺度看，作为流体的水蒸气和液态水都属于一大群水分子的集合，但是分子间距的差异使得其密度有很大差异。一般来说，每立方米的气体仅有 10^{25} 个或更少的分子而一立方米的水有 3×10^{28} 个分子，即液态水的密度要比饱和蒸汽高大约 3 个数量级。可以看到，液体分子间的引力作用比气体大得多，因此水分子从气态到液态的转变是一个分子作用力造成的凝聚过程，这也是液体产生一个自由界面的原因。而当水分子进入固态后，分子间的引力显著增强，分子丧失了流动性并形成固定的界面。

与一般分子不同的是，当温度降低到 2.17K 以下，He^4 仍然呈液态且液 He^4 能沿着容器的器壁以薄膜流动形式“爬”出容器，可流过半径小于 10^{-5}cm 的毛细管而不显示黏滞现象，可从低温区自发地流向高温区，导热系数会提高数量级成为优异的热导体，而且温度的降低已经无法使 He^4 在常压下进入固态。此处可给出一个简单定义：超流体是具有超常流动能力的流体，超流现象是在低温情况下量子力学效应的宏观体现。

2. 低温物理与宏观量子效应

量子力学适用于分子的微观尺度，但是当尺度扩展到包含亿万个原子的宏观尺度，原子杂乱无章的热运动致使量子力学的规律被热噪声抹去，此时物质遵守一般的经典力学规律。随着制冷技术的发展，体系温度逐步向绝对零度推进，当体系温度每下降一个数量级就会显现不同层次的量子力学规律。正因为在低温超流体系中，仅能在微观世界中展现的量子现象可在宏观尺度上显示出来，使得诸多大物理学家如朗道(Landau)和费曼(Feynman)在低温物理领域做出极大贡献[15]。

低温物理中的极大障碍是除 He^3 与 He^4 以外所有的物质在进入能够展现宏观量子效应的低温之前就变为规则结构的固态。相对而言，He 的同位素由于其极小的分子量和满电子层使得其能够在凝固之前就成了遵守量子力学规律的"量子"物质。由于量子力学的规律要求在绝对零度原子的运动是不会停止，因此一旦液氦成为"量子"物质也就不需固化。正因如此，液 He 体系成为研究"量子流体"的核心。研究表明在 2.17K 到 4.2K 之间，He^4 是一个常流体(称为 He^4-I)，遵守普通流体力学的规则；当体系温度降低至 2.17K 以下时，He^4 却成为具有上述奇异性质的流体(称为 He^4-II)，一个具有宏观量子现象的流体，即超流体。

1937 年，Kapitza 在 2.17K 以下发现 He^4 的黏滞力明显降低至一个极小值～10^{-11}，即流动几乎是没有阻力的。超流是完全违反直觉的，当我们旋转一桶水时，水会因液层间的摩擦跟着旋转。但是当旋转一个盛有超流液氦的容器时，容器里的一部分液体并不一定都"愿意"跟着旋转。超导体里的超流电子也有相似特征：超流电子会阻止外加磁场进入超导金属，原因是超流电子在超导体里会形成一个电流，这个电流产生的磁场恰好抵消了外加磁场。超流体的独特宏观性质却是量子物理性质的明确显示。

图 1-19 为 He^4 的相图，基于经典热力学的阐述，组成物质原子的动能与原子结合能的相互作用决定了物质所处的物理状态(固体、液体和气体)。正如前面分子动力学所阐述，物质的温度是原子平均动能的统计表达。因此，理论上当体系的温度足够高，物质都应处于气态，由于原子的间距足够大使得此时原子间的结合能可忽略不计。随着体系温度下降，原子的无规则热运动速度逐渐减小，相比之下原子间的位能变得重要；当原子间的距离靠得足够近可产生稳定界面时，物质从气态进入液态。对于液体，物质具有较高的密度与黏滞性，但仍具有良好的流动性。相对固体而言，气体与液体没有本质上的区别，仅是由于分子做热运动速度的大小与分子间作用力平衡点的不同决定了其处于气态还是液态。

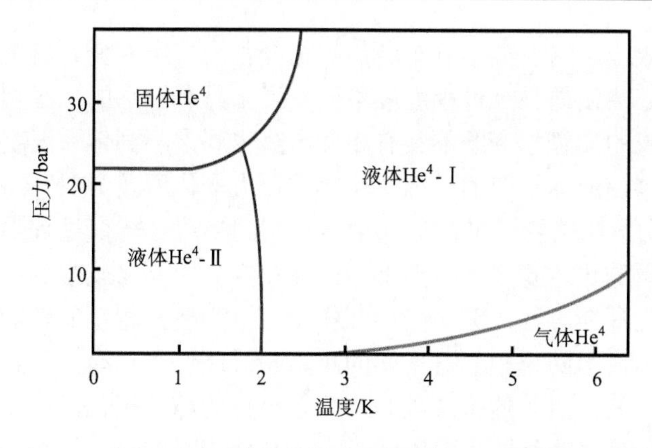

图1-19 He^4的相图($1bar=10^5Pa$，后同)

然而当体系温度进一步降低，使得结合能与动能的贡献发生反转，此时物质进入固态。一旦组成物质的原子进入固态，原子的排列优先处于最低自由能的结构，固体里的原子呈极为有序的对称排列，因此多数固体具有晶体结构。在晶体中，所有的原子均以其动能与结合能的平衡位置为中心振动，温度越低则振幅越小。因此，基于牛顿力学可推断一旦体系温度到达绝对零度，所有原子的振动也将终止，所有的原子静止于点阵的各点上，也即在绝对零度所有物质应均处于固态。这种非量子力学的观点在许多情况下是适用的，但对于 He 并不适用。在一个大气压下，He^4必须冷却至4.2K才能成为液体，这是除He^3以外所有物质里最低的液化温度。在元素周期表上，He是第二号元素且具有全满的外层电子，此时其原子间作用力的位能非常小，氦以热振动形式存在的动能必须降得非常低才能使其从气体变为液体。但进一步降低温度是无法使得液氦进入固态的。其核心原因在于量子力学的零点能的概念，基于量子力学的海森堡(Heisenberg)的测不准原理，零点能定义为：在绝对零度时，在固体物质的晶格原子仍然具有来自测不准原理的动能，而在绝对零度时所做的振动为零点振动。虽然量子力学中零点振动的振幅极小，但由于He原子非常轻，而He原子间作用力非常弱，所以其零点能的振幅非常大。当体系的温度降低至2K以下时，He原子此时的热振动振幅跟零点振动振幅相比之下是微不足道的，此时零点振幅可与原子间的距离达到一个量级，此时零点振动是阻止液He进入固态的核心原因。

当He^4的温度降至2.17K时，其从具有一般流体的性质进入超流液氦相。值得强调的是，在相图中可见在接近绝对零度的温区里，He^4-II与固体He^4的分相线是水平的。基于热力学分析，分相线的斜率与物质熵变有关，而熵是表达分子混乱程度的物理量。因此，水平分相线说明He^4从超流相进入固体He^4的相变过程中并没有熵变，那么He^4的超流相在热力学上具有和固体He^4一致的有序度和晶体状态，这样极高的有序度也是He^4超流的核心。由于从He^4-I到He^4-II的相变过程没有热效应，这一类不具有潜热的相变称为二级相变。有趣的是，通常相变过程极大的潜热使得整个过程温度不变，当不具有潜热的二级相变应具有温度变化。但是超流的二级相变既不具有相变潜热也观察不到体系温度的变化。其核心是由常流体到超流体转变的过程中比热的巨大变化所致。在超流相变温度以上，He^4 的比热仅为水比热的一半，但在由常流相到超流相转变过程中突然增大，这时需要放出大量的热才能降一点温度，因此在实验中不易观察到温度变化。

根据范德瓦耳斯方程，分子间相互作用可分为使其相互靠近的引力和使其相互远离的排斥力。当两个相邻分子间的距离超过所谓“平衡分子直径”时，分子间引力占主导，其中引力的来源核心是分子电荷的相互极化，分子间引力也是促进分子由气态凝聚成液体的主要因素之一；与此相对应，当两个相邻分子的距离小于平衡分子直径时，分子间作用力主要表现为排斥力，排斥力的主要来源是两个分子外层电子间的静电斥力。因此，从空间尺度分析，分子作用力的一般情况包含了中程的引力场和短程的斥力场。当体系被压缩时，运动的气体分子基于器壁碰撞得到了额外的动量，因此气体分子的平均速度增加，进而其温度也随之升高。假设将体系产生的热量全部取走即等温过程，在此情况下分子的平均速度并不增加，但是它们自由运动所占据的空间却越来越小。此时可分为两种情况：若是分子的温度始终高于其临界温度，则系统可连续地提高气体的密度以致任何一个分子的两次连续碰撞的时间间隔变得非常短，最后每个分子都在其分子的作用范围内而进入液态。即气体未经任何不连续的相变就进入液态；若是分子的温度低于临界温度，那么在单位时间内飞离器壁的分子数总是低于飞向器壁的分子数，此时液滴开始产生，但这个过程气体密度不变。此外，数量较多的分子也存在一定概率碰撞进而无法逃离彼此之间的相互引力，进而直接在气体内凝聚成液滴。体系进一步地压缩将导致更多分子与液滴结合，从宏观上看气体经过了一系列不均匀状态进入液态，其中每个状态都包含了蒸气与液滴的各种混合态。

除了上述的压缩过程，降低温度即冷却也可使物质中分子平均动能降低，经典物理中认为当温度足够低时，物质里的分子失去了能抵抗分子引力的足够动能，因而被限制在固定位置上，成为规则有序的固态。He^4 不凝固的一个主要原因是低分子量的 He 分子间引力很小，另一方面其不易固化显示出其遵从量子物理的结果：测不准原理约束了微观世界中分子位置与动量的相关性，即一个分子的位置与动量不能同时被无限精确地确定。那么，在固体中当原子的位置已经在一定程度上被确定时，其动量及动能不能为零，即分子在微观世界中不能在占有一定位置的同时，动量又等于零。所以，在有序的固态分子排列里，分子位置被精确固定就说明动量不能恰好等于零，该能量称为“零点能”。即使在绝对零度，原子保持了一定的“零点能”也不能处于完全静止状态。因此，在液 He^4 里，无论温度多低，氦原子还有一定程度的动量，足够抗拒原子间相互引力。根据量子力学规律，分子质量越小，其具有的零点能越大。虽然分子的零点能很小在一般情况下都不考虑，但是由于 He 是惰性气体中最轻的，较高的零点能再加上微弱的原子间作用力致使其很难固化。

1.4.2 超流体的典型特征

1. He^4 的 λ 点与热超导现象

当系统温度下降，处于原子间距离较大的气体或液体到达凝固点，此时原子处于规则的结构中，仅在自身局部区域进行振动，系统进入固体状态。当体系冷却到 2.17K 时，此时 He^4 有别于一般意义上的气体和液体的第三态产生了，但这第三态并不是固态而是另一种具有特别性质的液体。1932 年 Keesom 对液体 He^4 完成了精确的比热测量，发现 He^4 的比热在 2.17K 左右出现一个极高值，其比热与温度的曲线类似希腊字母 λ，因此称 2.17K 的温度为氦的 λ 点。定义在 λ 点以上的液氦为 He^4-I，而在 λ 点以下的液氦称为 He^4-II。

在极高比热现象的基础上，1936 年 Keesom 又报道了 He^4-II 的热超导现象，即在 He-II 中无法建立空间尺度的温度梯度。面对这样的状态，无论代入多大的导热系数也无法基于热传导微分方程描述从 He^4-II 内的一点到另一点热传递行为。当系统温度在上述 λ 点以上时，由于气相分压与液体界面存在浓度梯度且距离 He 的沸点较近，因此出现了类似沸腾的现象。然而当体系进一步降温至 λ 点，液体突然变为平静而不再沸腾。此时出现了热超导现象，整个液体处于同一温度而无法建立空间的温度梯度。这个突变仅由于百分之一的温度变化，使得这一量子现象可以在宏观尺度上直接观察。超流 He^4 里的热传导能力比优异的导热金属银或铜还高出 3 个数量级，在低于 λ 点时 He^4-II 变为完全静止，其核心原因是超流 He^4-II 的热传导太好，使得全部的蒸发都发生在表面，体系中不满足产生气泡的条件；从微观机制上，He^4-II 的超高热传导的核心是常流与超流液 He 的对流。

2. 黏滞性与超流

在液氦所有的性质里，最为核心的是相变温度(λ 点)以下黏滞性的消失。在流体力学中，流体过管道的黏性耗散可由泊肃叶方程描述，该方程表示液体的流速与黏滞度成反比，与液压差成正比。经典物理中，确定黏滞系数通过圆管流量定律，在 1842 年由泊肃叶在实验中发现。当黏滞系数为 η 的流体流过半径为 r、长为 l 的圆管时，每秒流过管中任一圆截面的流体体积流量为

$$Q = \frac{\pi r^4}{8\eta} \times \frac{\Delta p}{l} \tag{1-64}$$

其中，Δp 为圆管两端的压强差。流体的黏滞系数越大流速越小，管子越细定律越

准确。

然而，在低温物理中，液氦并不遵守泊肃叶方程。若是基于泊肃叶方程对 He^4-II 的黏滞系数进行计算，会发现 He^4-II 的黏滞系数比 He^4-I 小 4 个数量级。一个有趣的例子是将液氦盛装在宏观上致密的陶瓷容器中，He^4-I 不会从容器中漏出；但是当体系温度降低至 λ 点以下时，He^4-II 从陶瓷容器中像水经过滤网一样渗漏出来。另一个例子是，He^4-II 会像一般液体一样将烧杯的玻璃面沾湿，但由于 He^4-II 的内聚力受到其自身零点能的抵消，更无法抵抗其与玻璃的附着力。因此，He^4-II 原子不断寻找新的表面吸附，同时 He^4-II 的黏滞度极小又使得其“爬”向新的表面所需克服的势能垒很低。因此，沾湿 He^4-II 薄膜可沿着烧杯壁不断向外爬，最终爬出烧杯之外。

在热力学中，物质的状态方程详细描述了温度、压力和密度的关系，若已知固定体积或固定压力之下的比热，则整个流体的一切热力学行为可完备描述。然而，对于运动中的流体问题，液体和气体的黏滞系数是随着温度下降而升高。与此不同，He^4-I 的黏滞系数与温度无关，其黏滞系数也很低具有类似气体的特征。在 λ 点以上 He^4-I 的黏滞系数约为 3×10^{-5} 泊(水的黏滞系数是 0.01 泊，空气的黏滞系数约为 1.8×10^{-4} 泊)。当体系的温度降低至 λ 点附近，He^4-II 的黏滞系数迅速下降。当用毛细管测流速的方法测量黏滞系数时，He^4-II 的黏滞系数在 λ 点以下降低至 10^{-11} 泊以下。值得强调的是，其超流性不是指黏滞系数为 0 的理想流体，而是指有别于经典流体的性质：利用直径不同的毛细管进行实验，当管子越细这种反常行为越发明显，在直径小于 10^{-5}cm 的管子，流速变得与压强差和管长无关，而仅是温度的单值函数。正因如此，即使盛装液氦容器中的空隙非常细微，但当体系温度降低至 λ 点以下时仍变得相当重要，相当于一般流体力学实验中的狭缝，在 λ 点以下使得 He^4-II 通过裂缝形成了“超漏”。

He^4-II 被称为超流体的主要原因是来自其毛细管实验，基于泊肃叶方程计算得到的 He^4-II 黏滞系数比 He^4-I 的小 4 个数量级。但是，当使用另一个方法测量黏滞系数，即将液体装在两个同心圆柱之间，外圆柱转动通过中间液体的黏滞作用将动量传递给内圆柱。当用此方法测量 He^4-II 的黏滞系数时，其黏滞系数并不小，在某些时候甚至高于“常流体” He^4-I 的值。这两种方法测得的 He^4-II 黏滞系数的巨大差异是理解超流机制的重要抓手，这方面工作会在 1.4.4 小节详细讨论。

3. 超流喷泉与热机效应

在这里超流 He^4-II 的喷泉现象可视为热能向机械能转化的热机效应，是宏观量子效应的显著体现。对于一般流体，当流场中具有温度梯度时，总是从高温部分向低温部分进行热传递，然而 He^4-II 具有向温度高的区域流动的特性。一个经典的实验是在容器下端放置黑色颗粒，容器外的液 He^4 流入容器需经过黑色颗粒，容器的上端设置一根细管。对容器进行光照，相应黑色颗粒吸热进而容器内部温度提高，超流 He^4-II 涌入容器并经细管形成一个高达 30cm 的喷泉，这个由热能转换为机械能的热机效应被称为“喷泉效应”。

He^4-II 的热机效应可从另一实验定量说明，对于一个连通器中 A 和 B 两个容器，两器通过一根毛细管相连，实验开始时两个容器处于同一温度、液面是同一高度，这时如果器 A 的压力比器 B 的压力高出Δp，He^4 会从器 A 流入器 B，以致器 B 的液面高出器 A 的液面，同时发现器 A 的温度升高而器 B 的温度降低。与此相对应，当实验开始时器 A、器 B 两边液面高度相等且温度一样。若将其中一个容器的温度提高一点，假设产生了ΔT 的温差，将发现受热的容器液面会升高，而另一容器的液面会降低。由液面差所得出的相应液压差Δp 和ΔT 的相对数值与前述实验一致。

4. *温度波*

液 He^4 内部若是发生了局部温度的迅速变化，那么温度就会像声波一样在液体里传播。在常流体里，热传播遵循傅里叶定律，其并不是一个波动形式。在 He^4-II 里的温度传播却是一个遵守波动方程的正常波动，而且它的速度与振动频率无关。He^4-II 里的温度波和声学压缩波(声波)完全一致，不过这里的热力学变量是温度而不是压力。He^4-II 内温度波同样可产生驻波进而宏观测量，这种在常流体里不存在的温度波被称为“第二声”，以示与声波(第一声)的区别。

1.4.3 二流体唯象模型与朗道准粒子理论

1. *二流体唯象模型*

由上述超流 He^4-II 的特殊性质可知，流过毛细管的部分液氦与其他液体性质不一样。这里首先介绍“二流体唯象模型”来解释超流体的特殊性质：二流体唯象模型把液氦看成是由两种完全互相贯穿的流体所组成，其中之一就是常流氦(超流相变温度以上的液氦，即 He^4-I)，其具有正常的黏度。当液氦温度降低到 λ 点以下时，常流体变成超流体的比例便逐渐增加，直到绝对零度时，整个液体都成为超流体(He^4-II)，超流体可认为没有黏度。基于质量守恒，液氦的总密度 ρ 也可以认为是由正常成分的密度 ρ_n 和超流成分的密度 ρ_s 所组成，因此

$$\rho = \rho_n + \rho_s \tag{1-65}$$

二流体唯象模型基于以下假设：超流部分 He^4-II 没有黏性且认为不传递熵，而常流部分 He^4-I 具有正常黏性。正因如此，毛细管由于可禁止具有黏滞性正常流体通过进而起到“过滤”熵的作用。此外，由于毛细管起到这样单方向的传递作用，从其流出的液体总比流入的“冷”一些，这可合理解释上述喷泉以及热机

效应。

在上述热机效应中，当热量供给至器 B 时超流部分 He^4-II 由于升温会转变成常流体相 He^4-I，此时更多的超流部分由于浓度梯度而向热源这边流动。“喷泉效应”本质上也是“热机效应”的一种体现，只不过热量是通过光照射一个充满黑色颗粒细管提供的。这里可通过超流相所占质量分数 ρ_s/ρ 来定量表征其趋于超流的程度。当接收热量时，超流体被激发成常流体，此时由于常流体的质量占比增加进而相当于温度上升。在热机效应实验中，这种常流成分 He^4-I 的增加由超流相 He^4-II 通过毛细管往高温方向的流动来平衡，而常流相基于浓度梯度的反向流动却为毛细管阻力所阻止，因此在较热的一端产生了一个压力差。具体地，我们将体系视为一个热机：由上述讨论可知，器 B 中液氦的液面当接收了外界给予的热量后上升，那么当这部分的液面降回到与器 A 高度持平时可以做功。此时，记为器 B 提供的热量为 Q_B，此时器 B 内液氦的温度稍微升高(从 T 升高到 $T+\Delta T$)。相应质量为 m 的超流相 He^4-II 从器 A 经过超流毛细管进入器 B，器 A 损失了 m 的超流相 He^4-II 则温度会进一步升高，但若保持器 A 与器 B 的温差(A 处于温度 T，B 处于温度 $T+\Delta T$)需同时从器 A 取走的热量为 Q_A。在上述过程中，即在平衡状态下两器间产生压力差记为Δp。假设以上过程完全可逆，即等熵过程，则流入容器 B 的 m 超流 He^4-II 是不带熵的。那么，超流相的一部分必须被激发成常流液体，其能量来源是 Q_B，而器 B 内总熵的增加是

$$mS = \frac{Q_B}{T + \Delta T} \tag{1-66}$$

同时 A 内总熵的减少是

$$mS = \frac{Q_A}{T} \tag{1-67}$$

如果器 B 降回与器 A 一致液面高度的液氦体积为ΔV，那么这部分的液面降回原液面高度时可以做功：

$$\Delta p \Delta V = \Delta p \frac{m}{\rho} \tag{1-68}$$

根据两器能量守恒，此处做功等于全部液氦所吸收的热量与放出热量的差，因此

$$\Delta p \frac{m}{\rho} = Q_B - B_A = mS\Delta T \tag{1-69}$$

那么，器 A 与 B 之间的温差ΔT 所造成的热机压力梯度为

$$\Delta p = \rho S \Delta T \tag{1-70}$$

因此，将单位液氦从器 A 输送至器 B 所需供给的热量是

$$Q_T = TS = \frac{T\Delta p}{\rho \Delta T} \tag{1-71}$$

实验研究发现，S 与由比热测量所得液体的总熵 S 相等，可直接以实验证明超流部分的熵为零。

2. 朗道准粒子理论

从气体分子动理论的角度出发，当气体的密度不高时气体分子的平均自由程相当大，多数分子大部分时候都在做个体运动。即使发生了碰撞，也多半是两个分子，两个以上分子同时碰撞的机会很少。因此气体的理论可简化为“二体”问题，使得对于气体的描述相对简单且符合实验结果。然而由于液体的密度一般比气体密度高三个数量级，此时任一分子的行为都受到许多相邻分子的直接影响，且自身也影响着众多分子。在力学中由于“三体”问题非常复杂，这也使得对同样具有流动性的液体，其建模比气体要复杂得多。然而，对于液氦这样极端简化和干净的体系(He^4 分子是单个原子且分子间作用力很弱)，许多定量定律就可建立起来。但在这里需强调的是，He^4 原子还需考虑其遵从量子力学规律，即使理论上也不能把单个 He^4 原子孤立进行考虑，我们需同时处理亿万个原子 He^4 原子所组成的整体。

在微观尺度，分子/原子都是遵循量子力学的规律，而扩展到宏观尺度时，由于此时大量分子/原子的不规则热运动掩盖了量子效应，因此不再显示量子效应。然而，在超流相 He^4-II 里，由于体系温度足够低，使得热运动变得微弱进而无法掩盖量子效应，进而微观尺度的量子效应可以在宏观尺度上展示出来。基于量子力学中全同性原理的要求，He^4 原子与原子之间不可区分。与此相对应，在数学上所有描述 He^4 体系的方程在两原子交换位置后还必须成立。因此，全同性原理说明任何一个 He^4 原子的运动是不可能与液体里任何其他原子无关的。在此基础上，可将 10^{23} 个原子同时处理，即把在绝对零度附近的 He^4 体系当作一个分子看待。此时，基态与激发态的能级和温度不同，其能级的概率分布也不同。在绝对零度时，He^4 体系处于基态，由于量子力学规律要求处于基态的 He^4 体系其动能并不为零，这也是 He^4 不进入固态的原因。在高于绝对零度的低温范围内，He^4 的能量高于基态进而阶跃成激发态。激发态说明 He^4 体系中存在着某些运动或振动，但是在距离绝对零度不远的温度区间，可能存在激发态数目并不多且能量也低，因此可将运动模型大幅简化。

基于上述分析，20 世纪前苏联物理学家朗道提出了准粒子模型。从研究整体液 He^4 里的简单运动方式开始。例如，声波(压缩波)在液氦里的传播，那么每个声波的运动都携带了一定的能量与动量。朗道的分析表明在任何一个具有较低能量的激发态中，能量和动量必定能够用各个可能状态的线性组合来表示，其中能

量可写为

$$E = E_0 + n_1e_1 + n_2e_2 + n_3e_3 + \cdots \tag{1-72}$$

其中，E_0是绝对零度时的基态能，e_1、e_2、e_3…等代表基态以上各级激发态的能量；量子力学要求n_1、n_2、n_3…等的数值为整数；类似地，动量也可写为

$$P = P_0 + n_1P_1 + n_2P_2 + n_3P_3 + \cdots \tag{1-73}$$

上述两式说明：如果在一个能量等于E_0且动量等于P_0的具有绝对零度基态的He^4流体中加入n_1个能量等于e_1且动量等于P_1的粒子，整个液体的总能量将是

$$E = E_0 + n_1e_1 \tag{1-74}$$

而总动量是

$$P = P_0 + n_1P_1 \tag{1-75}$$

进一步地，向体系中继续加入n_2个能量等于e_2且动量等于P_2的粒子，也可继续使用上述表达式进行描述。此时，我们将所有液He^4整体视为一个粒子，这些实际并不存在的假想粒子称为“准粒子”。由于体系的温度很低，不同方式运动的He^4并不多，相对较少的准粒子种类可用线性的数学方法表示，这都使得准粒子模型非常简单实用。这里我们将所有的准粒子想像成一个密度不高的气体，本来无数个由量子力学规律约束进而相互牵制运动着的He^4原子可整体上视为准粒子气体体系。值得强调的是，准粒子完全是一个理论上构成的粒子，跟单个He^4原子无关，仅与液He^4内部的整体运动有关。虽然如此，准粒子的特征在各个方面都与实际的气体非常相似。其中，有以下两个显著的不同点：准粒子的能量与动量之间的关系反映了整体液He^4运动方式，跟实际粒子的能量-动量关系不同；在实际气体里，粒子的总数是固定的，而在超流液He^4里，准粒子数由温度决定。那么，一旦准粒子的能量-动量方程确定，则准粒子的总数可计算得到。在绝对零度，不存在任何准粒子，粒子数随温度的提高而增加，其总能量也相应增加。因此，准粒子的能量和动量关系是非常重要的。朗道根据早期的理论及实验数据，推算出准粒子的能量和动量关系，之后美国物理学家费曼分析了液He^4内部的运动方程，计算出了液He^4内准粒子的能量-动量关系。

在图 1-20 中能量-动量特殊的褶皱曲线对解释超流现象非常重要，曲线液He^4-I 是正常流体粒子的能量-动量曲线。这个曲线其斜率随着动量增加而增加，其本质是：当正常流体粒子的速度增加时，其能量增加率(正比于速度的平方)高于动量的增加率(正比于速度的一次方)。那么，对于正常流体粒子，其能量和动量的比值从零点开始就可以取任何正值。相对而言，准粒子的曲线液He^4-II 开始时就与水平线成一个角度且快速上升。这时准粒子的能量和动量比值(即特征速度)是不能低于一个最低值，该最低值称为临界速度，等于准粒子能量-动量曲线虚线的斜率，即曲线 II 最低斜率值的切线。考虑最简单的情况：当体系温度在绝对零

度，这时所有粒子处于基态，即没有准粒子只有幕后液体。此时，若丢一个具有速度的小球到液氦中；若在常流体里，由于存在动量和能量的梯度，小球会很快将自身的动量与能量传递给临近的粒子；而若是在超流 He 里，能量的吸收意味着部分处于基态的幕后液体产生处于激发态的准粒子。那么，当投入的小球降低速度就意味着其能量损失必须产生一个准粒子。再考虑动量守恒，准粒子所需的能量-动量比值与原来小球的速度有关。如果小球的速度比如图 1-20 所示准粒子具有的最低能量-动量之比还低时，由于动量与动能关系比匹配，该低速的小球不能传递任何能量给液氦。与此相对应，液氦在流动很慢的情况下(流速小于临界速度)，其不能传递能量给器壁。上述讨论就是超流现象产生的原因。当小球的速度超过临界速度，就会有能量的耗散。

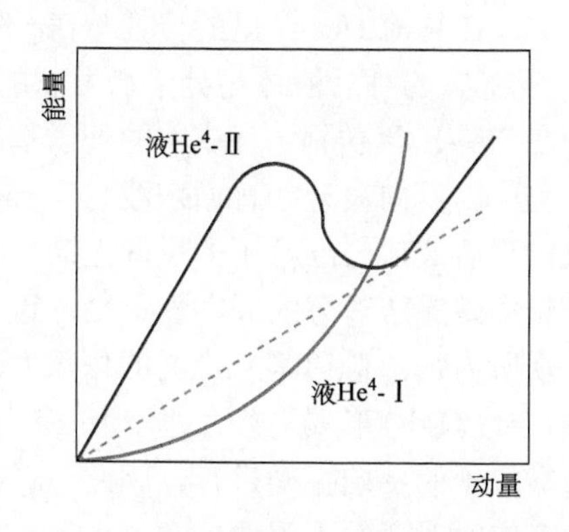

图 1-20　液 He^4 内准粒子的能量-动量关系

朗道的准粒子模型可很好地解释超流 He^4-II 的两种不同黏滞系数的成因：当超流 He^4-II 流过狭缝时，处于基态的幕后液体真正能够通过，而处于激发态的准粒子却不能；而在旋转同心圆柱的实验中，处于激发态的准粒子能从外圆柱向内圆柱传递力，而处于基态的幕后液体不能。所以上述两个实验其实分别对应着两种完全不同的个体：①处于基态的幕后液体提供了流过狭缝的能力；②处于激发态的准粒子则提供了旋转圆柱实验中所显示的黏滞系数。超流 He^4 其实包含了两种完全互相贯穿的流体，在前述两个容器由毛细管连接的实验里，当处于基态的幕后液体里准粒子浓度提高，此时由于单位体积准粒子数目与其温度有密切关系，因此剩下无法流过毛细管的液体温度会升高。对于喷泉实验，当通过光照将容器内温度提高，其中处于激发态的准粒子浓度随之升高，结果是增加了准粒子的浓度梯度或是压力梯度，为了使内外准粒子的浓度或压力趋于平衡，一束准粒子从容器外的夹缝开口处进入并喷出。

最后，介绍一种测量准粒子和温度关系的方法：将一叠圆盘悬挂在一根纤维上并置于液氦中，当体系温度从 λ 点下降时，圆盘转动周期也随之下降，即转的越快。圆盘的转动周期和圆盘质量有关，圆盘越重周期越长。在超流液氦中，处于基态的幕后液体没有黏性，能够轻易在圆盘之间流动；而处于激发态的准粒子却不然，它们的黏性会增加圆盘的运动周期，因此有准粒子存在的时候圆盘的有效质量增加，准粒子越多则圆盘越重，转动周期自然加长。但当温度下降时，处于激发态准粒子数目减小，此时转动也随之加快。用这个方法可以测出圆盘因准粒子的存在而增加的有效质量。

3. 第二声-准粒子里的声波

准粒子的概念曾预测出温度波的存在，这里称为第二声。在流体里普通声波即为压力波动的传播，该波动可由强双曲的波动方程描述，其显著特征就是具有一个稳定的波动速度。声波在超流 He^4-II 里的传播与在一般常流体里的情况没有什么区别。He^4-II 里有处于基态的幕后液体与处于激发态的准粒子两部分，因此，两种不同速度的波动能在 He^4-II 里传播。He^4-II 的处于基态的幕后液体与处于激发态的准粒子可以同向也可以反向波动。普通声波(第一声)来自幕后液体与准粒子同向运动，第二声来自幕后液体与准粒子的反向振动。因此，在第二声里幕后液体与准粒子以一定的频率做穿透对方的周期性运动，这个波动的传播速度比第一声(压缩波)低很多。众所周知，普通第一声波的传播方法是以流体介质的局部压缩(密度增大)与稀疏(密度减小)形式进行，即压力-密度关系引起的。He^4-II 里的第二声以幕后液体与准粒子的反向振动进行，因此 He^4-II 本身并不发生压缩与稀疏的现象，局部液体密度的改变并不重要。在这个现象里，受压缩的是 He^4-II 的幕后液体与准粒子两个组成部分。由于处于基态的幕后液体不带熵，因此幕后液体与准粒子的相对振动其实相当于发生在一个处于基态幕后流体的热振动，因而导致液体温度的局部波动性。这里值得阐述的是，普通流体中的热传导符合傅里叶定律，但是傅里叶定律不是典型的双曲方程，即不满足波动方程。而在超流相中在等熵过程中的热振动是符合波动方程的。

第一声可用过机械振动在 He^4-II 中产生。1940 年 Peshkov 利用压电板的机械振动，希望在 He^4-II 里同时产生第一声和第二声；但只能检测到较高的第一声而测量不到第二声。由于机械发生器主要激发的是压缩波与稀疏波，从本质上就只能产生第一声。1944 年 Peshkov 利用一个低热容的脉冲电热器产生了第二声，并用一个灵敏的温度计测量。由于第二声来源于准粒子的压缩，其实是准粒子气体里的普通声波。准粒子局部的密度增高引起局部液体温度的升高，因此 He^4-II 里存在这样一个具有一切波动性质的温度波。

1.5 本书框架

由于固体颗粒流的脉动动能远小于气体分子，因此颗粒流具有典型低温物理“类超流”性质；因此，气固两相流中固体颗粒相的加入使得其声速变得非常小，进而能够在宏观呈现出“超可压缩性”。其中，气固两相一维管流的噎塞与二维的脱体激波是其典型特征，而气固两相的“超可压缩性”是气固两相流具有优异流动性与传递能力的核心，可基于超流体中的准粒子模型进行分析。综上所述，本书围绕气固两相流相结构的调控这一核心，抓住气固两相流的“超可压缩性”，借鉴可压缩流体力学以及低温物理中的准粒子模型，构建调控气固相结构的方法论，在此基础上面向生产实践设计了一维多孔板和二维伞型构件，实现了气固流化床反应器内停留时间分布的精准调控。以下是本书中其他章的主要内容：

第2章围绕气固两相流的相结构特征，首先通过光纤密度探头在从气固密相鼓泡床到稀相输运的宽相密度范围内测量气穴相与颗粒聚团相的特征，并分析其两相相互作用；在此基础上，从热力学角度构建范德瓦耳斯方程，并通过李雅普诺夫稳定性理论揭示两相共存的原因：气穴相与颗粒聚团是气固拟均相这一亚稳态在一定条件下对应的两个稳定相态；最后，基于爱因斯坦扩散方程给出了气固相结构对流化床停留时间分布影响的定量关系式，进而指导如何通过改变气固相结构精准调控流化床反应器内的停留时间分布。

第3章首先介绍单相流的可压缩控制方程，从波动方程出发引入声速以及马赫数的概念，并给出可压缩一维变截面和圆柱绕流的数学描述方法；在此基础上将可压缩的数学框架延伸至气固拟均相流，定量描述固体颗粒相的引入对流体可压缩性的巨大贡献；在无滑移气固拟均相流的基础上，构建了考虑颗粒流强可压缩性以及气固滑移的双流体模型；围绕气固密相流化的优异流动性和高效导热能力，基于类超流的低温物理特性在朗道准粒子模型的基础上提出“超可压缩流”的概念，并建立完整的数学框架进行描述。

第4章抓住气固两相流可压缩性的特征，围绕气固过孔相分离展开论述。首先建立描述气固稀相准一维变截面流的理论框架，分析了其在过窄孔时产生局部密相区的原因；在上述气固稀相准一维变截面流理论框架的基础上，设计了具有缩口结构的旋风分离器，通过实验验证了其具备高气固分离效率与低固体颗粒磨耗的性质；着重阐述气固密相准一维变截面流的理论框架，分析了其在过窄孔时产生局部稀相区的原因，在其强可压缩性与强双曲型数学表达两个方面展开讨论；在上述气固密相变截面流的理论框架基础上，使用多孔板构件调控流化床停留时间分布，通过实验验证了多孔板构件抑制返混的能力，并介绍了本课题组设计的具有多孔板构件的多段流化床在不同工业过程中的应用。

第 5 章抓住气泡与激波结构的相似性，借鉴强可压缩流中激波的数学表达，建立二维气固密相流态化中气泡形成机制的数学框架；围绕特殊稳定气泡的形式“节涌”，通过压力频谱分析对气泡的产生机制进行实验验证；在此基础上提出带伞型构件的多级喷动流化床，首次在喷动床中实现了多级气固流动结构，并通过 CFD-DEM 进行数值模拟计算。

参 考 文 献

[1] Kunii D, Levenspiel O, Brenner H. Fluidization Engineering. Oxford: Elsevier Science & Technology, 1991.

[2] Jaeger H M, Nagel S R, Behringer R P. Granular solids, liquids, and gases. Reviews of Modern Physics, 1996, 68(4): 1259-1273.

[3] McCabe W L, Smith J C, Harriott P. Unit operations of chemical engineering. New York: McGraw-hill, 1967.

[4] Vogt E T C, Weckhuysen B M. Fluid catalytic cracking: recent developments on the grand old lady of zeolite catalysis. Chemical Society Reviews, 2015, 44(20): 7342-7370.

[5] Geldart D. Types of gas fluidization. Powder Technology, 1973, 7(5): 285-292.

[6] Zhang C, Li S, Wang Z, et al. Model and experimental study of relationship between solid fraction and back-mixing in a fluidized bed. Powder Technology, 2020, 363: 146-151.

[7] Nauman E B. Residence time theory. Industrial and Engineering Chemistry Research, 2008, 47(10): 3752-3766.

[8] Zhang C, Qian W, Wang Y, et al. Heterogeneous catalysis in multi-stage fluidized bed reactors: from fundamental study to industrial application. Canadian Journal of Chemical Engineering, 2019, 97(3): 636-644.

[9] Cheng Y, Wu C, Zhu J, et al. Downer reactor: from fundamental study to industrial application. Powder Technology, 2008, 183(3): 364-384.

[10] Gao Y, Muzzio F J, Ierapetritou M G. A review of the residence time distribution (RTD) applications in solid unit operations. Powder Technology, 2012, 228: 416-423.

[11] 张兆顺, 崔桂香. 流体力学.第 3 版. 北京: 清华大学出版社, 2015.

[12] Jose P P, Andricioaei I. Similarities between protein folding and granular jamming. Nature Communications, 2012, 3: 1161-1168.

[13] Rericha E C, Shattuck M D, Swinney H L, et al. Shocks in supersonic sand. Physical Review Letters, 2002, 88(1): 4.

[14] Heil P, Rericha E, Goldman D, et al. Mach cone in a shallow granular fluid. Physical Review E, 2004, 70(6): 060301.

[15] Leggett A J. Superfluidity. Reviews of Modern Physics, 1999, 71(2): S318-S323.

第 2 章　气固相结构

2.1　引　　言

从第 1 章可知，气固两相流的结构特征在学术上是理解其诸多特性的核心，在工程上又是调控停留时间分布的主要手段。随着表观气速的提高至起始流化速度 U_{mf} 后，固体颗粒床层不再静止，相应的脉动增加，如图 2-1 所示。此时气固相结构呈现出时间和空间上的不均匀性，进而产生固体颗粒体积分数(ε_s)较小的气穴(voids)和固体颗粒体积分数较大的颗粒聚团(clusters)[1]。气固两相在空间与时间尺度上的不均匀决定了气固拟均相流处于亚稳态，会自发产生稳定的气穴相与颗粒聚团，且这两相的强相互作用使得气固流化床相比固定床具有“类超流”的特征：在获得极强取热能力的同时具备极好的流动性。与此同时，气固相分离的稳定性也极大提高了流态化的操作稳定区间。在气固密相流态化中，正是由于离散气穴相的存在使得密相床层能够在远高于颗粒终端速度的情况下稳定操作，而且气穴相带来了额外的“类声子”长程连接，进一步提高全局的传递能力；在气固稀相流态化中，也是由于离散颗粒聚团的存在使得整体阻力升高进而获得更广的稳定操作域。

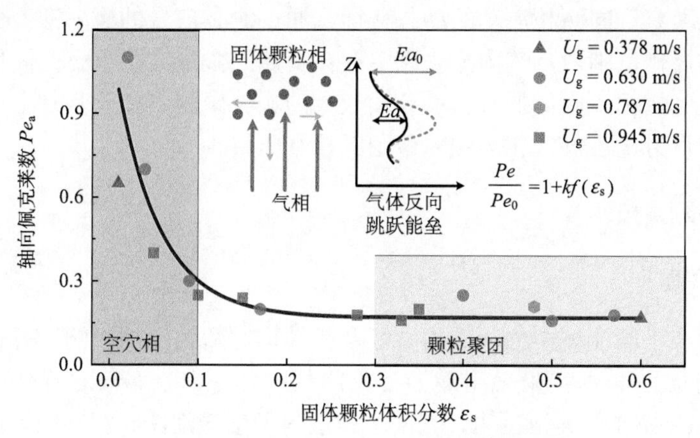

图 2-1　气固相结构及其对应的佩克莱数[2]

本章围绕气固两相流的相结构特征，首先通过光纤密度探头在从气固密相鼓泡床到稀相输运相当宽的相密度范围内，测量气穴相与颗粒聚团相的结构特征，并分析其两相相互作用；在此基础上，从热力学角度构建类范德瓦耳斯方程，并通过李雅普诺夫稳定性理论揭示其在气固两相流中普遍共存的原因：气穴相与颗粒聚团是气固拟均相这一亚稳态在一定条件下对应的两个稳定相态；最后，基于爱因斯坦扩散方程给出了气固相结构对流化床停留时间分布影响的定量关系式，进而讨论如何通过改变气固相结构精准调控流化床反应器内的停留时间分布。2.1节是与本课题组林仟博士共同完成，2.3 节是与本课题组汪智国博士共同完成。

2.2 气固相结构：气穴相与颗粒聚团

在气固鼓泡床中，经典的两相理论采用如下的基本假设：流化床中当表观气速超过最小流化气速 U_{mf} 后，多余的气体均以气泡的形式穿越床层，此时气泡为离散相；固体颗粒在流化床中以乳相形式存在，在气固乳相中气速恒为 U_{mf} 时乳相的空隙率为 ε_{mf}；通常认为上述气泡与乳相结构不随气速变化而变化。两相理论广泛应用于鼓泡流化床的流体力学行为研究和反应器模型，但是其主要缺陷是乳相空隙率的假设与实际不符：典型的例子是 Geldart A 类颗粒在最小流化速度与最小鼓泡速度之间会发生均匀膨胀，其乳相的空隙率明显大于 ε_{mf}；两相理论没有对气泡中的固体颗粒体积分数做出合理解释。值得强调的是，虽然气泡中固体颗粒体积分数低至 0.1%，但其对气泡的稳定形成与可压缩性影响巨大，因此不能忽略气泡中少量颗粒的存在。

在本节中，将采用标定后的双光路光纤探头在冷态流化床内对 Geldart A 类颗粒不同流域、不同截面以及不同径向位置的局部固体颗粒体积分数瞬态信号进行分析，深入考察气固两相流动的动态特征。通过瞬态信号的概率密度分析，发现在相当大的操作范围内，气固流化床中存在稳定的微观结构单元：固体颗粒体积分数较小的气穴相；固体颗粒体积分数较大的颗粒聚团。在此基础上，通过两相体积分数定量讨论了气穴相与颗粒聚团的相互作用。

2.2.1 实验测量技术

1. 实验装置

为考察在不同流域中的相结构特征及相结构对两相流的影响，并使得实验结果更具有可比性，本实验采用最为常见的气固体系(空气-FCC 颗粒体系)，在 0.025～10 m/s 操作气速范围内，在同一床层内考察鼓泡床、湍动床、快床和气力输送等 4 个主要流域的相结构特征。实验装置在有机玻璃循环流化床中，提升管内径为 186 mm，高为 9 m。实验过程中采用了两种分布器，在气速范围为 0.025～1.4 m/s 时，采用筛孔分布板，分布板的开孔率约为 2%；在气速范围为 1.4～10.2m/s 时采用双气源式入口结构，分为中心管和环隙两部分，颗粒由二次风流化，从环隙进入快床后由中心管进入的主风形成快床中的气固两相流动。提升管出口采用气固快速分离装置回收 90%的颗粒，其余颗粒经后续两级旋风分离器回收后返回伴床以循环使用。分别在距离分布板 0.72 m 高度的密相截面和距分布板 2.7 m 高度的稀相截面上对局部固含进行测量，测点径向位置分布为 r/R=0, 0.1, 0.2, ⋯ , 0.9, 0.95 和 1.0 共 12 个点，采样频率为 1700 Hz，每次采集 100000 个点，每次采样时间约为 1min[1]。

本实验在常温常压下进行，采用平均粒径为 75μm 的工业 FCC 颗粒，流化介质为空气，固体颗粒是典型的 Geldart A 颗粒，其主要流化性质如表 2-1 所示。表观气速为主要操作参数，在本实验中通过空气转子流量计进行测量。由于空气通过床层有一定的压降而空气为可压缩气体，需要对转子流量计的度数进行修正，计算得到的表观气速为

$$V_{\mathrm{air}} = V\sqrt{\frac{760}{760+\Delta p} \times \frac{t+273}{293}} \tag{2-1}$$

其中，V 为转子流量计的显示流量(m^3/h)，V_{air} 为实际空气流量(m^3/h)，Δp 为全床压降(Pa)，t 为压缩空气的温度(℃)。截面平均固体颗粒体积分数可计算而得。

表 2-1　实验 FCC 颗粒的流化性质

颗粒类型	粒径/μm	真密度/(kg/m^3)	堆密度/(kg/m^3)	U_{mf}/(m/s)	U_{mb}/(m/s)	U_t/(m/s)	U_{tr}/(m/s)	$1-\varepsilon_{mf}$	$1-\varepsilon_{mb}$
FCC	75	1398	1039	0.003	0.005	0.356	1.625	0.73	0.69

2. 测试技术

在气固两相系统中，无论是气固密相流态化中的气泡相和乳相，还是稀相流态化中的稀相和颗粒聚团，其核心特征是两相中固体颗粒体积分数不同。因此，本实验采用如图 2-2(a)所示性能稳定、应用广泛的双光路密度探头对流化床中局部固体颗粒体积分数进行了测量，以考察两相结构特征。光纤测量原理是根据光在多相系统中的反射强度不同，在得到反射光的强度信号并经过光电转化可对采集的电信号处理后得到系统的局部光强值(以电压表示)[1,3,4]。又由于反射光强与系统内局部空隙率(固体颗粒体积分数)为单值对应关系，经标定可得光强与局部空隙率的函数关系式，继而可得到准确的局部固体颗粒体积分数。光纤探头前端测量面积为 2 mm×2 mm，测量光纤由入射与反射光纤组成，可按奇偶分为两束，分别输入光源和接受系统反射的光信号。光纤外套为外径 5 mm 的不锈钢管。本光纤测量系统具有精确度高、体积小、受外界干扰小等一系列优点。

本双光路探头系统由于采用参比光路而提高了测试信号的准确性和稳定性。由发光二极管发出的光分为两束，一束测量床中固体颗粒体积分数，另一束经稳定衰减后作为参比光路，测量光路返回的反射光与参比光分别经过光电倍增管转化为电信号，取二者比值作为实测光强值。由于参比光路反映了光源及低压电压、高压电压的微小波动，这样的处理有效地消除了这些波动因素造成的影响。探头的稳定性检验表明，该光纤系统的测试重复性良好，在高压电压、低压电压预热4～5h 后，测量结果的相对误差低于 0.1%，而且不会发生信号漂移。除此之外，探头、计算机与探头的信号连线采用了良好的屏蔽，保证本测量系统在使用过程中不会受到外界电场的干扰，这均使得采集得到的固含信号数据能真实地反映体系气固两相结构的瞬态信息。

气固两相流是一个典型的远离平衡态耗散体系[3]，它表现出来的信息耗散率与采样探头、采集频率均有关系。当光纤采样频率太低时，气固两相体系中某些高频脉动的信号不能被捕捉，此时信号不足以反映体系的动态信息特征。而采样频率过高时，既为数据处理带来挑战又会受到信号噪声的影响。此处需注意的是采样探头直接确定了采样的尺度，同一体系在不同的尺度上表现出来的信息量是不同的。相比较气固流化床中的普遍使用的测量方法：由于压力信号能够通过声速快速扩散至全流场，因此压力信号反映的是全床尺度的气固流动信息；由于光信号在气固多相体系中快速地衰减，光纤密度探头主要反映的是探头前端测量体积内的气固两相结构信息，测量尺度一般为立方毫米量级；激光多普勒测速仪(LDV)则测量了其控制体内的信息变化，其测量体积为立方微米量级。对于气固流化体系，通常测量尺度越小测量信号含有的信息量越大。确定采集频率与采样探头实际上是确定采集的时间尺度与空间尺度的问题。

当光纤探头的尺寸确定后，采样频率直接决定了是否能够正确反映气固两相体系的信息耗散率。根据信息中香农定律，采集信息的频率必须大于被测量系统中最高频率的两倍以上才能使得采集到的信号基本真实地反映被测量体系的频率特性。另一方面，从信息熵的角度，气固两相流信息损失率的体现是真实反映被测体系动态特性的指标。由于不同流化操作域的信息损失速率不同，因此需通过实验手段确定采集频率与信息熵的关系，以便选取合适的采集频率。基于在不同流域中采集的频率与由原始光强度数据可计算得到的信息熵(Kolmogrov 熵)。当采集频率较低时相应的信息熵也比较低;随着采集频率的提高信息熵也相应提高;但当采集频率提高一定程度后,相应信息熵不再提高甚至有可能出现下降。因此,为反映被测气固两相体系的动态特性，应使得采集频率大于信息熵曲线不显著上升的阶段。在实验过程中，信息熵开始保持稳定的频率约为 1640Hz，因此，本节中采用 1700Hz 作为采样频率。

3. 光纤信号与固体颗粒体积分数的标定

本节的核心是以固体颗粒体积分数为主要变量探究气固相结构的特征，因此确保双光纤探头在颗粒体积分数从零到堆积状态的宽广区域准确反映颗粒床层局部位置上的相结构特征意义重大。一般光纤探头的测量机制包含以下两个过程：将固体颗粒体积分数的信息转变为光信号；将光信号通过光电转换变为电信号。因此，光纤探头对固体颗粒体积分数的输出取决于探头接收到颗粒反射光的函数与探头对光的反应函数。由于上述两个函数的叠加具有强非线性，基于非线性函数的标定方法是合理的；另一方面，气固体系自身远离平衡态的强非线性与信号函数的非线性解耦过程十分复杂，仍需在一定简化的基础上进行标定。

如式(2-2)，常用的非线性标定方法一般假设探头输出 N 与控制体内局部固体颗粒体积分数的关系为

$$N = k\varepsilon_{\mathrm{s}}^{n} \tag{2-2}$$

其中，k 是与流体性质和探头结构有关的参数，而 n 只与固体颗粒性质相关[10]。因此，可用均匀性较好的水-颗粒悬浮体系来标定 n，而用气固散式流化状态时的膨胀颗粒床层标定 k。相对气固散式流态化而言，水-颗粒悬浮体系的膨胀范围更宽，通常可使用液相膨胀床标定较高固体颗粒体积分数的情况。然而，气体与液体较大的折射系数差异是该标定方法的主要问题。对于气固稀相流态化，基于提升管中局部固含的径向分布与截面平均固体颗粒体积分数的定量关系获得标定方法。该过程的原理为测量提升管某一截面上各径向位置上的局部固体颗粒体积分数并在整个截面上积分，与压差法测量得到的截面平均颗粒体积分数比较，最终由最小二乘法计算得到指数关系式的系数。这种标定方法因其操作方便而广泛应用于实验标定。但是，由于提升管中的局部固体颗粒体积分数通常仅为 0.03～0.35，而湍动床与鼓泡床中的局部固体颗粒体积分数则远远高于提升管，通过提升管的标定是难以外推到密相流态化中的，甚至出现局部固含大于 1 的不合理结果。

因此，本节基于前人的工作，采用分段标定的方法完成从最小鼓泡状态到稀相输送的固体颗粒体积分数的准确标定。其核心思想是在不同的固体颗粒体积分数范围内对探头输出进行分段标定，然后将所有标定结果用玻尔兹曼形式统一起来作为最终的标定关系式。具体过程如下：用湍动床稀相局部固体颗粒体积分数很低且径向分布均匀的特点来标定 0～0.02 的低固体颗粒体积分数范围，用提升管进行局部固体颗粒体积分数范围在 0.03～0.35 的探头输出标定，同时利用小型流化床中有比较明显的均匀膨胀的散式流化现象的特点，在散式流化区域初始鼓泡状态对高固体颗粒体积分数 0.5～0.74 范围进行标定。这样可以对从固体颗粒体积分数 0～0.74 范围内光纤探头输出与局部固体颗粒体积分数的关系有较为准

确的标定。如图 2-2(b)所示，不同固含下颗粒的浓度与光强信号存在递增的对应关系：

$$\varepsilon_{\mathrm{s}}=0.749-\frac{0.750}{1+\exp[4.858(N-1.1)]} \tag{2-3}$$

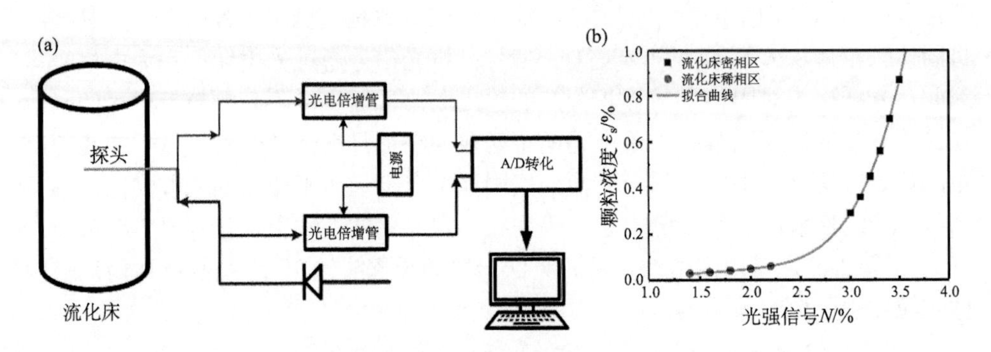

图 2-2　(a)双光纤传感器测量相密度技术；(b)光纤测量标定曲线[1,2]

2.2.2　颗粒体积分数的概率密度分布

1. 局部光纤信号的概率密度分布

流化床密相截面上不同流化状态下的局部光纤信号时间序列差异巨大：气固鼓泡流化状态的典型信号时间序列的主体为集中于高固体颗粒体积分数的乳相信号。此时，固体颗粒体积分数较小的气泡或气泡群引起的信号下降的“波谷”占信号组成比例较小；快速流化区的局部光纤信号时间序列与气固密相流态化相比呈现明显的相转变：连续相由高固体颗粒体积分数的乳相转变为弥散良好的稀相，分散相则由低固体颗粒体积分数的气泡变为絮状物形式出现的颗粒聚团。此时局部光纤信号主要集中于低固体颗粒体积分数范围，占比例较少的高而分散的尖峰信号则代表固体颗粒体积分数较高的颗粒团聚。当从鼓泡床到快床的转变中，一般是随着操作气速上升，流化床中心处的局部固体颗粒体积分数的主体信号从乳相的信号数值逐渐下降，直至快床区中变为稀相低信号数值。在其相转变也即湍动流化区中，局部光纤信号同时包含了高固体颗粒体积分数的尖峰信号与低固体颗粒体积分数的波谷信号，主体集中于介于鼓泡区的高固体颗粒体积分数与快速流化区的低固体颗粒体积分数之间的某一个中间范围。这也证明在湍动床中，颗粒团聚与气泡相互之间形成连续相与分散相的交替，没有明显的连续相与分散相，此时两相的混合能力达到极大值。

对时间序列做概率密度分布(probability density distribution, PDD)是分析信号聚集结构特征的直观手段[1,4]。对不同流化状态的局部固体颗粒体积分数时间序列求其概率密度分布，如图 2-3 所示在从气固密相鼓泡区到气固稀相快速床，局部固体颗粒体积分数概率密度分布曲线均有特征双峰的存在。该曲线左峰为低固体颗粒体积分数区，其峰值固体颗粒体积分数大约为 0.01～0.03，其有较为明显的拖尾。显然，在气固密相流态化(即鼓泡床与湍动床)，该峰的出现是由于气穴相的形成，也说明气穴相是固体颗粒体积分数较低的相结构。值得注意的是，气穴并非纯气相(对应一定的固体颗粒体积分数)，这一点是由气穴类激波性质决定的，该部分内容会在第 5 章详细阐述；在气固稀相流态化(即快床与输送流化)，该位置处的峰则是由于颗粒与气体的良好弥散的稀相造成的。对于气穴相，其重要的特点是：虽然在不同的流化状态引起该峰的原因不同，但该峰却表现出比较稳定的性质，相应极值点位置基本不随操作条件而改变。这也说明了气穴相在非常广的操作区域是一个稳定单元。概率密度分布曲线的右峰位于高固体颗粒体积分数区，呈类似于正态分布的对称形式；在气固密相流态化区(鼓泡床和湍动床)，该峰是由乳相引起，其峰值固体颗粒体积分数接近 $1-\varepsilon_{mb}$；在气固稀相流态化区(快床和输送床)则是由于颗粒团聚物引起，其峰值随气速升高而逐渐下降。

如图 2-3 所示，局部固体颗粒体积分数概率密度分布曲线上的双峰共同特点：在床截面径向位置的改变基本不改变双峰的各自位置，即双峰代表的固体颗粒结构(气穴相与颗粒聚团)不仅在时间上具有稳定性，在空间尺度上也保持相对稳定。这一特征为后续分析气固流化床的径向分布特征带来极大方便。

在概率密度分布曲线上，双峰的峰面积之比为两相结构出现概率大小的相对关系，也是相结构的相对作用大小的直观反映。该比值随径向位置不同而有规律明显地变化：左峰面积(气穴相)总是在床中心区最大，而接近壁面达到最小；右峰面积(颗粒聚团)则正好相反，这说明壁面具有类似“冷凝”的作用，在壁面附近容易聚集更多的颗粒聚团，而床中心区则更容易为气穴相的聚集提供场所。此外，左峰位置在鼓泡床到气力输送的流域很宽的操作区间内基本不变，而右峰在气固密相中基本不变，在到气固稀相区后随气速有下降的趋势。

综上所述，由概率密度分布曲线及每个峰在不同流态化域以及径向位置上的相对稳定性，可以认为各个峰产生的机制是相同的。对于左峰，气固密相流态化中主要是由气泡与气穴造成的，在气固稀相主要是气固弥散的稀相造成的，这里我们将左峰对应的机制统称为流化床内的气穴相(voids)。与此相对应，右峰的出峰原因在气固密相流态化中主要是气固乳相，而在气固稀相流态化中主要为颗粒团聚物，这里我们统称右峰的出峰机制为颗粒聚团(cluster)。

2. 气穴相与颗粒聚团的概率密度分布形式

从固体颗粒体积分数的特征上看，虽然在不同的流化域中，气穴相与颗粒聚团两单元的表现形式存在很大差异，但是两者均体现出时间和空间尺度上的稳定性。

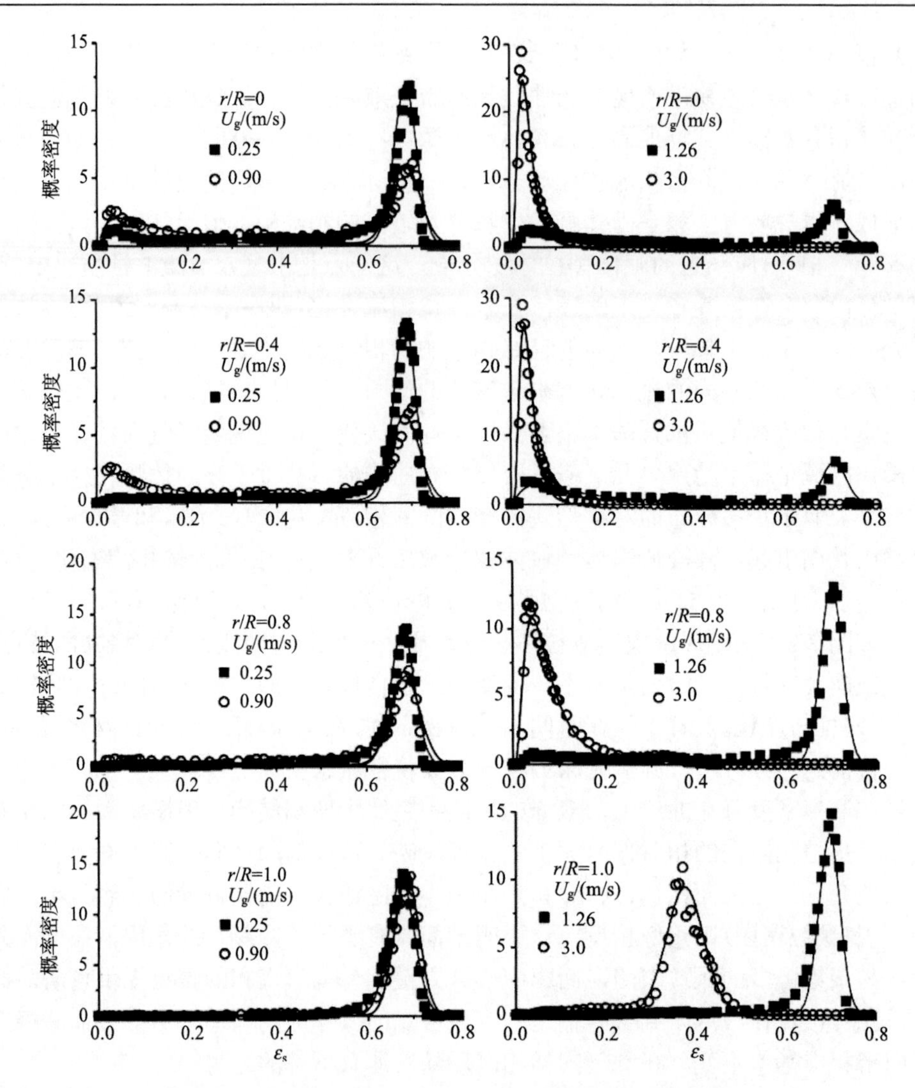

图 2-3　不同流化状态下局部光纤信号的概率密度分布[1]

从局部固体颗粒体积分数概率密度曲线上看，气穴与颗粒聚团分别有如下特征：

在不同流态化域，气穴相与颗粒聚团的表现形式有多种：如在鼓泡床中，气穴表现为气泡而颗粒聚团表现为气固密相的乳相；在快床中，气穴表现为颗粒弥散相而颗粒聚团表现为颗粒团聚物。在同一操作气速下，气穴相与颗粒聚团在截面上不同径向位置上固体颗粒体积分数特征基本相同，表现为其峰位置保持不变；而在截面的各径向位置上出现概率呈有规律地变化表现为其峰面积的变化。其中，气穴相在床中心区出现概率最大，在边壁区最小；而颗粒聚团的出现概率则正好相反，在边壁区最大而在中心区最小；从中心到边壁的径向位置上，二者的出现概率逐渐变化，没有突变。气穴相与颗粒聚团的固体颗粒体积分数各自呈一定的概率密度分布。气穴相与颗粒聚团之间的相互作用有助于揭示气固两相流态化宽稳定操作区间以及高效传递能力的机制。

从固体颗粒体积分数概率密度分布曲线可看出，颗粒聚团的固体颗粒体积分数概率密度分布是一个对称的分布形式，可通过正态分布曲线定量表达。这也说明颗粒聚团的固体颗粒体积分数并不是一成不变的，而是符合普遍的正态分布规律：

$$f(\varepsilon_{\mathrm{s}})=\frac{1}{\sqrt{2\pi}\sigma}\exp\left[-\frac{1}{2}\left(\frac{\varepsilon_{\mathrm{s}}-\varepsilon_{\mathrm{sc}}}{\sigma}\right)^2\right],\ 0\leqslant\varepsilon_{\mathrm{s}}<1 \tag{2-4}$$

其中，ε_{s} 为局部固体颗粒体积分数，$\varepsilon_{\mathrm{sc}}$ 为颗粒聚团固体颗粒体积分数的数学期望，σ 为固体颗粒体积分数分布方差。相比而言，气穴相的固体颗粒体积分数概率密度分布则比颗粒团要宽得多，说明气穴内颗粒浓度可以在一个相当宽的范围内变化而不失其稳定性，该特殊稳定性来源于气固体系强可压缩性造成的“类激波”现象，该部分内容将在第 5 章详细阐述。相比颗粒聚团的正态分布，气穴相的分布形式更符合对数正态分布。对数正态分布常用于描述相互独立的正态随机变量乘积的近似分布，其分布密度函数为

$$f(\varepsilon_{\mathrm{s}})=\frac{1}{\sqrt{2\pi}x\sigma}\exp\left[-\frac{1}{2\sigma^2}(\ln x-\mu)^2\right],\ x>0 \tag{2-5}$$

结合式(2-4)和式(2-5)，可使用正态-对数正态复合分布函数来描述局部固体颗粒体积分数的概率密度分布曲线。假设气穴相固体颗粒体积分数的数学期望为 $\varepsilon_{\mathrm{sv}}$，方差为 σ_1，颗粒聚团固体颗粒体积分数的数学期望为 $\varepsilon_{\mathrm{sc}}$，方差为 σ_2，气穴相所占体积分量为 W_1，可得到五参数的复合分布密度函数：

$$\begin{aligned}f(\varepsilon_{\mathrm{s}})&=\frac{1}{\sqrt{2\pi}\sigma_1\varepsilon_s}\exp\left[-\frac{1}{2\sigma_1{}^2}(\ln\varepsilon_{\mathrm{s}}-\ln\varepsilon_{\mathrm{sv}})^2\right]\times W_1\\&+\frac{1}{\sqrt{2\pi}\sigma_2}\exp\left[-\frac{1}{2}\left(\frac{\varepsilon_{\mathrm{s}}-\varepsilon_{\mathrm{sc}}}{\sigma_2}\right)^2\right]\times(1-W_1)\end{aligned} \tag{2-6}$$

如图 2-3 所示，该式可在表观气速 0.025～10.2 m/s 的宽范围内准确描述局部固体颗粒体积分数时间序列概率密度分布曲线。从概率密度分布的角度出发，可使用数学期望和方差来定量描述颗粒聚团与气穴相的特征。其中，固体颗粒体积分数期望表示相单元在一段时间内可能出现的固体颗粒浓度平均值，表征了颗粒相的聚集程度；而方差则表示相单元颗粒浓度变化范围的大小，表征了相单元浓度特征的稳定性。对于气穴相，由于其对数正态分布存在明显的拖尾且与颗粒聚团的分布在一定流化状态区间存在部分重叠，用其概率密度分布的一阶数学期望来表

示其特征浓度会明显偏高。此处应注意，在测量过程中气泡相的拖尾往往是由于高固体颗粒体积分数的尾涡造成。因此，不应直接用平均值作为气穴相的平均固含，本节采取了由复合分布式从固体颗粒体积分数从 0 到 ε_{sm}=ε_{sc}-3σ^2 处积分得到气穴相的平均固体颗粒体积分数，这样得到的数值更加准确可信且可有效避免颗粒聚团固体颗粒体积分数对气穴相形成的影响。气穴相单元的稳定性同样可用其对数正态分布的方差来表示；对于颗粒聚团，由于其固体颗粒体积分数概率分布符合正态分布，平均固体颗粒体积分数与方差可准确地表示其特征。

3. 气穴相与颗粒聚团的区分

从实验角度，需给出气穴相与颗粒聚团相的明确边界才能具体分析其动态特征。由上述分析可知，气穴相符合对数正态分布而颗粒聚团符合正态分布，由正态分布的置信区间可知

$$P\left[-3\sigma_2 < \left(\varepsilon_s - \varepsilon_{sc}\right) < 3\sigma_2\right] = 99.7\% \tag{2-7}$$

因此取

$$\varepsilon_{sm} = \varepsilon_{sc} - 3\sigma_2 \tag{2-8}$$

根据式(2-8)可实现对气穴相与颗粒聚团的显著区分，即对某时刻经过双光纤探头前端的相单元，当固体颗粒体积分数 $\varepsilon_s < \varepsilon_{sm}$ 时，为气穴相单元；若其固体颗粒体积分数 $\varepsilon_s > \varepsilon_{sm}$ 时，则认为是颗粒聚团单元。在不同流域中，空间与时间上的不均匀性是不同的，由此造成体系在不同流域中差别巨大的流化性质。空间上的不均匀性主要表现在各种局部参数轴径向分布的不均匀性，如局部固含、局部速度以及相单元的固含特征分布等。气固两相流体系在时间域上的不均匀性主要表现为在体系中不同位置上，体系的各种性质在时间上的不重复性。此外，对于相结构单元时间不均匀性主要体现在其停留时间以及出现频率的不均匀性上。因此，时间域上的特征也是相单元的主要特征之一。

在对局部固含时间序列进行统计的过程中，首先由 ε_s 来判断当前相单元是颗粒聚团或气穴相，然后进行下个数据点的判断，如果前后两个数据点所属的相单元类型相同，则表明两个数据点属于同一相单元，否则，在采集两个数据过程中发生了相单元的更替。这样在统计过程中，可以对同一局部固含时间序列中出现的颗粒聚团和气穴相的个数进行统计，而采样时间是已知的，由此可计算得到颗粒聚团和气穴相各自出现的频率；对每一个相单元包含数据点的数目，则可以计算得到该相单元在探头前端出现的时间；若把颗粒聚团和气穴相相继出现一次作为一个周期，则得到两相周期的停留时间。相单元的停留时间反映了该相单元在探头测量体内停留时间的长短，也间接反映了其体积大小。颗粒聚团和气穴相更替周期的停留时间，则是两种相单元一次出现一次需要的时间，反映了两相单元

的更替速度的大小；周期停留时间越长，表明其中某一种相单元在探头前端出现的时间越长；而周期停留时间越短，则表明两种相单元更替速度越快，气固传递与混合作用也将越强烈，从而可以定性地确定两相单元的互相渗透程度与相互作用大小。

2.2.3　气穴相与颗粒聚团的特征

1. 气穴相的特征

气穴相是指气固流化床内以气体为连续相、以固体颗粒为分散相的气固两相结构，如鼓泡床的气泡和湍动床中的气穴以及循环床和稀相输送中的弥散颗粒。无论是气固稀相还是密相，截面上气穴相均易在中心区富集，该处的局部固体颗粒体积分数概率密度曲线上的气穴峰最能反映气穴相自身性质。值得强调的是，气穴相中亦有一定量的固体颗粒存在，且浓度分布较宽。这部分固体颗粒主要包括部分由于气穴及流化床内湍动所形成的细小颗粒团聚物和尾涡处卷吸进来的固体颗粒，它们均与气穴有较强的共生关系并造成气穴相内的固体颗粒体积分数较高。由统计学原理可知，气穴相的固体颗粒体积分数分布参数 ε_{sv} 和 σ_1 同时对气穴相固体颗粒体积分数概率统计曲线的位置及形状有影响。一般来说，气穴相中颗粒浓度的峰值在 0.015～0.03，且随气速及径向位置变化不大。从对数正态分布可得，其一阶数学期望出现在 ε_{sv} 处。但在复合分布式中，由于气穴固含特征的对数正态分布较宽，有很长的拖尾，且与颗粒聚团的分布有一定的重叠，所以应注意不可直接用 ε_{sv} 作为气穴相的平均固含。

由于气穴相在流化床中心区分布均匀，这里可取中心区的气穴相平均固体颗粒体积分数对操作气速作图考察气速对气穴相平均固含的影响。如图 2-4 可知，

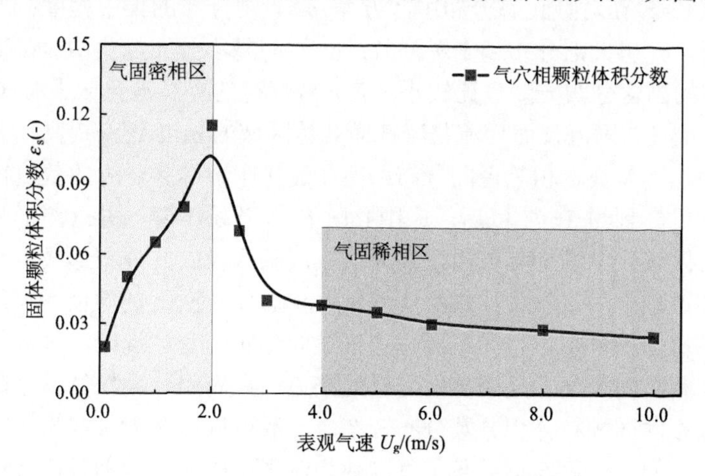

图 2-4　流化床中心处气穴相固体颗粒体积分数(ε_s)随表观气速(U_g)的变化

流化床中心气穴相平均固体颗粒体积分数随表观气速的变化呈先升高后降低的规律：当 $U_g < 2.0\text{m/s}$ 时，气穴相平均固体颗粒体积分数随气速的提高而逐渐上升并在 $U_g = 2.0\text{m/s}$ 附近达到极大值；这时在气穴相中固体颗粒体积分数可高达 12%，与颗粒聚团中最低平均固体颗粒体积分数 15%接近，此时对应于气固密相与稀相的相转变过程。在 $U_g > 2.0\text{m/s}$ 时，气穴相平均固体颗粒体积分数随气速升高而逐渐下降；当 $U_g > 3.0\text{m/s}$ 时，气穴相平均固体颗粒体积分数随表观气速升高而继续下降，但下降速率减慢直至气穴相平均固体颗粒体积分数趋于定值(大约为3%)。

气穴相平均固体颗粒体积分数随气速变化的规律，可由气穴相在不同流域内的不同存在形式及其与颗粒聚团的相互作用来说明。在鼓泡床中，气穴相以气泡及气泡群、气泡与乳相的交替等形式存在，气穴相平均固体颗粒体积分数很低。在湍动床中，气穴相以小气泡、小气穴形式存在，气穴相与颗粒聚团的相互作用十分剧烈，二者相互渗透程度很大，气穴相固体颗粒体积分数较高，而且随表观气速的升高两相的相互渗透更为剧烈，气穴相平均固体颗粒体积分数逐渐升高。在气固密相湍动床向气固稀相快床的转变过程中，颗粒聚团与气穴相的贡献发生倒转，这时流化床内气固相互作用达到最强。由于此时颗粒聚团固体颗粒体积分数很高，强烈的两相相互作用使颗粒聚团的部分颗粒弥散到气穴相中，使得气穴相中颗粒浓度也达到最大值。相转变完成之后，进入气固稀相的快床操作阶段，流化床中心区中气穴相成为连续相并与颗粒聚团在流化床大部分截面位置上相互分离，受颗粒聚团的影响越来越小，两相相互作用的减弱使得气穴相中颗粒浓度逐渐下降。

气穴相中颗粒浓度概率密度分布符合对数正态分布律，其核心原因是气穴相本身与颗粒聚团随机运动的相互作用使其中的固体颗粒体积分数有一个相当宽的分布。如式(2-5)在对数正态分布中，方差 σ_1 表征分布的集中程度：当其他分布参数相同时，σ_1 越大则分布越平缓分散；反之 σ_1 越小分布越集中。在很低的气速下，气穴相的固含分布方差也比较小。随表观气速的提高流化床中心区域的 σ_1 首先迅速提高到 1.2 附近，而后流化床截面其他区域的 σ_1 也逐渐提高，并形成在床大部分截面上方差基本相等径向分布；而在流化床边壁区，σ_1 的数值很小。当表观气速继续提高到约 1m/s 以后，床中心区的 σ_1 开始下降，并逐渐形成中心区较平坦、中心区域边壁区交界处出现极大值、边壁区较低的分布形式。在表观气速进一步提高过程中，该形式基本保持不变，但截面上各 σ_1 的数值均有所下降。气穴相固体颗粒体积分布方差在不同气速下径向分布的变化说明，气穴相的稳定性在不同时间和空间尺度上是迥异的。总的来说，在高固体颗粒体积分数低气速条件下，气穴相固体颗粒体积分数分布较窄，一般可近似认为气穴相的固体颗粒体积分数是均一的，在第 5 章会基于气固两相流强可压缩性详细讨论气泡相含有一定量固体颗粒的原因；在气速较高时，气穴相的固体颗粒体积分数变化范围增大，此时气穴相的稳定性被削弱。气穴相固体颗粒体积分数的分布方差在床截面上不同的径向位置上(即空间尺度上)也是不同的，在床中心区 σ_1 在径向上变化小而稳定；而在边壁区，σ_1 受到边壁影响而迅速下降。这里引起 σ_1 变化的主要原因是气穴相与颗粒聚团之间的相互作用：低气速鼓泡流化域，由于此时床内主要为稳定气泡，其与颗粒聚团的相互作用不算强烈，σ_1 均较小且基本相等；而在湍动床流域，气穴相与颗粒聚团两相相互作用十分强烈，σ_1 较高；从气固密相到稀相快床转变，空间尺度上环核交界处两相相互作用最为强烈(该处的 σ_1 最大)；在床壁面附近两相相互作用较小因而 σ_1 较小。进入稀相快床后，气穴相在床中心占据核心，气穴相与颗粒聚团的相互作用逐渐减小，因而气穴相的稳定性逐渐增强。

进一步统计气穴相在一定位置处的停留时间，体现了其在时间域上的特征。气穴相的停留时间与局部固体颗粒体积分数的时间曲线相似，也表现出很强的脉动特征，且也主要集中在低值段，停留时间较长的占比较小。在不同气速以及不同径向位置上，停留时间曲线差别较明显。一般在气穴相与颗粒聚团更替频繁时，气穴相的停留时间较短，如低气速的床中心区和快床的环核交界区；而在气穴相占主控作用时，气穴的停留时间较长，如快床与气力输送的床中心区。在床中心处，表观气速 0.13～1.0m/s 范围内(气固密相区)，气穴相的平均停留时间大约为 0.02s。在鼓泡床区内，气穴相平均停留时间小于颗粒聚团，这也说明此时气穴相为离散单元而颗粒聚团为连续单元；到湍动流化床状态时，气穴相的平均停留时间与颗粒聚团相当；当气速提高至 3.7m/s 后，气穴相的平均停留时间大于颗粒聚团相，其核心原因是气穴相此时成为连续单元而颗粒聚团为离散单元。

2. 颗粒聚团的特征

与气穴相对应的是颗粒聚团，颗粒聚团是指许多固体颗粒自发形成团簇存在于流化床内的运动形式，如气固密相鼓泡床、湍动床中高固体颗粒体积分数的乳相以及气固稀相循环床和稀相输送中的高固体颗粒体积分数的颗粒团等。在固体颗粒体积分数的概率密度分布曲线上，由颗粒聚团机制所形成的峰十分明显：其固体颗粒体积分数的分布符合典型的正态分布，且该峰在不同操作气速、径向位置上的峰位置与宽度有明显的不同。与气穴相内总含有少量固体颗粒一致，虽然颗粒聚团是以连续相形式存在但其内部也总有气体存在，并且其性质(固体颗粒体积分数的期望与方差)也在时间和空间尺度有所变化。

首先，我们探究不同操作条件下颗粒聚团的出峰位置，该参数表征了颗粒聚团的主要聚集特征，即局部固体颗粒体积分数概率密度分布计算得到的期望值 ε_{sc}：表观气速(U_g)从 0 到 1.65m/s，即气固密相流化状态，在床内不同径向位置的颗粒聚团平均固体颗粒体积分数变化不大，边壁处由于“冷壁效应”而使得颗粒聚团浓度略微上升，由于在壁面处没有气穴相与颗粒聚团的相互作用，相比床层中心区域颗粒聚团能够在此处可保持自身的性质；在气固密相中，颗粒聚团的固体颗粒体积分数约为 0.68，这与床内颗粒最小鼓泡速度下的乳相固含率 $1-\varepsilon_{sb}=0.69$ 相当，表明此时流化床内颗粒聚团呈现最小鼓泡状态下的乳相特征。这一特征也说明在气固密相流化时，颗粒聚团作为连续相能够在相当大的范围内保持稳定性，即与床内径向位置及操作气速无关。表观气速(U_g)从 2 到 10.2 m/s，即气固稀相流化状态，在床层截面上颗粒聚团平均浓度呈现不均匀分布(中心区较低边壁较高的分布形式)。这也说明颗粒聚团在气固稀相流化状态时已成为离散相，其空间稳定性较差。在 U_g >2.5m/s 后，床中心区域内只有气穴相存在，即在循环流化床区域内床中心区没有此处定义的颗粒聚团存在，所以该流化区无颗粒聚团的特征参数。

气固流化床中颗粒聚团分别以连续相和离散相的状态存在于从气固密相鼓泡到气固稀相循环流化床很宽的操作范围，说明颗粒间这种十分紧密的聚团作用形式是 Geldart A 类颗粒气固流态化中最基本的存在形式[1,2]。对于气固密相流化状态，颗粒聚团以最小鼓泡状态为特征稳定存在；随着表观气速的提高，气固流化床内十分稳定的颗粒聚团结构在固体颗粒体积分数上趋于下降。这说明流化床内密相单元的密度并不随气速不变，而是随着床内气固湍动作用增强，气体进入密相颗粒聚团的量也在增大，也使颗粒间的团聚紧密程度减小，致使颗粒聚团的固含变得越来越低。颗粒聚团的最低固含可降低至 0.15，但其概率密度仍维持颗粒聚团原有的形态。这种以最小鼓泡状态特征的相单元稳定存在的热力学限制和动力学形成过程分别在 2.3 节以及第 5 章中详细阐述。相结构特征主要受到操作条件、床层性质等的综合影响，以下主要讨论操作气速对截面平均颗粒聚团内固体颗粒体积分数的影响。由于截面上颗粒聚团平均固含基本相等，取床截面上的 ε_{sc} 平均值对操作气速作图可知，颗粒团平均固含随气速的变化基本呈下降趋势，可明显地分为两个阶段，低气速流化段：$U_g<U_{tr}$(0～2.0m/s)，此时截面平均固体颗粒体积分数保持大于 0.65，几乎不和表观气速相关；高气速流化段：$U_g > U_{tr}$(2～4.0m/s)，截面平均固体颗粒体积分数较低，其中 U_g =2.0～5.5m/s 时，颗粒聚团平均固体颗粒体积分数随气速提高而明显下降；由于在 U_g 提高到大于 8m/s 后，截面平均固体颗粒体积分数还略有上升。

从上述实验结果来看，对于同一颗粒体系，颗粒聚团的平均固体颗粒体积分数在床截面上数值大小主要受操作气速的影响。这里仅考虑 U_g<8m/s 的情况，颗粒聚团的平均固体颗粒体积分数随气速的变化规律可认为是符合玻尔兹曼规律，即

$$f_1\left(U_g\right)=p_2-\frac{p_2-p_1}{1+\exp\left(\dfrac{U_g-p_3}{p_4}\right)} \tag{2-9}$$

玻尔兹曼分布可有效描述在两个稳态之间以指数形式逐渐变化的过程，这里 p_1 和 p_2 分别为玻尔兹曼变化的两个稳态值，p_3 为变化曲线的拐点，p_4 表征变化的速度。一般的，p_4 越小则变化过程越迅速，相应玻尔兹曼曲线越陡峭。对于颗粒聚团平均固体颗粒体积分数，p_1 和 p_2 两个稳态值具有其明确的物理意义，p_2=0.69 即为最小鼓泡流化状态对应的固体颗粒体积分数($1-\varepsilon_{mb}$)；而 p_1=0.14 与稀相流态化中颗粒聚团所能存在的最小固含 $\varepsilon_{sc,min}$ 相匹配。如图 2-5 所示，起始转变气速约为 1.6m/s 而终止转变气速约为 4.2m/s，因此可得到 $p_2=U_{gmid}=0.5(U_{gbeg}+U_{gend})$=2.9m/s，$p_4$ 由曲线拟合得出，p_4=1/1.92。

由颗粒聚团的固体颗粒体积分数概率密度分布可知，固体颗粒体积分数并非一成不变而是符合正态分布在某一均值附近脉动，这也说明影响其稳定性的因素是多方面的，其脉动程度的大小也反映了颗粒聚团的稳定程度。颗粒聚团的固体颗粒体积分数方差则反映了颗粒聚团在流化床内的稳定性，方差越小则说明颗粒聚团的浓度脉动越小，颗粒聚团结构越稳定；而方差越大，则说明颗粒聚团浓度变化范围越大，不稳定程度越高。在不考虑边壁效应的情况下，截面中心区颗粒聚团的固体颗粒体积分数方差平均值随表观气速的变化规律为：在表观气速较低的鼓泡和湍动流化床，颗粒聚团分布方差较小(～0.025)，说明气固密相流化状态中颗粒聚团的脉动较弱，其相结构保持了稳定；随着表观气速的增加，颗粒聚团的方差逐渐增大，说明流化床内颗粒聚团的不均匀性增强；在气速约为 1.6m/s 时，颗粒聚团方差迅速上升与固体颗粒体积分数的下降几乎同时出现，这进一步阐述了气固密相到稀相的相转变过程。该过程中发生了颗粒聚团由连续相到离散相的转变，其相结构的稳定性遭到显著破坏。当表观气速进一步提高时，由于流化床内颗粒聚团浓度已将处于较低的水平，其方差也相应下降。

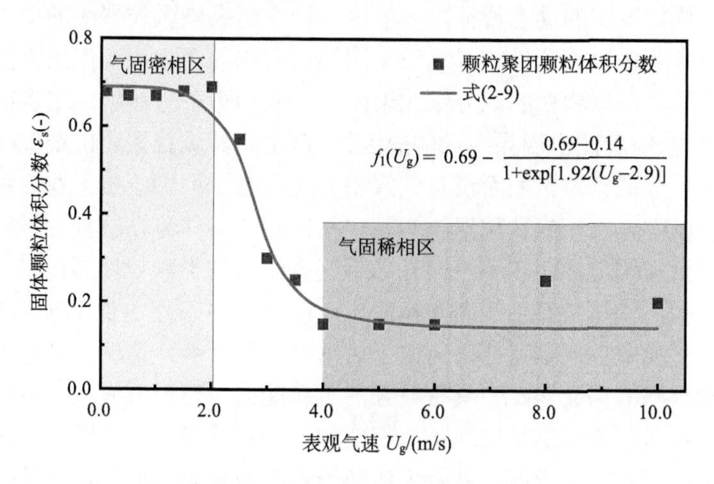

图 2-5　截面平均固体颗粒体积分数随表观气速的变化

对于颗粒聚团在时间域上的特征，即固定空间位置的停留时间特征。颗粒聚团的停留时间曲线与局部固体颗粒体积分数的时间曲线具有相似性，表现出显著的脉动特征，这表明颗粒聚团在时间尺度上具有明显的随机性。进一步对颗粒聚团的停留时间进行概率密度统计，其概率密度分布曲线呈现在低值区域富集的典型特征，而相对停留时间较长的颗粒聚团单元所占的比例较小。综上所述，在颗粒聚团更替频繁的时空域，颗粒聚团的停留时间较短；而在颗粒聚团占主要贡献的时空域，其数目较少而延续时间较长。从在不同气速与径向位置上，颗粒聚团停留时间概率密度的最大值均出现在原点附近，表明尺寸小的颗粒聚团单元在系统中为绝大多数；在两相相互作用相当时，概率密度曲线呈现为由原点附近到最高值逐渐递减的类指数衰减形式，但在衰减过程中，在某一时刻附近有极大值出现，使得整条曲线表现为双峰结构；在颗粒聚团占据主控地位时，其概率密度分布则表现为几个较大数值的离散分布。流化床中心区的颗粒聚团平均停留时间随操作气速上升而减小，在空间域上向边壁区增大。在气固密相流化状态，颗粒聚团平均停留时间为0.02 s左右；在气固稀相流化状态，颗粒聚团平均停留时间在床中心区为10^{-3} s的量级，在边壁区处为10^{-2} s的量级。颗粒聚团的停留时间概率密度分布表明颗粒聚团的时间域特征也表现出多尺度结构，即在不同时间尺度上颗粒聚团表现的特征性质不同。在不同操作条件及径向位置上，当停留时间概率密度分布表现为连续分布时，在该位置上同时有颗粒聚团与气穴相存在且均占据一定的比例，如气固密相流化状态时的流化床中心区；而当停留时间概率密度分布表现为离散分布时，颗粒聚团在气固流场中占主控地位，气穴相则出现较少，这也是边壁效应的核心体现。

颗粒聚团在两相出现的频率表征了颗粒聚团在时间域的更新快慢，从时间尺度上反映了颗粒聚团的动态特征。一般地，频率越高则颗粒聚团的动态行为越强烈。同时，该频率也充分反映了颗粒聚团与气穴相的两相相互作用强烈程度。通常在颗粒聚团出现高频率的地方颗粒聚团与气穴相更替更频繁，二者的相互作用更大。而引起颗粒聚团出现频率低的原因为：该空间域颗粒聚团出现概率确实低；该空间域几乎全是颗粒聚团而没有气穴相与之更替。但无论是上述何种原因，都说明该处流场中气穴相或颗粒聚团中某一相控制了主体流动结构，颗粒聚团与气穴相的两相相互作用都比较小。此外，不同流化状态下颗粒聚团在空间尺度的出现频率具有如下特点：对于气固密相流化，流化床中心处主要受气穴相影响，颗粒聚团表现出现高频低幅特征，而由于边壁效应的影响，边壁区几乎全是颗粒聚团且其出现频率增加显著，即具有较强的更新能力；对于气固稀相流化，颗粒聚团表现为低频高幅特征，且出现频率在空间分布形式变为中心区域和边壁区都比较低而在环核交界区比较高，其极大值随表观气速的增大而向边壁处移动。由于颗粒聚团相出现频率间接体现了流化床的气固传递能力，因此上述特征说明了在气固密相流化床中虽然存在边壁效应但是颗粒聚团出现频率在空间尺度上总体均匀，流化床内以时间尺度的不均匀性为主。但当表观气速超过 U_{tr} 后，流化床进入稀相状态，颗粒聚团出现频率在空间尺度上发生了重大变化，中心区随表观气速增大而迅速减小，而在中心区与边壁区之间出现的极值说明此处气穴相与颗粒聚团相互作用剧烈；边壁区内除了所谓的“冷壁效应”外，其造成的两相滑移变得巨大，因此颗粒聚团出现频率显著下降，且离边壁越近出现频率越低。这说明在气固稀相流化床内，颗粒聚团出现频率在时间尺度上的不均匀性是随表观气速增加而迅速下降的；在空间尺度上的不均匀性则是随着气速增加而迅速上升，边壁对流动的影响增大。值得注意的是，这种边壁的强烈依赖性将产生较强的放大效应，是多相反应器放大过程中需着重考虑的地方。

3. 气穴相与颗粒聚团的相互作用

气固流化床是一个在时间和空间尺度上同时存在不均匀性的体系，正是多尺度上的非均匀性使得流化床内呈现非常强的动态与非线性行为。在固体颗粒床层静止时，整个系统(固定床)在空间与时间上都是均匀的；但是当气穴相与颗粒聚团共存且相互作用时，整个系统(流化床)变得时空不均匀，这时流化床与固定床呈现出极其明显的差异。

这里我们使用气穴相体积分数(ε_v)即两相结构总体积中气穴相的体积占比，从概率统计的角度表征气穴相与颗粒聚团的相互作用大小。在本节中，流化床中只存在颗粒聚团或气穴相结构单元，因此($1-\varepsilon_v$)为颗粒团在两相流中的作用。因此，由 ε_v 可从统计角度考察两相的相互作用。利用这种概率密度分析方法，可以对鼓泡床、湍动床、快床以及稀相输送流域内不同操作条件、不同轴向和径向位置、不同床径条件下的瞬态局部固含信号的概率密度分布进行深入的分析与研究。当气穴相的体积分数较小或较大时，说明颗粒聚团或气穴相的某一相占据了过分主导的地位，其相互作用较弱；另一方面，当气穴相体积分数在中位数时说明两相的作用相当，此时相互作用最为激烈。颗粒聚团由于其固体颗粒体积分数较高，是一种“惰性”较大且相对稳定的相状态，相内颗粒碰撞和交换行为都比较慢。因此，颗粒聚团控制的气固流动行为必定是具有空间尺度的均匀性和时间尺度的非均匀性；与此相对应，气穴相则具有较低的固体颗粒体积分数，相内颗粒具有相对较为自由的运动形式，呈现显著的空间不均匀和时间尺度的均匀性。当两相作用相当时，由于两种单元各自的性质差异极大，具有较高的传递推动力，另一方面由于两相动能与动量的不匹配使整个系统具有“宏观超流性”。因此，工业上通常选取气固混合十分剧烈、能够获得最佳传热/传质效果的湍动流化系统。由于两相之间相互作用直接决定了气固流化体系的流化状态，并直接影响流化床中的气固两相的传递能力。

综上所述，本节采用双光路光纤密度探头测量FCC颗粒体系的流化床中不同流域、不同轴径向位置上的局部固体颗粒体积分数，深入考察两相结构特征。对局部固含瞬态信号的概率密度分析表明，气固流化床中存在稳定的微观两相结构单元——气穴相和颗粒聚团，也对应着固体颗粒体积分数概率密度曲线的双峰分布。二者在空间与时间尺度上的相互作用机制形成了流态化主要流域中的特征气固流动现象。气穴相以连续气体为特征，固体颗粒体积分数较低，概率密度分布符合对数正态分布；颗粒聚团以连续颗粒为特征，固体颗粒体积分数较高，概率密度分布符合正态分布。对于气固密相，颗粒聚团以最小鼓泡乳相状态存在；对于气固稀相，平均固体颗粒体积分数随气速升高而下降，但分布形式始终符合正态分布。受壁面影响，颗粒聚团在边壁处概率密度期望升高、方差降低。对于气固稀相，壁面影响最大，颗粒聚团的固体颗粒体积分数方差达到最大值，颗粒聚团频率在环-核交界处有极大值。可使用气穴相体积分数表征两相相互作用大小，径向分布呈玻尔兹曼形式，即中心区较高边壁区逐渐下降。根据两相结构特征，气固流态化流动机制为：气固密相，此时颗粒聚团为连续相，气穴相为分散相。颗粒聚团在空间尺度分布均匀而两相相互作用主要表现为时间尺度上的不均匀；对于气固稀相流化，此时流化床中心区颗粒聚团消失，气穴相为连续相；边壁区气穴相减少，颗粒聚团为连续相。气穴连续相与颗粒团连续相在截面上共存，两相结构受壁面影响强烈；床内两相空间分布极不均匀，而时间尺度相对均匀；相转变状态，颗粒聚团与气穴相处于相互作用均衡状态，床中心有部分相转变，但整体上颗粒团仍为床内的连续相。床内两相空间分布较均匀，时间尺度湍动最大，传递混合效果好。

2.3 气固相分离的稳定性分析

由2.2节可知，在从气固密相的鼓泡流化床到稀相的输送床的宽操作气速范围内，气穴相与颗粒聚团是稳定存在的两相。我们意识到这意味着原本气固均匀分布的拟均相在这里是一个亚稳态的解，其对应着固体颗粒体积分数小的气穴相和固体颗粒体积分数较大的颗粒聚团这两个稳定解。因此，可将气固相分离的问题抽提成为稳定性的判断，寻找气固相分离的边界主要是分析气固拟均相相失稳的临界点[5]。本节中，首先在数学上给出动力学系统解是否稳定的严格定义与判定方法；其次，借鉴真实气体状态方程即范德瓦耳斯方程，从热力学角度构建气固拟均相状态方程，进而通过分析气固拟均相解的稳定性讨论气穴相与颗粒聚团相在稳定共存时的机制。

2.3.1　稳定性与李雅普诺夫稳定性分析

一般地，可将任意动力学过程用以下方程表示：

$$\dot{x}_i = f_i(x_j),\ i, j = 1, 2, \cdots, n \tag{2-10}$$

$x(t)$为动力学方程的解，表示系统运动状态在时间域上的变化；由于此动力系统的解与系统状态一一对应，因此当此动力系统受到扰动时，可通过对其方程解的稳定性判断分析系统运动的稳定性。在研究动力系统状态随时间变化时，有一类不随时间变化的状态(不动点)具有重要意义，即所谓的定态解：

$$\frac{\mathrm{d}x_i}{\mathrm{d}t} = f_i(x_j) = 0,\ i, j = 1, 2, \cdots, n \tag{2-11}$$

由式(2-11)可知，定态就是运动状态对时间的导数为零的情况。

1. 稳定性的数学定义

一般地，解(运动状态)是稳定的，是指动力系统即使在扰动下偏离此解(运动状态)，它仍将自动返回此解所表示的运动状态。即系统可以长期稳定地处于此运动状态。与此相对应，方程的解不稳定是指在扰动下运动状态一旦少许偏离此运动状态，将不能返回而是更加远离此运动状态。这里，李雅普诺夫给予了动力学方程解稳定性数学上严格的定义。

设 $t = t_0$ 时，方程(2-10)的解是 $x_0(t_0)$，另一受扰动偏离它的解为 $x(t_0)$。如果对于任意小的数 $\varepsilon > 0$，总有一小数 $\eta(\varepsilon, t_0) > 0$ 存在，两矢量 $\boldsymbol{x}$ 和 $\boldsymbol{y}$ 之差的模表示两矢量之间的“距离”：

$$\left\| \boldsymbol{x}(t_0) - \boldsymbol{x}_0(t_0) \right\| < \eta \tag{2-12}$$

则必有

$$\left\| \boldsymbol{x}(t) - \boldsymbol{x}_0(t) \right\| < \varepsilon,\ t_0 < t < \infty \tag{2-13}$$

则称 $x(t)$ 是稳定的；

如果解 $x_0(t)$ 是稳定的，且

$$\lim_{t \to \infty} \left\| \boldsymbol{x}(t) - \boldsymbol{x}_0(t) \right\| = 0 \tag{2-14}$$

则称此解是渐进稳定的。

不满足上述条件的解称为不稳定解。

动力学系统的稳定解意味着在扰动或初始条件发生微小(小于 η)变动时，动力学系统的解不致发生太大(小于 ε)的偏离，如图 2-6A 点所示为稳定点。在渐进稳定情况下，系统即使受到扰动最终仍将回到初始时的解(运动状态)上，C 点所示为渐进稳定点。在动力学系统的解是不稳定情况下，任何扰动或初始条件的微小变化就足以使以后的解(运动状态)偏离(原来的解)超出任意给定的范围(大于ε)， B 点所示为不稳定点。

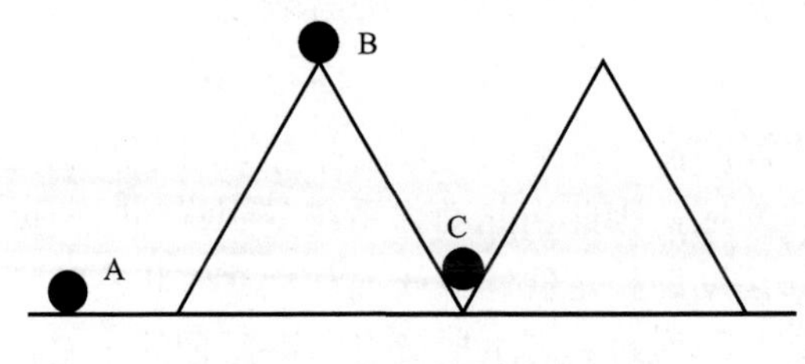

图 2-6　系统稳定性示意图

2. 稳定性判据

李雅普诺夫对稳定性研究的贡献不仅给出了严格的动力学系统解稳定性的定义，而突出表现在提出了判断动力学系统解稳定性的两种方法：李雅普诺夫间接法(第一方法)和李雅普诺夫直接法(第二方法)。李雅普诺夫间接法通过将非线性方程在定点的邻域线性化，然后用线性方程来判断定点的稳定性；李雅普诺夫直接法是仿照力学中用能量判断平衡态的稳定性那样，不求解方程而是用类似能量的函数直接做出判断。

首先介绍李雅普诺夫间接法。在定点的邻域把动力学方程线性化，然后利用线性方程的解对定点的性质做出判断。对于一般的动力学系统尤其是包含非线性项的动力学系统很少有解析解，也难于分析，而该方法通过将复杂的动力学方程线性化后得到易于求解和分析的线性方程，并通过线性方程映射得到非线性方程定点处的性质及解在其邻域的行为。设 $x_{i0}(t)$ $(i=1,2,\cdots,n)$ 为动力学方程(2-10)的一个解，令 $x_i(t)$ 表示此解附近的另一个解：

$$x_i(t)=x_{i0}(t)+\xi_i(t) \tag{2-15}$$

$x_{i0}(t)$ 称为参考点，相应的状态称为参考态，ξ_i 是状态 $x_i(t)$ 对参考态的偏离。为分析定态的稳定性及其在邻域解的表现，通常取定点为参考点。将式(2-15)泰勒展开可得

$$\begin{aligned}\dot{x}_{i0}(t)+\dot{\xi}_i(t)&=f_i(x_j)=f_i(x_{j0}+\xi_j)\\&=f_i(x_{j0})+\sum_j\left(\frac{\partial f_i}{\partial x_j}\right)_0\xi_j+o(\xi_j^2)\end{aligned} \tag{2-16}$$

下标 0 表示在参考点处的取值，忽略二阶和二阶以上无穷小项，由此可得

$$\dot{\xi}_i=\sum_{j=1}^{n}\left(\frac{\partial f_i}{\partial x_j}\right)_0\xi_j=\sum_{j=1}^{n}a_{ij}\xi_j \tag{2-17}$$

其中

$$a_{ij} = \left(\frac{\partial f_i}{\partial x_j}\right)_0 \tag{2-18}$$

写成矢量形式则为

$$\dot{\boldsymbol{\xi}} = \boldsymbol{A\varepsilon} \tag{2-19}$$

其中系数矩阵(雅可比矩阵)为

$$\boldsymbol{A} = \begin{bmatrix} a_{11} & a_{12} & \cdots & a_{1n} \\ a_{21} & a_{22} & \cdots & a_{2n} \\ \vdots & \vdots & & \vdots \\ a_{n1} & a_{n2} & \cdots & a_{nn} \end{bmatrix} \tag{2-20}$$

式(2-20)就是动力学方程在定态点邻域的线性化方程，特别注意的是，该线性化方程仅在该定态点的邻域才有意义，绝不能把它推广应用至整个相空间。如果动力学方程有多个定点，则必须对不同的定点分别进行线性化。一般地，以不同的定点做参考点则会有不同的线性化方程，它们分别适用于各自定点的邻域。线性化方程式很容易求解并分析其稳定性，由线性化方程原点(平凡解)的稳定性可以分析原来非线性方程参考态的稳定性是根据下面的定理：如果动力学方程的线性化方程的定点是渐进稳定的，则参考点 x_{i0} 是动力学方程的渐进稳定解；如果线性化方程的定点是不稳定的，则参考点也是动力学方程的不稳定解。上述定理表明可以根据线性化方程解的渐进稳定和不稳定分别判断原非线性方程定态解的渐进稳定和不稳定。对于线性化方程只是稳定而不是渐进稳定的情形未做出任何说明。然而，在这种临界情形下，微小的扰动或方程中某些参数取值的微小变化都可能使其解的性质发生变化，即所谓结构不稳定和分岔现象。

式(2-20)有如下形式的基本解：

$$\boldsymbol{\xi_i} = \boldsymbol{\xi_{i0}} \mathrm{e}^{\lambda t},\ i = 1, 2, \cdots, n \tag{2-21}$$

称为特征值等于 λ 的特征矢，将式(2-21)代入方程(2-19)可得

$$\lambda \boldsymbol{\xi_{i0}} = A \boldsymbol{\xi_{i0}} \tag{2-22}$$

此齐次代数方程有非平凡解的条件是

$$\begin{vmatrix} a_{11} - \lambda & a_{12} & \cdots & a_{1n} \\ a_{21} & a_{22} - \lambda & \cdots & a_{2n} \\ \vdots & \vdots & & \vdots \\ a_{n1} & a_{n2} & \cdots & a_{nn} - \lambda \end{vmatrix} = 0 \tag{2-23}$$

此为系数矩阵 $\boldsymbol{A}$ 的特征值方程，可写成以下形式：

$$a_0 \lambda^n + a_1 \lambda^{n-1} + \cdots + a_{n-1} \lambda + a_n = 0 \tag{2-24}$$

式(2-24)是关于λ的n次代数方程，令其特征值为$\lambda_1, \lambda_2, \cdots, \lambda_n$，对于只有两个变量($n=2$)的情况，方程(2-19)可化简为

$$\begin{aligned}\dot{\xi}_1 &= a_{11}\xi_1 + a_{12}\xi_2 \\ \dot{\xi}_2 &= a_{21}\xi_1 + a_{22}\xi_2\end{aligned} \tag{2-25}$$

通常方程(2-25)有如下形式的解：

$$\begin{aligned}\xi_1 &= \xi_{10}\mathrm{e}^{\lambda t} \\ \xi_2 &= \xi_{20}\mathrm{e}^{\lambda t}\end{aligned} \tag{2-26}$$

将式(2-26)代入方程(2-25)得到齐次代数方程：

$$\lambda\begin{bmatrix}\xi_{10} \\ \xi_{20}\end{bmatrix} = \begin{bmatrix}a_{11} & a_{12} \\ a_{21} & a_{22}\end{bmatrix}\begin{bmatrix}\xi_{10} \\ \xi_{20}\end{bmatrix} \tag{2-27}$$

式(2-26)有非平凡解的条件是下述特征方程的行列式为零：

$$\begin{vmatrix}a_{11}-\lambda & a_{12} \\ a_{21} & a_{22}-\lambda\end{vmatrix} = 0 \tag{2-28}$$

即

$$\lambda^2 - T\lambda + \Delta = 0 \tag{2-29}$$

其中，λ和T是方程(2-29)系数矩阵的行列式和迹

$$\varDelta = a_{11}a_{22} - a_{12}a_{21} \tag{2-30}$$

$$T = a_{11} + a_{22} \tag{2-31}$$

方程(2-29)有两个解：

$$\lambda_1 = \frac{T + \sqrt{T^2 - 4\varDelta}}{2} \tag{2-32}$$

$$\lambda_2 = \frac{T - \sqrt{T^2 - 4\varDelta}}{2} \tag{2-33}$$

其中，λ_1和λ_2是方程(2-29)的特征根。那么，由线性稳定性定理可知，如果λ_1和λ_2的实部都是负数，则

$$\lim_{t\to\infty}\|\xi_i\| = 0 \tag{2-34}$$

此时解是渐进稳定的，进而非线性方程的定态解也是渐进稳定的；如果λ_1和λ_2中至少有一个的实部是正数，则

$$\lim_{t\to\infty}\|\xi_i\| = \infty \tag{2-35}$$

此时解是不稳定的，进而非线性方程的定态解也是不稳定的；如果λ_1和λ_2中至少有一个的实部等于零，另一个的实部是负的，则解是稳定的但不是渐进稳定的。

这时非线性方程的定态处于临界情况，必须进一步分析。

在高维情况下($n > 2$)，定态也有多种形式且自然要比二维的情况更为复杂。为了判断高维动力学系统定点的稳定性，需要求得高次方程的特征值。罗斯(Routh)和霍维茨(Hurwitz)提出了一个不用解方程就可以判断特征值实部正负的判据(Routh- Hurwitz 判据)，构造一组行列式

$$\boldsymbol{\Delta}_i = \begin{vmatrix} a_1 & a_0 & \cdots & 0 \\ a_3 & a_1 & \cdots & 0 \\ \vdots & \vdots & & \vdots \\ a_{2i-1} & a_{2i-2} & \cdots & a_i \end{vmatrix} \tag{2-36}$$

方程(2-19)的所有特征值都有负的实部(即定点是渐进稳定的)的充分和必要条件是所有行列式(2-36)都是正的：

$$\boldsymbol{\Delta}_i > 0, \ i = 1, 2, \cdots, n \tag{2-37}$$

由上述分析可知，李雅普诺夫间接法有其明显的优势，即可将复杂的高维非线性问题化简为低维的线性问题。而其也有自身突出的缺点：①当动力学系统中存在多个定点时，全局的线性化会使问题变得非常复杂，即需要逐个在定点处进行稳定性分析；②在稳定点附近，非线性动力学方程与线性方程的结论是不完全等价的，而此时正是非平衡状态出现自组织的关键点。相对来说，以下介绍的李雅普诺夫直接法可有效弥补这些缺点。

李雅普诺夫直接法首先需要构造李雅普诺夫函数，设 $V(x)$ 为在相空间坐标原点的邻域 D 中的连续函数，且 $V(x)$ 是正定的，即除了 $V(0)= 0$ 外，对 D 中所有的点均有 $V(x)>0$，这样的函数称为李雅普诺夫函数。V 沿着方程(2-10)的解 $\boldsymbol{x}(t)$ 的全导数为

$$\dot{V}(x) = \frac{\mathrm{d}V(x)}{\mathrm{d}t} = \sum_{i=1}^{n} \frac{\partial V(x)}{\partial x_i} \frac{\partial x_i}{\partial t} = \sum_{i=1}^{n} \frac{\partial V}{\partial x_i} f_i \tag{2-38}$$

那么，如果对于动力学方程组存在一个李雅普诺夫函数 $V(x)$，其全导数是半负定的，则方程的定点是稳定的；如果对于动力学方程组存在一个李雅普诺夫函数 $V(x)$，其全导数是负定的，则方程的定点是渐进稳定的；如果对于动力学方程组存在一个李雅普诺夫函数 $V(x)$，其全导数是正定的，则方程的定点是不稳定的。虽然直接法对于多定点以及非线性动力学体系非常适合，但是如何构造李雅普诺夫函数成为制约该方法应用的瓶颈，对于具有显著物理意义的体系，可使用势能函数作为李雅普诺夫函数。

Tom 在 1969 年将李雅普诺夫直接法运用到非线性系统中，总结并提出了突变理论(Catastrophe theory)并于 1975 年出版专著《结构稳定性和形态发生学》，这标志着突变理论成为数学中的一个分支。其也是通过构造系统的势函数将突变

分类，在力学系统中，存在一个势函数 U，系统所受的力 f 与 U 的关系是

$$f = -\nabla U \tag{2-39}$$

势函数的物理意义是单位质量的势能，一般定态情况下，

$$\begin{aligned} \dot{x} &= y = 0 \\ \ddot{x} &= \dot{y} = f(x,\mu) = -U'(x,\mu) = 0 \end{aligned} \tag{2-40}$$

即定态就是势函数取极值的状态，也就是所受的作用力为零的状态，此时

$$U'' > 0 \tag{2-41}$$

则说明 U 取极小值，平衡是稳定的；当

$$U'' = 0 \tag{2-42}$$

为平衡从稳定到不稳定的拐点；当

$$U'' < 0 \tag{2-43}$$

说明 U 取极大值，平衡是不稳定的。突变理论基于李雅普诺夫直接法，特别适合于具有明确物理意义的动力学系统，可直接使用其势能函数判别其解的稳定性。

2.3.2　气固拟均相失稳判据

1. 气固拟均相流模型

首先，仅考虑两个并联限流孔的气体分布器上方气固密相流为两条相同并联路径。那么，气相总质量流量 m_{gT} 可表示为

$$m_{gT} = m_{g1} + m_{g2} = \gamma_1 m_{gT} + \gamma_2 m_{gT} \tag{2-44}$$

其中，γ_i 是通过路径 $i\,(i=1,2)$ 的气体质量分数；对于固体颗粒相，本节认为气固滑移是完全的即颗粒不会随气体带出，那么在稳态情况下气固密相通过并联路径的固体颗粒总质量可表示为

$$m_{sT} = m_{s1} + m_{s2} = \sigma_1 m_{sT} + \sigma_2 m_{sT} \tag{2-45}$$

其中，σ_i 是路径 $i\,(i=1,2)$ 中固体颗粒的质量分数。对于给定的并联系统的气相和固体颗粒相有约束方程为

$$\gamma_1 + \gamma_2 = 1 \tag{2-46}$$

$$\sigma_1 + \sigma_2 = 1 \tag{2-47}$$

总压降 (Δp_t) 通常由过分布器压降 (Δp_d) 和过固体颗粒床层压降 (Δp_b) 组成

$$\Delta p_t = \Delta p_d + \Delta p_b \tag{2-48}$$

单相气流通过气体分布器限流孔强制均匀分布于固体颗粒床层中，相当于给予了固体颗粒床层规则的负熵；而由于固体颗粒本征非线性耗散作用，密相气固两相流会自发非均匀分相，此为混沌熵产生的过程，将破坏分布器带来的均匀性。

因此，为了描述固体颗粒床和分布器贡献的相互作用，引入颗粒床层压力载荷($\varPhi_{\mathrm{T}}$)，即过固体颗粒床层和分布器的压降比：

$$\varPhi_{\mathrm{T}} = \left|\frac{T\sigma_{\mathrm{sb}}\mathrm{d}V}{T\sigma_{\mathrm{sd}}\mathrm{d}V}\right| = \frac{\Delta p_{\mathrm{b}}}{\Delta p_{\mathrm{d}}} \tag{2-49}$$

其中，σ_{sb} 是在固体颗粒床层的混沌熵产生，σ_{sd} 是分布器的规则负熵。由于固体颗粒的比热远高于气体的比热,可以将流化床中气固密相流的耗散视为等温过程，其中该系统中的温度(T)为常数。因此，根据式(2-49)颗粒床层压力载荷($\varPhi_{\mathrm{T}}$)是固体颗粒床层混沌熵产生与分布器的规则负熵输入相互作用的有效表达。

为保证并联系统的质量守恒，并联系统各单元路径的压降需要相等：

$$\Delta p_{\mathrm{t1}} = \Delta p_{\mathrm{t2}} \tag{2-50}$$

因此，对于气固密相在两并联路径分布器的体系中，描述气体分布均匀性的气体质量分数(γ_i)为两个未知量，描述固体颗粒分布均匀性的固体颗粒质量分数(σ_i)为两个未知量；此外，颗粒床层压力载荷($\varPhi_{\mathrm{T}}$)为一个未知量，因此一共有五个未知量。另一方面，对于气固质量分数有其各自的约束方程(2-44)和(2-45)；而对于并联系统，还有各个单元压降相等这一约束方程(2-50)，共三个约束方程。因此，本节研究的体系中共有两个自由度，即对于给定结构的气体分布器和气固两相流性质，通过每条路径 i 的总压降可以写为

$$\Delta p_{\mathrm{t}} = f(\gamma_i, \varPhi_{\mathrm{T}}) \tag{2-51}$$

或

$$\Delta p_{\mathrm{t}} = f(\sigma_i, \varPhi_{\mathrm{T}}) \tag{2-52}$$

因此，通过两条并联路径的气固密相两相流有 2 个自由度，随着并联路径数量增加，自由度也随之增加，当并联路径 N 达到足够多时(即每一路径的空间尺度与气穴相以及颗粒聚团尺度相近)，可视为对整体均匀性的考察(表 2-2)。

表 2-2　气固密相流过 N 并联路径的自由度分析

N=路径数目	$2N$+1 =未知量	N+1 =约束方程	N=自由度
2	5	3	2
3	7	4	3
4	9	5	4
6	13	7	6
8	17	9	8
12	25	13	12

2. 稳定性分析

将分布器与固体颗粒床层看作一个整体系统，则体系的总熵产生包括分布器的规则熵产生和固体颗粒床层的超量熵产生。本节基于普利高津(Prigogine)最小超量熵产生原理[6]，此时稀相的气固拟均相流的稳定性分析框架可拓展至在稳态下的气固密相体系。由于固体颗粒的比热远大于气体，整个过程可看作是等温的即体系温度 T 为常量，此时最小全局总压降为稳定点。在具有一对并联路径的系统中，全局总压降 Δp_{T} 可以写为

$$\Delta p_{\mathrm{T}} = f(\Phi_{\mathrm{T}},\gamma_1,\gamma_2) = \gamma_1^2\Delta p_{\mathrm{t1}} + \gamma_2^2\Delta p_{\mathrm{t2}} \tag{2-53}$$

或

$$\Delta p_{\mathrm{T}} = f(\Phi_{\mathrm{T}},\sigma_1,\sigma_2) = \sigma_1^2\Delta p_{\mathrm{t1}} + \sigma_2^2\Delta p_{\mathrm{t2}} \tag{2-54}$$

气固密相均匀分布情况下，全局总压降可表示为

$$\Delta p_{\mathrm{T,Uniform}} = f(\Phi_{\mathrm{T}},\gamma_1 = \gamma_2 = \frac{1}{2}) \tag{2-55}$$

或

$$\Delta p_{\mathrm{T,Uniform}} = f(\Phi_{\mathrm{T}},\sigma_1 = \sigma_2 = \frac{1}{2}) \tag{2-56a}$$

气固密相非均匀分布情况下，全局总压降可表示为

$$\Delta p_{\mathrm{T,Nonuniform}} = f(\Phi_{\mathrm{T}},\gamma_1 \neq \gamma_2) \tag{2-56b}$$

或

$$\Delta p_{\mathrm{T,Nonuniform}} = f(\Phi_{\mathrm{T}},\sigma_1 \neq \sigma_2) \tag{2-57}$$

因此，当密相气固均布情况下的全局总压降小于密相气固非均布情况下的全局总压降，即 $\Delta p_{\mathrm{T,Uniform}} < \Delta p_{\mathrm{T,Nonuniform}}$ 则分布器上密相气固均布情况稳定；当密相气固均布情况下的全局总压降大于密相气固非均布情况下的全局总压降，即 $\Delta p_{\mathrm{T,Uniform}} > \Delta p_{\mathrm{T,Nonuniform}}$ 则分布器上密相气固均布情况不稳定；均匀和非均匀气固分布的边界是气固均匀分布下的全局总压降等于气固非均匀分布的全局总压降，即 $\Delta p_{\mathrm{T,Uniform}} = \Delta p_{\mathrm{T,Nonuniform}}$。

3. 稳定性矩阵

无论是气固稀相还是气固密相通过并联系统的总压降函数可作为判断气固均布状态稳定性的势能函数，给出气体(γ_i)或颗粒相(σ_i)在路径 i 中的质量分数以及固气动量比(C_{T})或是颗粒床层压力载荷(Φ_{T})，即可作出势能曲面。其中，由于并联系统各个单元路径都是对称的，那么气固均匀分布状态($\gamma_1 = \gamma_2$ 或 $\sigma_1 = \sigma_2$)一定位于势能曲面的对称轴处，那么势能曲面在气固均布状态邻域的凹

凸性即说明了气固均布和非均布情况下势能函数的大小。此外，在数学上可以通过 Hessian 矩阵判别多维曲面的凹凸特征。对于气固密相，假设 $\Delta p_{\mathrm{T}} = f(\Phi_{\mathrm{T}}, \gamma_1)$ 及其一阶和二阶偏导数在定义域内是连续的，则

$$f_{11} = \frac{\partial^2 \Delta p_{\mathrm{T}}}{\partial {\Phi_{\mathrm{T}}}^2}, f_{22} = \frac{\partial^2 \Delta p_{\mathrm{T}}}{\partial {\gamma_1}^2}, f_{21} = f_{12} = \frac{\partial^2 \Delta p_{\mathrm{T}}}{\partial \Phi_{\mathrm{T}} \partial \gamma_1} \tag{2-58}$$

Hessian 矩阵的第一和第二行列式可表示为

$$f_{11} = \frac{\partial^2 \Delta p_{\mathrm{T}}}{\partial {\Phi_{\mathrm{T}}}^2}, f_{22} = \frac{\partial^2 \Delta p_{\mathrm{T}}}{\partial {\gamma_1}^2}, f_{21} = f_{12} = \frac{\partial^2 \Delta p_{\mathrm{T}}}{\partial \Phi_{\mathrm{T}} \partial \gamma_1} \tag{2-59}$$

则临界颗粒床层压力载荷(Φ_{Tc})是以下非线性方程的解：

$$f_{11} = \frac{\partial^2 \Delta p_{\mathrm{T}}}{\partial {\Phi_{\mathrm{T}}}^2}, f_{22} = \frac{\partial^2 \Delta p_{\mathrm{T}}}{\partial {\gamma_1}^2}, f_{21} = f_{12} = \frac{\partial^2 \Delta p_{\mathrm{T}}}{\partial \Phi_{\mathrm{T}} \partial \gamma_1} \tag{2-60}$$

那么，当 $\det(H_1) > 0$ 且 $\det(H_2) > 0$ 时，势能曲面为凹，表示密相气固均匀分布状态稳定；当 $\det(H_1) < 0$ 且 $\det(H_2) > 0$ 时，势能曲面是凸的即密相气固非均匀分布是稳定的；当 $\det(H_1) = 0$ 且 $\det(H_2) > 0$ 时，曲面从凹到凸，即从密相气固均匀分布到气固不均匀分布。

在该实际能量耗散体系下，总压降所在多维势能曲面不存在鞍点，即 $\det(H_2) > 0$。因此，通过计算总压降(Δp_{T})对 Φ_{T} 的二阶偏导数(f_{11})可以判定多维曲面的凹凸特征。对于均匀分布 $\gamma_1 = \gamma_2 = 1/2$ 情况下，$\Delta p_{\mathrm{T}} = {\gamma_1}^2 \Delta p_1 + {\gamma_2}^2 \Delta p_2$，其等于过单元路径压降的 1/2。综上所述，多维曲面的凹凸性和对应于单元路径压降相对于颗粒床层压力载荷 Φ_{T} 二阶导数的正负。

$$\det(H_1) = \frac{\partial^2 \Delta p_{\mathrm{T}}}{\partial {\Phi_{\mathrm{T}}}^2} = \frac{\partial^2 (\gamma_1^2 \Delta p_{\mathrm{t1}} + \gamma_2^2 \Delta p_{\mathrm{t2}})}{\partial {\Phi_{\mathrm{T}}}^2} = \frac{1}{2} \frac{\mathrm{d}^2 \Delta p_{\mathrm{t}}}{\mathrm{d} {\Phi_{\mathrm{T}}}^2} \tag{2-61}$$

同样，根据式(2-61)可计算获得临界固气动量比(Φ_{Tc})，当 $\Phi_{\mathrm{T}} < \Phi_{\mathrm{Tc}}$ 时，单元路径总压降对颗粒床层压力载荷的二阶导数为正，表明总压降曲面为凹，气固均匀分布稳定；当 $\Phi_{\mathrm{T}} > \Phi_{\mathrm{Tc}}$ 时，单元路径总压降相对于 Φ_{T} 的二阶导数为负，表示气固均匀分布不稳定。因此，气固密相在并联系统中气固均布的稳定性分析可进一步化简为判断单元路径压降对颗粒床层压力载荷(Φ_{T})的二阶导数正负性。具有三个及三个以上单元路径的并联系统，其自由度也扩大到三个及三个以上，可以通过 Hessian 矩阵在数学上为 N 个并行路径系统提供稳定性分析。具有 N 个独立变量的总势能函数 Δp_{T} 的 Hessian 矩阵可以给出：

$$
\boldsymbol{H}=\begin{pmatrix} f_{11} & f_{12} & f_{13} & \cdots & f_{1N} \\ f_{21} & f_{22} & f_{23} & \cdots & f_{2N} \\ \cdots & \cdots & \cdots & \cdots & \cdots \\ f_{N1} & f_{N2} & \cdots & \cdots & f_{NN} \end{pmatrix} \tag{2-62}
$$

其中

$$
f_{ij}=\frac{\partial^2 \Delta p_{\mathrm{T}}}{\partial x_i \partial x_j} \quad (i,j=1,2,\cdots,N) \tag{2-63}
$$

在 $N>3$ 的情况下，i 可以首先沿着第一行扩展 Hessian 矩阵，即

$$
\begin{aligned}
\det\left(\boldsymbol{H}_i\right)=\det\begin{pmatrix} f_{11} & f_{12} & f_{13} & \cdots & f_{1i} \\ f_{21} & f_{22} & f_{23} & \cdots & f_{2i} \\ \cdots & \cdots & \cdots & \cdots & \cdots \\ f_{i1} & f_{i2} & \cdots & \cdots & f_{ii} \end{pmatrix} &= f_{11}\det\begin{pmatrix} f_{22} & \cdots & f_{2i} \\ \cdots & \cdots & \cdots \\ f_{i2} & \cdots & f_{ii} \end{pmatrix} \\
-f_{12}\det\begin{pmatrix} f_{21} & \cdots & f_{2i} \\ \cdots & \cdots & \cdots \\ f_{i1} & \cdots & f_{ii} \end{pmatrix} &+\ldots+(-1)^{i+1} f_{1i}\det\begin{pmatrix} f_{21} & \cdots & f_{2i-1} \\ \cdots & \cdots & \cdots \\ f_{i1} & \cdots & f_{ii-1} \end{pmatrix}
\end{aligned} \tag{2-64}
$$

然后，由于并联系统中各个单元是一致的、各个单元之间是对称的，那么对于气固稀相体系：

$$
\frac{\partial^2 \Delta p_{\mathrm{T}}}{\partial \sigma_i \partial \sigma_j}=\frac{\partial^2 \Delta p_{\mathrm{T}}}{\partial \sigma_j \partial \sigma_i};\ \frac{\partial^2 \Delta p_{\mathrm{T}}}{\partial C_{\mathrm{T}} \partial \sigma_j}=\frac{\partial^2 \Delta p_{\mathrm{T}}}{\partial \sigma_j \partial C_{\mathrm{T}}} \quad (i,j=1,2,\cdots,N-1) \tag{2-65}
$$

对于气固密相体系：

$$
\frac{\partial^2 \Delta p_{\mathrm{T}}}{\partial \gamma_i \partial \gamma_j}=\frac{\partial^2 \Delta p_{\mathrm{T}}}{\partial \gamma_j \partial \gamma_i};\ \frac{\partial^2 \Delta p_{\mathrm{T}}}{\partial \Phi_{\mathrm{T}} \partial \gamma_j}=\frac{\partial^2 \Delta p_{\mathrm{T}}}{\partial \gamma_j \partial \Phi_{\mathrm{T}}} \quad (i,j=1,2,\cdots,N-1) \tag{2-66}
$$

其中，行列式 f_{11} 显然为零，而其他行列式按照第一列展开，由于不存在相对于 Φ_{T} 的偏导数，表明所有的判别式都为零，即

$$
\det\left(\boldsymbol{H}_i\right)=0 \quad (i \geqslant 3) \tag{2-67}
$$

因此，当 $\det(H_2)>0$ 时，通过 N 个对称单元路径并联体系的气固均匀定态解的稳定性分析可以大大简化为通过单元路径总压降曲线的对自变量二阶导数的正负，本节中气固均布解的稳定性分析化简过程与 Routh-Hurwitz 判据的推导相似，可看作是 Routh-Hurwitz 判据在并联系统中的特殊情况。

4. 气固拟均相的失稳判据

每一路径上的局部总压降(Δp_{ti})通常由过分布器压降(Δp_{di})和过固体颗粒床层压降(Δp_{bi})组成

$$\Delta p_{ti} = \Delta p_{di} + \Delta p_{bi} \tag{2-68}$$

分布器压降主要是高速流动的气体过限流孔时突扩突缩以及摩擦带来的，一般认为分布板过孔压降是表观气速 U_g 的函数：

$$\Delta p_d = \frac{\rho_g}{2} C_d U_g{}^2 \tag{2-69}$$

其中，C_d 是气体分布器的曳力系数，U_g 是通过路径的表观气速，ρ_g 是既定操作条件下的气体密度。对固体颗粒床层来说，当气体通过分布器后强制成为分布均匀的射流，相当于给整个流化床输入了规则的负熵。

虽然对密相气固两相流动力学的建模非常困难，但若仅从宏观整体来看，过整个固体颗粒床层的压降(Δp_b)则可被较为容易地表达：

$$\Delta p_b = (1 - \varepsilon_b)(\rho_s - \rho_g) g H \tag{2-70}$$

其中，ε_b 是固体颗粒床层空隙率，H 是静床高。对于 Geldart A 类颗粒，床层膨胀通常是均匀且平滑的，因此可由 Richardson-Zaki 关系式相当好地描述

$$\varepsilon_b^n = \frac{U_g}{U_t} \tag{2-71}$$

其中，U_t 是颗粒终端沉降速度，膨胀因子 n 取决于颗粒终端沉降速度的雷诺数(Re_t)，其取值范围在 4.8(黏性状态)和 2.4(湍流状态)之间：

$$\begin{aligned} &n = 4.8 && Re_t < 0.2 \\ &n = 4.6 Re_t^{-0.03} && 0.2 < Re_t < 1 \\ &n = 4.6 Re_t^{-0.1} && 1 < Re_t < 500 \end{aligned} \tag{2-72}$$

对于 Geldart B 类颗粒，固体颗粒床层膨胀在出现节涌(即气泡尺寸与床径相当)前也可以由 Richardson-Zaki 方程进行很好地描述。虽然，已经有许多改进的 Richardson-Zaki 模型来描述不同固体颗粒的床层膨胀，但是在本节中还是使用经典的 Richardson-Zaki 方程，以便将本节的稳定性分析结果和之前的 Siegel 以及 Shi 和 Fan 模型[5]进行比较；此外，经典的 Richardson-Zaki 方程可以简化计算过程，突出理论框架而不是计算细节(表 2-3)。

根据上述稳定性分析可知，颗粒床层压力载荷(Φ_T)是判定气固流化均匀分布稳定性的关键参数。密相气固均匀和不均匀分布之间的界限(Φ_{Tc})是分布器的规则负熵输入和固体颗粒床混沌熵产生之间的平衡，而这个临界颗粒床层压力载荷(Φ_{Tc})是由气体分布器的结构参数和固体颗粒的物理性质决定。因此，由式(2-72)可得包含操作参数、分布器结构参数和固体颗粒性质的稳定性相图，指导在不同工况下高稳定性分布器的结构设计以及在既定分布器结构情况下调整工况以保证气固均匀分布的稳定性。根据 Richardson-Zaki 方程，固体颗粒床层的混沌熵产生由床层膨胀系数 n 和颗粒终端速度 U_t 决定。通常，n 也是颗粒终端雷诺数(Re_t)

表 2-3　稳定性分析的计算参数(20°C 和 101.3 kPa)

气体	
类型	空气
密度/(kg/m^3)	1.225
黏度/(kg/ms)	1.79E-05
固体颗粒	
类型	B 类颗粒
密度/(kg/m^3)	2600
平均粒径/μm	300
颗粒装填量/kg	10

的函数，见式(2-72)，即也是颗粒终端速度 U_t 的函数。由于颗粒终端速度 U_t 是由固体颗粒的性质决定，因此球形颗粒的伽利略数(Ga)对临界颗粒床层压力载荷(Φ_{Tc})具有重要意义：

$$Ga = \frac{\rho_g(\rho_s - \rho_g)gd_p^3}{\mu^2} \tag{2-73}$$

通常，像 Geldart B 类和 D 类颗粒这样的较大或较重颗粒(伽利略数 Ga 较大)，会导致较大的颗粒终端速度 U_t 和较小的床层膨胀系数 n，而小或轻的固体颗粒则具有较小的 Ga 值，如 Geldart A 颗粒。而分布器曳力系数 C_d 是气体分布器的主要结构参数，增加 C_d 会提高规则负熵输入，对分布器有积极贡献。

图 2-7 为分布器上密相气固均匀分布的稳定性相图，该相图展现了固体颗粒性质(伽利略数 Ga)、操作条件(颗粒床层载荷 Φ_T)以及分布器结构参数(分布器曳力系数 C_d)对气固密相均布稳定性的影响。在该稳定性相图中，密相气固均布和非均布的临界线(Φ_{Tc})为非线性方程(2-61)的解，是固体颗粒床层混沌熵产生和分布器规则熵输入之间的平衡，其中颗粒床层载荷 Φ_T 的取值范围是 0.1～20，分布器曳力系数 C_d 的范围是 200～8000，伽利略数 $Ga = 20, 2600, 33000$。在颗粒床层载荷大于临界线的部分(即 $\Phi_T > \Phi_{Tc}$)，将出现气固分布不均的现象；在颗粒床层载荷小于临界线的部分(即 $\Phi_T < \Phi_{Tc}$)，其密相气固均布是稳定的。对于给定分布器结构参数和固体颗粒性质的情况下，通过较少气体输入就很容易地确保浅层流化床的气固均匀分布，而对于颗粒床层较高的工况则需要输入更多的规则负熵以抵消固体颗粒床层自身的混沌熵产生。因此，对于既定流化床结构参数调整工况时，充足的气体输入和合适的床层高度是密相气固均布的有力保障。值得注意的是，结合第 3 章的分析可发现密相和稀相并联系统气固不均匀分布有其一致性起因，即固体颗粒相引入。那么基于保持气固均布稳定性的工况调整应注意限制固

体颗粒相的贡献。在给定操作条件下，气固均布稳定区的面积随着分布器曳力系数(C_d)的增加而增大，表明较高的 C_d 值可以有效促进密相气固均匀分布的稳定性，这也是实际工业流化床反应器优选高阻力分布器的原因。此外，气固均布和非均布的临界线也取决于固体颗粒的伽利略数(Ga)，从图 2-7 可以看出，为了确保 Geldart D 类颗粒($Ga = 33000$)均匀流化，临界颗粒床层压力载荷大约是 Geldart A 类颗粒($Ga = 20$)的一半。通过添加小而轻的颗粒(即伽利略数小)可增加固体颗粒床层的持气量进而有效防止严重的气固相分离，保持密相气固均匀分布。

密相气固均布稳定性分析的理论解与相关文献中实验和 CFD 计算结果的比较也显示在图 2-7。在既定分布器的结构参数情况下，高层流化床气固均布稳定性会被破坏：Karimipour 等通过实验发现当流化床床深度大于 1m(颗粒床层压力载荷 $\Phi_T=12$)后，显著的气固非均布现象将出现在深层床($\Phi_T=16$)；与此相对应，浅层床($\Phi_T=8$)具有均匀气泡和优异的流化质量。对于既定的操作条件，高曳力系数的分布器可以容易地获得气固均匀性：Thorpe 等和 Dong 等的结果与本节稳定性分析的结论一致：当 $C_d=1250$ 时，气固从非均布到均布的临界气速(U_c)为 0.5m/s，而 C_d=6200 时临界气速下降至 0.17m/s。对于既定操作条件，在 Dong 等的研究中指出具有开孔率为 1.10%高压降分布器(C_d=3000)的流化床比开孔率为 0.86%(C_d=1200)的低压降分布器流化床的径向气固分布更均匀。对于不同类型的颗粒，本节稳定性分析对于 Geldart A 类和 B 类颗粒气固均匀分布和非均匀分布的临界点与实验和 CFD 计算结果吻合良好。然而，对于高 Ga 的 Geldart D 类颗粒，本节通过稳定性分析计算得到的临界颗粒床层压力载荷大于 Sathiyamoorthy 的实验(Ga=33000)测定值，这种偏差来源于 Richardson-Zaki 方程

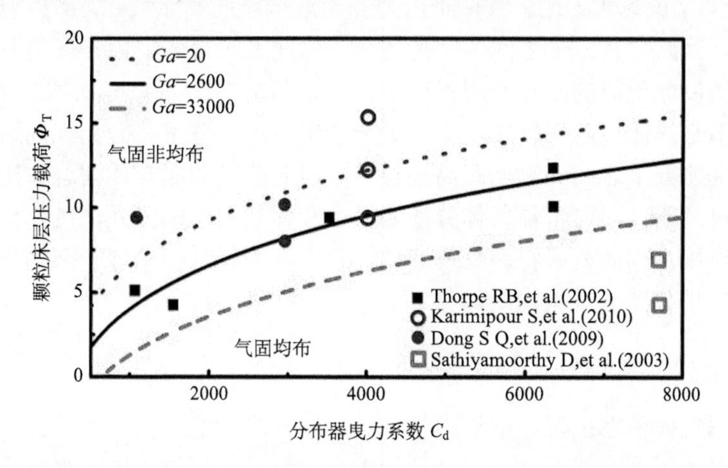

图 2-7　密相气固均匀分布的稳定性与颗粒床层压力载荷(Φ_T)、分布器曳力系数(C_d)和固体颗粒特性(Ga)之间关系的稳定相图

不能合理地描述 Geldart D 类颗粒的床层膨胀。因此，对于具有高伽利略数(Geldart D 类颗粒)和高黏性(Geldart C 类颗粒)的情况，应当引入一些新的能够准确描述固体颗粒床层混沌熵产生的关系式。此外，该相图还提供了基于保证密相气固分布均匀稳定性为基础的流化床反应器放大原则。不同于 Sierra 等和 Bonniol 等的结论，固体颗粒床层和分布器之间的压降比不应该是恒定的：因为随着尺寸的增加，分布器曳力系数比固体颗粒床压降提高快得多[5]。

综上所述，本节提供了一种基于 Prigogine 最小超量熵产生的并联系统密相气固均布稳定性分析的理论框架，颗粒床层压力载荷(Φ_T)是一个关键的独立变量，其代表了固体颗粒床层的混沌熵产生和分布器的规则熵输入之间的相互作用。此外，由于该并联体系的单元路径均相同和对称，因此可通过判断单元路径总压降对 Φ_T 的二阶导数为零获得临界颗粒床层压力载荷(Φ_{Tc})。最后，给出密相气固均布稳定性相图，综合分析了操作条件、分布器结构参数以及固体颗粒性质对密相气固均布稳定性的影响。

2.3.3　理想与非理想状态方程

1. 理想气体模型假设

一定质量的气体，与相同质量、相同温度下的液体相比，其体积是液体体积的上千倍。气体容易压缩，而液体的压缩比极小。这表明气体分子间的距离比液体分子的间距大得多，而液体几乎不能压缩，因此可以认为液体分子是紧密排列在一起的。一定质量的气体，其体积越大，单位体积内的分子数目越少(气体越稀薄)，分子间距就越大。理想气体是压力 p 趋近于零的实际气体，所以也是极为稀薄的气体，因此，其分子之间的距离比分子的线度大得多。由于理想气体分子间距增大，所以分子间的相互作用就很小，可以忽略不计。因此，理想气体可以用如下的模型来描述：理想气体是由大量分子组成的，分子在做无规则运动；分子本身的线度比分子之间的平均距离小得多，因此分子的固有体积总和比气体容积小得多而可忽略，即可不计气体分子的大小和体积；除碰撞外，气体分子不受其他分子的作用，因而分子将做直线运动，也即认为任意两个分子间的平均相互作用势能远小于分子的平均动能而可忽略。

2. 压强的微观解释

从理想气体模型出发，应用力学规律和统计平均的方法，可导出理想气体处在平衡态时的压强公式。从分子动理论的观点看，一切物体的宏观性质都是组成它的大量分子做微观运动的结果[7]。气体施于器壁的压强，是大量气体分子对器壁不断碰撞的结果。设在 $\mathrm{d}t$ 时间内，面积为 $\mathrm{d}A$ 的器壁受到分子的平均冲力为

$$F = \frac{m\left|\Sigma \Delta v_i\right|}{\Delta t} \tag{2-74}$$

其中，v_i 是第 i 个分子与器壁相碰撞后产生的速度改变，对所有的分子进行求和。器壁 dA 受到的压强为

$$p = \frac{F}{\mathrm{d}A} = \frac{m\left|\Sigma \Delta v_i\right|}{\Delta t \mathrm{d}A} \tag{2-75}$$

设在体积为 V 的容器中，有 N 个质量为 m 的分子组成理想气体。由于系统处在平衡状态，器壁各处所受的压强相等，所有可任取一块面积 dA，取 x 轴垂直于 dA。设速度为 v_i 的分子与 dA 所发生弹性碰撞。由动量定理，分子动量的改变为

$$m\left|\Delta v_i\right| = \left|m(v'_{ix} - v_{ix})\right| = 2mv_{ix} \tag{2-76}$$

其方向与 x 轴的方向相反，而器壁受到同样大小、方向沿 x 轴的冲量。设容器中速度为 v_i 的分子数为 N_i，在Δt 时间内，能与 dA 相碰撞的、速度为 v_i 的分子，一定位于以 dA 为底、$v_{ix}\Delta t$ 为高、以 v_i 为轴线的斜柱内。该柱体的体积为 $v_{ix}\Delta t\mathrm{d}A$，在该体积内速度为 v_i 的分子数为

$$\left(\frac{N_i}{V}\right) v_{ix} \Delta t \, \mathrm{d}A \tag{2-77}$$

令 $n=N_i/V$ 是速度为 v_i 的分子的数密度。与上式相乘可得Δt 时间内与 dA 面积相碰的、所有速度为 v_i 的分子动量变化为

$$\Delta I_i = \left(\frac{N_i}{V}\right)\left(v_{ix} \Delta t \, \mathrm{d}A\right) 2mv_{ix} = 2\left(\frac{N_i}{V}\right) v_{ix}^2 m \Delta t \, \mathrm{d}A \tag{2-78}$$

若在上式中对所有打到 dA 上的分子速度求和，就能得到Δt 时间内施于器壁的总冲量。值得注意的是求和仅限于 $v_{ix}>0$ 的范围，因为 $v_{ix}<0$ 的分子打不到 dA 面积上，则

$$\Delta I = \frac{1}{2}\sum_i \Delta I_i = \sum_i \frac{N_i}{V} m v_{ix}^2 \Delta t \, \mathrm{d}A \tag{2-79}$$

相比可得到器壁所受到的压强为

$$p = \frac{\Delta I}{\Delta t \mathrm{d}A} = \sum_i \frac{N_i}{V} m v_{ix}^2 = m \frac{N}{V} \sum_i \frac{N_i v_{ix}^2}{N} = mn v_x^2 \tag{2-80}$$

其中

$$\overline{v_x^2} = \frac{\sum\limits_i N_i v_{ix}^2}{N} \tag{2-81}$$

称为 $v_x{}^2$ 的平均值。单位面积的器壁，在单位时间内所受到的分子平均冲量或平均

作用力，正比于分子的质量 m、数密度 n 和分子在 x 方向的速度分量平方的平均值。

在平衡态，气体的宏观性质与方向无关，因而

$$\overline{v_x^2}=\overline{v_y^2}=\overline{v_z^2} \tag{2-82}$$

理想气体的分子沿各个方向运动的情况或概率是相同的，因此对大量分子平均而言，分子三个速度分量平方的平均值一定相等。因此，

$$p=\frac{1}{3}nm\overline{v^2}=\frac{2}{3}n\bar{\varepsilon} \tag{2-83}$$

其中

$$\bar{\varepsilon}=\frac{1}{2}m\overline{v^2} \tag{2-84}$$

称为分子的平均平动动能，这里分子的平均平动动能是一个微观量。因此，式(2-83)把理想气体的压强 p 与分子的平均平动动能 ε 的平均值联系起来，分子数密度 n 及 ε 越大，气体的压强 p 也越大。因此，式(2-84)称为理想气体的压强公式。

从压强 p 的表达式和推导过程，可清楚看到理想气体的压强是一个统计平均值。式(2-84)中的 ε 是分子平均平动动能的平均值，即描述分子微观运动 ε 的统计平均值。另外，式中的 n 表示单位体积中的分子数。由于分子做无规则运动，对任何一个单位体积来说，分子不断进入，在任何微小的时间间隔内，进出的分子数目不会严格相等，因而单位体积内的分子数也不会恒定不变。但是长时间尺度下，进出的分子数差不多，所以也可认为任何单位体积中的分子数为常数，其值为 $n=N/V$。因此，数密度 n 实际上也是一个统计平均值。在微观短时间内，与单位面积器壁上的分子数也会相差很大，特别在分子数少的情况下。因此，$p=2/3n\varepsilon$ 是一个统计规律而不是一个力学公式。

在上述推导过程中，没有考虑分子的大小，即分子在与器壁相碰撞之前没有与其他分子相碰而改变其行进方向。实际上，分子总有一定的大小，在碰撞前可能其他分子相碰。但这一点不影响所得的结论：当系统处于平衡态时，具有某种速度 v_i 的分子数 N_i 也是稳定而不随时间变化的。N_i 不随时间而变化，这是统计规律。核心是分子都在做无规则运动，相互碰撞，因此在微观长的时间来看，有几个速度为 v_i 的分子因碰撞而使其速度变为其他值，同时一定有差不多相同数目的非 v_i 速度的分子，因碰撞而使得其速度变为 v_i，就像单位体积内的分子数 n 保持不变一样，这里 N_i 也是一个稳定值。在统计物理中，这称为细微平衡原理。因为分子的速度 v 是一个可以连续变化的量，数学上称为连续变量。那么，求出某一微观量 $u(v)$ 的统计平均值，关键是要知道 $\mathrm{d}N(v)$，即分子按速度的分布函数，如麦克斯韦分布函数，它由统计规律决定。在一定条件下，由统计规律求出 $\mathrm{d}N(v)$

是统计物理的首要任务。最后，假设分子与器壁的碰撞是弹性碰撞，其实对于非弹性碰撞，结果是完全一样的。

3. 温度的微观意义

由理想气体压强公式：

$$p = \frac{2}{3} n\bar{\varepsilon} \tag{2-85}$$

以及理想气体状态方程

$$pV = \frac{m}{M} RT \tag{2-86}$$

可以得到

$$pV = \frac{2}{3} n\bar{\varepsilon} V = \frac{m}{M} RT \tag{2-87}$$

由于 $N=nV$ 则

$$\frac{2}{3}\bar{\varepsilon} N = \frac{m}{M} RT \tag{2-88}$$

因为 1mol 理想气体的分子数 N_A 即为阿伏伽德罗常数，所以 $N=m/M\times N_A$。即可得到

$$\bar{\varepsilon} = \frac{3}{2}\frac{R}{N_A} T = \frac{3}{2} kT \tag{2-89}$$

其中

$$k = \frac{R}{N_A} = 1.38\times10^{-23}\ \text{J/K} \tag{2-90}$$

称为玻尔兹曼常数，表明理想气体分子的平均动能只与温度有关，即与热力学温度 T 成正比。这是气体分子动理论与理想气体状态方程相结合的结果，是理想气体特性的反映；反之，满足这个关系的气体或其他物质，也将具有理想气体的某种性质。该式也是从微观角度说明了温度的意义：温度是标志物体内部分子无规则热运动激烈程度的一个物理量[7]。温度越高，分子的平均平动动能越大。因此，物体内部分子的热运动就越激烈。分子的无规则热运动，除分子做平动外，多原子分子还有振动和转动。也可证明，分子的转动和振动的能量平均值也与温度成正比。所以经典物理范围内，温度是分子无规则热运动激烈程度的量度，揭示了宏观量 T 与微观量 ε 的平均值之间的联系。由于温度是与大量分子的平均平动动能相联系的，所以温度是大量分子热运动的宏观表现，具有统计意义，个别分子并无这种温度的概念。理想气体分子的平均平动动能仅与温度有关，而与气体分

子的类别和质量都无关。一切气体(不论是理想气体还是实际气体)、液体和固体，分子做无规则热运动的平均平动动能都相同，都为 $3/2kT$，与分子的质量及分子间有什么相互作用无关。因此，分子的平均平动动能也具有温度的特征，可作为温度的标志。

温度和压强一样，也是一个宏观量，并且有一个统计平均值，但是它并没有直接对应的微观量，因此不是对应微观量的统计平均值。它是通过压强公式和理想气体的状态方程求得的。热学中，如密度、压强和能量是对应的微观量的直接统计平均结果。

4. 高能物理中的温度特征

在近代物理中，常常直接用粒子的能量来表示温度 T，近代物理中常用电子伏特(eV)作为能量单位。1eV 等于一个电子在电场中通过 1V 电位差的区间时获得的能量。一个电子的能量 $e=1.6\times10^{-19}$C，即

$$1\text{eV}=1.6\times10^{-19}\,\text{C}\times1\text{V}=1.6\times10^{-19}\,\text{J} \tag{2-91}$$

当一个分子的平均平动动能

$$\bar{\varepsilon}=\frac{3}{2}kT=1\text{eV} \tag{2-92}$$

该分子构成的系统温度 T 为

$$k=\frac{2}{3}\frac{1\text{eV}}{k}=\frac{1.6\times10^{-19}\,\text{J}}{1.38\times10^{-23}\,\text{J/K}}=7700\text{K} \tag{2-93}$$

也就是说，该系统的温度为 7700K 时其分子的平均动能为 1eV。

可从温度的微观定义理解两个温度不同的系统达到热平衡的微观过程。若把两个温度不同的系统放在一起，使之热接触，则由于两个系统的温度不同，两个系统的分子在接触的交界面处将发生相互碰撞，平均能量大的分子将逐渐把能量传递给平均能量较小的分子，因而就有能量通过边界从温度高的系统传递给温度较低的系统，直到两系统的温度相等为止。这种通过分子碰撞传递或输运能量的过程，也发生于同一系统内温度不同的两个部分之间。当然，对于可以通过边界交换粒子的两个温度不同的系统来说，能量的传递还可能通过分子的定向流动而产生，例如通过扩散或是对流而产生的分子流动，使得平均能量不同的分子发生混合，进而使得整个系统的温度达到均匀一致。所以，当把两个温度不同的系统放在一起使之热接触时，就有能量从温度较高的系统传递到温度较低的系统。这种由于温度差而传递的能量称为热量。因此，与功类似，热量也是一种能量传递；但热量仅仅是由于存在温度差而传递的无规则热运动的能量。

这里介绍一个两相不同温度共存的体系：在稳定的等离子体系统内存着两个

不同温度，即电子温度和离子温度，如果还存在中性粒子，则可能还存在中性粒子的温度。这是因为等离子体内不同粒子之间碰撞时传递的能力并不相等。从力学中知道，一般同种(质量相同的)粒子碰撞时能量传递最为有效，容易通过碰撞达到热力学平衡，从而达到同一温度。也就是说，电子与电子的碰撞达到热力学平衡，从而有一定的电子温度 T_e；离子与离子碰撞达到平衡，从而有一定的离子温度 T_i。由于电子与离子的质量相差极大，虽经过碰撞也不易达到平衡。因此，一般情况下等离子体具有两个不同的温度，且两者之间相差非常大。所以，若仅笼统地讲等离子体温度是没有意义的。例如，在日光灯或是霓虹灯中，电子温度约为 20000K，而离子及大量中性原子的温度约为室温，大大低于电子温度。

5. 非理想气体

理想气体的状态方程是根据实验事实得到的 3 个状态参量之间的函数关系。理想气体是实际气体压强趋近于零的近似，因而实际气体的状态方程与理想气体的状态方程必然存在差异。另一方面，当 p 趋近于零时一定与理想气体状态方程相同。在高压和低温的条件下，理想气体的行为与实际气体的行为相距甚远。因此，为了得到描述实际气体性质和行为的状态方程，必须修正理想气体的状态方程，并把理想气体的状态方程作为实际气体状态方程 p 趋近于 0 的极限情况。

范德瓦耳斯(van der Waals)分析了实际气体的性质与理想气体性质的区别，认识到当实际气体的压强较大，即分子间距较小时，分子间存在相互作用。理想气体模型不考虑这种相互作用，因此其状态方程也就不能用来描述实际气体的性质和行为。我们知道，分子之间的相互作用较为复杂，既有吸引又有排斥，当分子间距离较小时，为吸引作用，当分子靠得很近时表现出很强的排斥作用。强大的排斥作用使得分子不能无限接近，这相当于分子具有一定的大小。为简单起见，我们可将分子看成刚性小球，而且是具有吸引作用的刚性小球。这种分子间的相互作用就可用刚球吸引势能来描述。既然分子有一定的大小，每个分子就会占有一定体积空间。一个分子的存在就使得其他分子不能占有该分子占有的空间，因此使得分子活动的空间不再是容器的体积了。一般地，在标况下，气体分子的固有体积为气体实际体积的万分之一，所以可忽略不计。但 50 MPa 下，分子的固有体积占总体积的一半，因此需考虑气体分子的固有体积。从这点出发对理想气体状态方程进行修正，对 1mol 理想气体，其状态方程为

$$pV_m = RT \tag{2-94}$$

考虑到分子的固有体积，实际气体可以压缩的体积就不是 V_m，而是比 V_m 小一点，因而可将式(2-94)修改为

$$p(V_m - b) = RT \tag{2-95}$$

其中，b 为 1mol 气体分子体积的修正量，可由实验测得，从理论上也可推算得到 b 的数值，约等于 1mol 气体所有分子固有体积的 4 倍，即

$$b = 4N_{\mathrm{A}} \frac{4}{3}\pi\left(\frac{d}{2}\right)^3 \approx 10^{-5}\,\mathrm{m}^3 \tag{2-96}$$

其中，d 为分子的有效直径。

另一方面，范德瓦耳斯考虑了分子间的引力作用对气体分子内压强的影响。因为分子间的引力是一个短程力(即有一定的作用距离 r)，当分子间距离超出 r，可以认为分子间没有吸引作用，称为作用球半径。当分子 a 在气体内部时，它受到周围分子的联合作用，因为平衡时容器内分子的分布是均匀的，因而 a 周围分子的分布是对称的，受到的合力为零。但对于在器壁附近、距离器壁 r 的那一层内的分子来说，它周围的分子分布就不对称，因此受到指向气体内部合力 F 的作用。正是 F 的作用，使得飞向器壁的分子在垂直于器壁方向的动量减少，因而使得器壁承受的压强，与不计分子间吸引作用时，即理想气体压强时相应减少了Δp。因此，气体的压强应为

$$p = \frac{RT}{V_m - b} - \Delta p \tag{2-97}$$

其中，Δp 为气体的内压强，由理想气体压强公式的推导可知

$$\Delta p \propto j\Delta K \tag{2-98}$$

其中，j 为单位时间内与单位面积器壁相碰撞的分子数，ΔK 表示由于 F 的作用，一个分子与器壁碰撞时在垂直方向与器壁方向动量的改变。显然，器壁的分子数与分子数密度 n 成正比，而ΔK 与 F 成正比，而 F 又与 n 成正比，所以

$$\Delta p \propto n^2 \propto \frac{1}{V_m^2} \tag{2-99}$$

可写为

$$\Delta p = \frac{a}{V_m^2} \tag{2-100}$$

比例系数 a 决定于气体性质，可由实验测得。上式表示 1mol 气体，由于分子间的吸引作用而引起的压强减少量，也即分子间吸引作用产生的压强。将Δp 的值代入可得

$$p = \frac{RT}{V_m - b} - \frac{a}{V_m^2} \tag{2-101}$$

或

$$\left(p+\frac{a}{V_m^2}\right)\left(V_m-b\right)=RT \tag{2-102}$$

这就是用来描述 1mol 实际气体的状态方程，称为范德瓦耳斯气体状态方程。对于 p 趋于零的状态，气体分子自身的体积可忽略，即 b 为零，此时分子间距离大于 r 因而 a 也很小，式(2-102)就成为了理想气体的状态方程。

2.3.4 气穴相与颗粒聚团两相共存

由 2.2 节可知，在从气固密相的鼓泡流化床到稀相的输送床的宽操作气速范围内，气穴相与颗粒聚团是稳定存在的两相。我们意识到这意味着原本气固均匀分布的拟均相状态在这里是一个亚稳态的解，其对应着固体颗粒体积分数小的气穴相和固体颗粒体积分数较大的颗粒聚团这两个气固非均匀的稳定解。因此，我们将气固相分离的问题抽提成为拟均相稳定性的判断，寻找气固相分离的边界可归纳为分析气固拟均相失稳的临界点。在本节中，借鉴真实气体状态方程即范德瓦耳斯方程，从热力学角度构建气固拟均相状态方程，进而通过分析气固拟均相解的稳定性来判定气穴相与颗粒聚团在大操作范围内两相共存的机制。范德瓦耳斯方程描述实际气体状态方程偏离理想状态的核心是考虑了分子的体积以及分子碰撞带来的耗散(内压强)。在一定温度和压力条件下，气体分子的均匀状态和其对应的气态与液态从数学稳定性的角度变成了多重定态，可基于 2.3.1 节的李雅普诺夫稳定性方法判断三个解的稳定性。在本节，我们借鉴范德瓦耳斯方程，将 2.2 节中给出的气穴相与颗粒聚团这两相关联起来，充分考虑颗粒的体积分数以及颗粒之间的非弹性耗散。进一步地，本节通过在直径为 300mm 的冷态流化实验中，验证所提出范德瓦耳斯方程的概念。

1. 模型构建

范德瓦耳斯方程是从气体分子尺度发展而来的，这是为了校正理想气体方程，以便将其应用于实际气体。为了考虑气体分子所占据的体积，范德瓦耳斯提出用理想的气体方程式中的 V-b 代替理想气体方程中的比容。 理想压力也被 $P+a/V^2$ 代替。常数 b 是粒子的体积，常数 a 是吸引力的度量。与气体分子的主要区别在于固体颗粒在碰撞时动能耗散是显著的。因此，必须连续提供能量以维持流态化。在流化床中，能量通过气体分布器中的气体注入。当动能损失足够大时，流体力学会预测自发对称性破裂，类似于范德瓦耳斯类似的相分离现象[8]。因此，应保持 $P+A/V^2$ 项，这里的常数 A 是簇的动能损失的量度。气固两相流动的比容用项 V-B 表示，常数 B 是固体的体积。此外，温度的作用应由气固两相流的能量损失来承担，在本研究中，我们仍使用术语“气固两相流温度 T”来表示能量损失。

整个流化床的总耗散是固体颗粒雷诺数 Re 和伽利略数 Ga 的函数。因此，范德瓦耳斯方程为

$$(P+\frac{A}{V^2})(V-B)=RT \tag{2-103}$$

其中

$$T=f(Re_{\mathrm{p}},Ga) \tag{2-104}$$

在式(2-103)中，A 和 B 分别是相压力和相体积的修正系数；式(2-104)说明颗粒温度是颗粒雷诺数 Re 与伽利略数 Ga 的函数。这样，气固拟均相流中的相压力、体积以及颗粒温度得以通过类范德瓦耳斯状态方程联系起来，更为重要的是，该状态方程考虑了多个颗粒碰撞所带来的耗散量。基于麦克斯韦关系式，气固拟均相流负可压缩性区域内是亚稳态。因此，基于李雅普诺夫稳定性分析，气固拟均相流分相的临界点应为相压力与相体积一阶与二阶导数同时为零的状态

$$\left(\frac{\partial P}{\partial V}\right)_{T_{\mathrm{c}}}=0$$

$$\left(\frac{\partial^2 P}{\partial V^2}\right)_{T_{\mathrm{c}}}=0 \tag{2-105}$$

式(2-105)中 T_{c} 为临界颗粒温度，因此若是能够通过实验得到不同操作条件下不同固体颗粒气固拟均相流失稳的临界点，即可通过范德瓦耳斯方程拟合得到相压力与相体积参数：

$$A=\frac{27}{64}\frac{RT_{\mathrm{c}}}{P_{\mathrm{c}}}$$

$$B=\frac{RT_{\mathrm{c}}}{8P_{\mathrm{c}}} \tag{2-106}$$

这里将上述相压力、颗粒温度和体积都对临界状态下的临界压力、临界温度和临界体积作比得到无因次的形式，那么式(2-103)可写为

$$(\tilde{P}+\frac{3}{\tilde{V}^2})(3\tilde{V}-1)=8\tilde{T} \tag{2-107}$$

其中

$$\tilde{P}=\frac{P}{P_{\mathrm{c}}},\ \tilde{V}=\frac{V}{V_{\mathrm{c}}},\ \tilde{T}=\frac{T}{T_{\mathrm{c}}} \tag{2-108}$$

2. 实验与测量

以下通过气固冷态实验验证上述模型对于气固拟均相流失稳以及气穴相与

颗粒聚团两相共存的稳定性分析。使用不同固体颗粒床层高度作为相压力的控制，通过不同表观气速与固体颗粒性质来描述不同颗粒温度。通过压力波动来分析两相(气穴相与颗粒聚团)特征，并验证范德瓦耳斯方程来描述相分离。实验用的冷态流化床为 300mm 内径和高 3.5m 的有机玻璃圆柱，顶端设置过滤器防止固体颗粒被气体带出，这样可在实验过程中使夹带的颗粒连续返回床层。底部是开孔率为 0.5%和孔直径为 1 mm 的板式分布器。流化气体为空气，使用转子流量计测量空气流速。为了防止静电对流化床流动的影响，将流化床用铜线包裹并接地。固体颗粒的密度为 2000 kg/m^3，但其粒径不同：一种是 Geldart A 类颗粒，平均直径为 75 μm；另一种是 Geldart B 类颗粒，平均直径为 240 μm。表 2-4 为实验的操作变量及其范围。

表 2-4　验证实验所涉及的结构与操作参数

变量	参数范围
静床高/cm	60, 90, 120, 150, 180
表观线速/m/s	0.05,0.1, 0.2, 0.3, 0.4, 0.5
颗粒直径/μm	75, 240

压力脉动通过压力传感器测量，探头为直径 4.5 mm 的不锈钢管可有效减少探头对压力脉动的扰动，其尖端覆盖有 10 μm 的金属丝网以防止固体颗粒进入测量管。压力测量采用 200 Hz 的采样频率，该频率已远高于流化床压力波动功率谱中观察到的主要频率，所有测量的采样时间均为 120 s；通过不同区域压力脉动平均振幅的比较讨论流化状态的均匀性；通过不同固体颗粒床层高度改变相压力，通过不同固体颗粒直径改变颗粒温度。

3. 相压力的影响

气固流化床因其优异的流动性和传递能力而广泛应用于化工、制药、冶金等工业领域，上述优异的性质均来源于气固强烈的相互作用。由 2.2 节分析可知，气固的混合效率取决于气固分相后的固体颗粒体积分数较小的气穴相与固体颗粒体积分数较大的颗粒聚团间的相互作用。我们已经基于范德瓦耳斯方程给出描述气固拟均相流的框架，并可通过稳定性分析知悉其分相的限度。首先，通过实验验证相压力的影响。由于调整流化床气相的压力会显著改变气体密度，要想保证温度和气速都一致是较为困难的。因此，这里使用不同固体颗粒床层高度来进行相压力的调控。

通常，对于聚式流态化，其特征在于两相的共存：固体颗粒体积分数较低的“气穴相”，以及固体颗粒体积分数较高的“颗粒聚团”。Lin 等[1]基于瞬态相密度信号分析研究了气固流化过程中的两相结构并阐述了其概率密度函数的双峰分布(PDF)。在适当的床层高度和表观气速下，气穴相与颗粒聚团均匀共存。但是，相压力梯度较大即固体颗粒床层较高的情况下，无法将更多的气体包含在空隙或簇中，而必须通过流或段塞逸出。因此，气体流和团状流都是严重的不均匀的气固两相流，现象的本质是空隙和团簇相分离。气固流动本质上远离热平衡，并且在许多方面类似于经典的范德瓦耳斯状态方程所描述的气液转变，其中对于低于临界温度的温度，存在一个密度范围。图 2-8(a)为固体颗粒静床高度为 180cm 的 Geldart B 类颗粒在流化床分布器上方 60 cm、120 cm 和 180 cm 截面四个径向位置处测量的 120 s 压力波动的平均振幅。在气固拟均相流化床中，同一截面上压力脉动振幅的大小不应随径向方向而变化。压力波动的测量值在 60 cm 和 120 cm 处相差不大，但是径向四个位置的压力脉动振幅差异在 180 cm 床中非常明显。因此，证实了含有 Geldart A 组颗粒的深层流化床中气流的现象。图 2-8(b)为流化床静床高分别为 60 cm、120 cm 和 180 cm 在气体分布器上方 40 cm 的轴向位置的压力脉动，其中表观气体速度为 0.2 m/s 以及固体颗粒为 Geldart B 类颗粒。随着固体颗粒床层高度的增加，压力脉动幅度明显增加而频率减小。在固体颗粒床层超过 120 cm 处开始出现显著的气泡聚并，影响了均匀流化。两项实验均表明，较高的固体颗粒床层会导致气固的非均匀分布，甚至出现节涌状态。

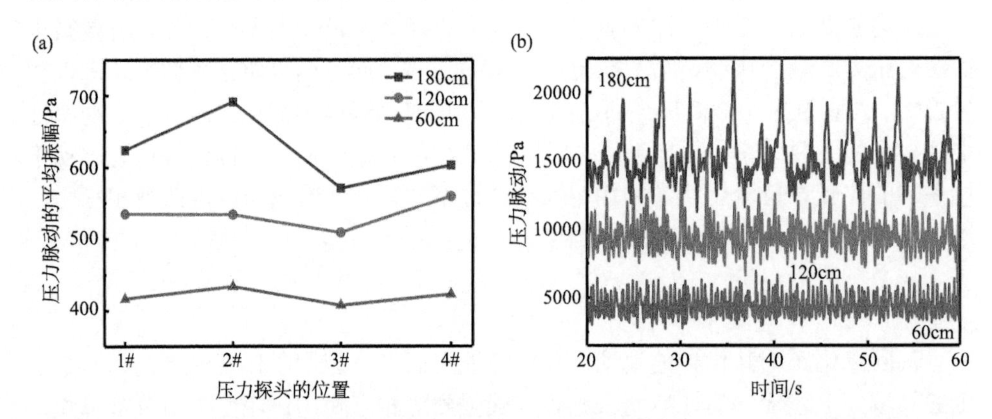

图 2-8　(a)在四个径向方向上 Geldart B 类颗粒流化床气体分布器上方 40cm 处 120s 的压力脉动平均振幅；(b)不同固体颗粒床层高度(180cm、120cm 和 60cm)下 Geldart B 类颗粒流化床气体分布器上方 40cm 处 120s 的压力脉动，表观气速为 0.2m/s

图 2-9 为 $T = 0.9T_c$ 的稳态无量纲压力 P 与无量纲体积 V 的关系。由于气固拟均相流处于负压缩性区间是不稳定的，其会自发产生气穴相与颗粒聚团的相分离。气穴相与颗粒聚团的比容随着颗粒床层高度的增加而降低，这是由于增加的压头从 $0.5P_c$ 到 $0.6P_c$。因此，颗粒聚团可以在某个深度达到足够高的值，以使得在床

层中由分相状态重新回到散式区即气固拟均相。此外，气穴相的比容显著减小，这意味着气固两相流不能包含足够的气体，多余的气体必须通过气泡逸出。因此，由于深床层引起的高压改变了相分离的性质，并且降低了固体颗粒体积分数促进了气穴相的快速长大进而形成节涌或短路。从动力学演化中可推断，气泡的直径会显著增大最终达到近似于流化床直径，进而形成节涌破坏流化床的稳定操作，也会使得反应物与固体催化剂接触不良转化率下降。在大型的汽提器中同样出现不均匀分相情况，Particulate Solid Research Inc.(PSRI)在直径为2.5 m，静床高为5m的Geldart A类颗粒流化床中也发现了显著的非均匀分相[9]。

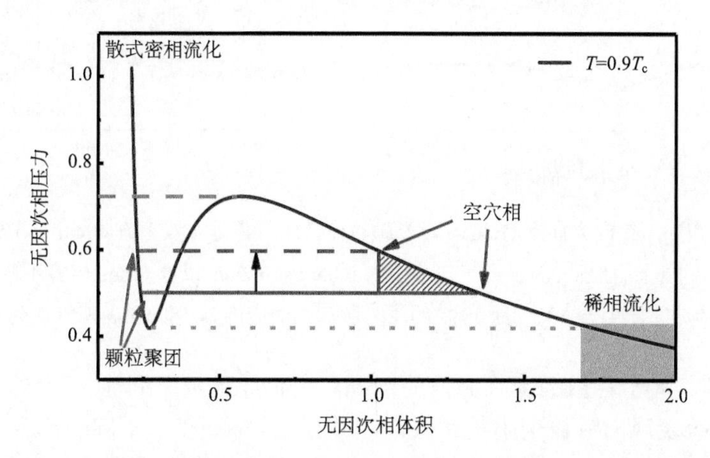

图2-9 稳态下无因次相压力与无因次相体积的定量关系，其中T=0.9T_c

4. 颗粒温度的影响

进一步通过使用不同类型的颗粒来调变颗粒温度，Geldart A类颗粒由于颗粒温度较高，相对来说分相程度比Geldart B类颗粒弱。这样，在更大程度上气穴相中所包含的固体颗粒更多而在颗粒聚团中其持气量就更大。图2-10(a)为在40 cm截面径向方向1#至4#压力波动的平均振幅，其静床高为180 cm和Geldart A类颗粒的表观气速的函数。在高气体速度(较大的气体雷诺数)下可以很好地确定流化状态。与气体雷诺数(Re)相比，固体伽利略数(Ga)对气固流动温度的影响更为显著。图2-10(b)显示了在距分布器40 cm的Geldart A类和B类颗粒测量得到的40 s压力脉动信号，固体颗粒静床高为180 cm，气速为0.2 m/s。当将足够多的低伽利略数的细粉添加到床中时，随着相分离强度的减小，流化质量显著改善。因为增加气体速度和添加细粉会增加气固流动温度，所以团簇和空隙之间的相分离可能会受到损害，这使得较深的床层能够均匀地流化而无需气体旁路。

在气固流动中控制参数是气固耗散系数而不是热力学温度。在热力学平衡中，压力是密度和温度的单调增加函数而气固两相流温度将自身调整为一个固定值，该值由颗粒碰撞时的耗散与分布器处的能量注入之间的平衡确定。固体颗粒温度是固定几何形状和边界条件下比容的增加函数，这一事实暗示了负压缩性触发了

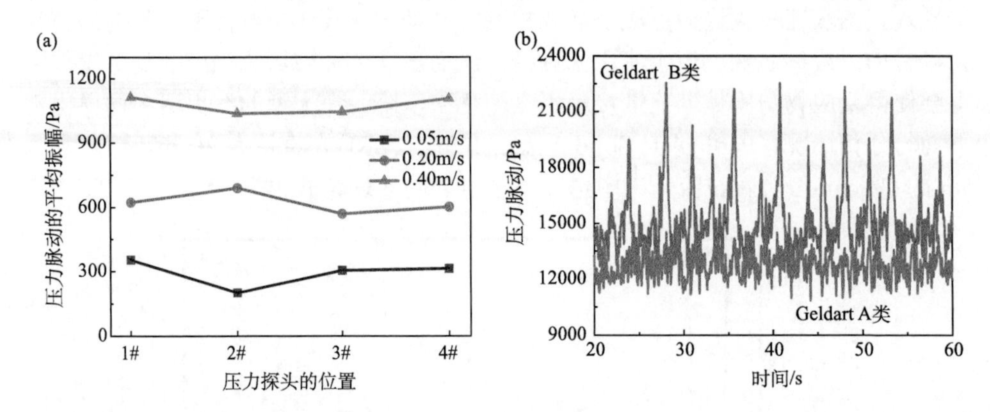

图 2-10　(a)在四个径向方向上 Geldart A 类颗粒流化床气体分布器上方 40cm 处 120s 的压力脉动平均振幅；静床高为 180cm 表观气速分别为 0.05m/s, 0.2m/s 以及 0.4m/s; (b)不同固体颗粒流化床气体分布器上方 40cm 处 120s 的压力脉动，静床高为 180cm 表观气速为 0.2 m/s

相分离机制。对于耗散大于临界值的情况，它将导致负压缩性从而导致拟均相不稳定性：系统表现出颗粒聚团相和气穴相并存，其特征在于不同的比容。如图 2-11 所示，对于深流化床，增加气体由于增加的气体雷诺数或减少的固体伽利略数而导致的固相流动温度会放宽团簇相与空隙相之间的边界，从而使气体进一步扩散到团簇相中。可以清楚地看到，系统在临界点之前保持均匀状态，直到气泡由于密度波动而成核为止。

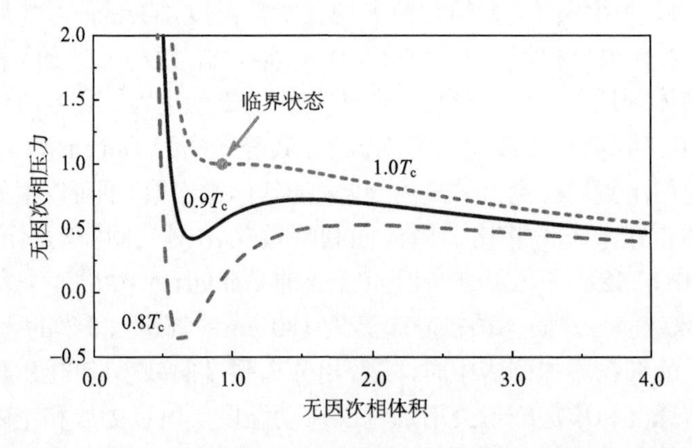

图 2-11　无因次相压力 P 与无因次相体积 V 的关系，其中无因次相温度 T=0.8T_c、0.9T_c、1.0T_c

2.4　相结构与气固返混的定量关系

正如第 1 章所述，停留时间分布(residence time distribution, RTD)是化学工程领域中描述流体停留在连续流系统中的时间概率分布[10]。通常，没有返混的平推流反应器(PFR)和具有完全混合的连续搅拌釜反应器(CSTR)是两种典型的极端情况。在气固多相系统中，由于引入了固体颗粒相，实际的 RTD 曲线通常介于两个极端之间。为了定量描述偏离理想流动的程度，以下使用一维轴向返混模型进行描述，即在理想平推流中叠加轴向扩散：

$$\frac{\partial c}{\partial t}=D_{\mathrm{a}}\frac{\partial^2 c}{\partial z^2}-U_{\mathrm{g}}\frac{\partial c}{\partial z} \tag{2-109}$$

其中，c 是系统中组分浓度，U_{g} 是表观气速，D_{a} 表示反应器中的轴向扩散系数，变量 t 和 z 分别表示从示踪剂注入点开始的时间和轴向距离。此外，可以用无因次数佩克莱数定量地描述返混程度，其定义如下：

$$Pe_{\mathrm{a}}=\frac{U_{\mathrm{g}}z}{D_{\mathrm{a}}} \tag{2-110}$$

此处，佩克莱数的范围是 0 到+∞。如图 2-12(a)所示，佩克莱数越高则表示返混程度越小。如图 2-12(b)所示，由于返混带来的 RTD 宽峰或长尾对一级反应过程的传递推动力产生负面影响。

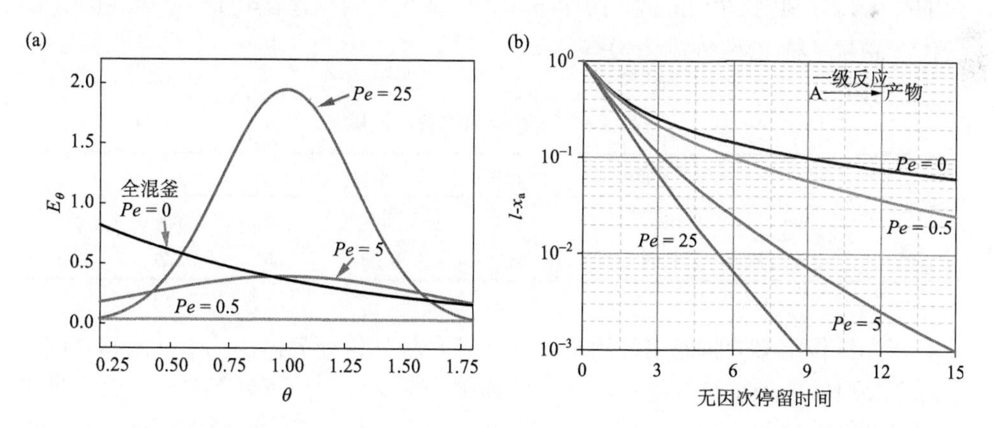

图 2-12　(a)不同佩克莱数对应的无因次停留时间分布；(b)达到一定转化率时不同佩克莱数所需的停留时间

各类示踪剂检测技术广泛应用于测量多相系统的 RTD，可分为瞬态和稳态两种测量方法。其中，瞬态在线检测需直接记录来自探针的示踪剂光、热或电信号，需要快速的样品采集、信号转换和数据存储过程；对于稳态示踪手段，通常使用的示踪气体为 H_2、CO_2、Ar、He 或 CH_4。Nauman [11]对 RTD 理论及其在气固流化中的应用进行了综述。另一方面，随着计算流体动力学(CFD)的发展，通过数值模拟也可以研究气固流化床中的返混行为。

尽管基于实验或是模拟对气固流化床内停留时间分布的描述工作已经较为深入，但基于气固相互作用机理的 RTD 预测模型还较少。 在本节，将基于二维扩散模型描述轴向和径向的返混，通过气体示踪技术获得佩克莱数，使用光纤探测器测量固体颗粒体积分数，在此基础上定量分析颗粒体积分数对气固返混的影响。此外，基于爱因斯坦扩散方程和活化能概念的引入，建立了流化床气体返混预测模型，为流化床调控气固返混提供指导原则。

2.4.1 气固相浓度与返混的测量

本节研究使用的气固流化床如图 2-13 所示，它由有机玻璃筒体(内径 474 mm、高 7m)和旋风分离器组成。其中，使用带有 25 个不锈钢管(内径 5.6mm)的管式分布器(开孔率为 0.68%)来确保气固分布均匀性。内径为 6 mm 的采样管的位置距离分布器为 119 mm、241 mm、361 mm、361 mm、541 mm、674 mm、790 mm、906 mm、1091 mm、1299 mm、1455 mm、1884 mm、2561 mm 和 3188 mm，也可用于定位光学探测器。不锈钢丝网过滤器固定在采样管的头部以防止细颗粒进入测量管。该实验中的固体颗粒是工业 FCC 催化剂，其性能列于表 2-5。固体颗粒的静床高分别为 580 mm 和 1070 mm。气体的表观气速在 0.38～0.95 m/s 之间变化，涵盖了稀/密两种流化状态。

表 2-5 实验使用的颗粒性质

	颗粒直径	真密度	堆密度	U_t	U_{mf}	U_c	U_{tr}
单位	μm	kg/m^3	kg/m^3	m/s	m/s	m/s	m/s
数值	66	1398	962	0.356	0.002	0.502	1.625

双光纤传感器的瞬态信号用于研究局部颗粒体积分数，在几个轴向和径向位置以 1720 Hz 的频率进行测量，探头的前端为 $2\times2\ mm^2$，可确保测量值合理地表示通过颗粒的体积分数，且不会对流场造成太大干扰。在实验前需要进行标定以确保输出正确的相浓度测量结果，标定中使用了两种不同流化方案：其中包括固含量在 0～0.1 之间的湍动流化床的稀相部分；以及从鼓泡床到湍流流化床操作的流化床的密相部分。密度信号输出 N 和颗粒体积分数之间的非线性关系通过以下关系可以很好地拟合校准曲线：

$$\varepsilon_s = 0.8838 - 1.9389N + 1.6277N^2 - 0.5983N^3 + 0.08358N^4 \tag{2-111}$$

通过稳态液化石油气(LPG)示踪技术检测气体反混。如图 2-13 所示，LPG 示踪剂的流量为 1.5 mm/min，通过内径 6 mm 的管子连续注入流化床中心。示踪剂在分布器上方 790 mm 处注入，并在示踪剂注入上游 116 mm、246 mm、549 mm 和 671 mm 以及下游 116 mm 和 301 mm 处取样。稳定状态下的样品由火焰离子检测器(FID)检测，总浓度由 GC 中的总峰面积表示。由于 FID 对 LPG(～ppb)的高度敏感性，示踪所使用的 LPG 的流量足以准确地测量示踪剂浓度；另一方面，即使在最小表观气体速度(0.38 m/s)下，LPG 的流量也保持在流化空气流量的 0.1%以下，该速度足够小以避免干扰气固流场。为了获得可靠实验数据，应确保稳定的流化时间约 10 min；同时在不同轴/径向位置收集气态样品，并使用出口浓度 C_0 对每个位置的浓度无量纲化。

引入二维扩散模型分别表征轴向和径向扩散系数，在以下假设的基础上，简化了流化床微元的质量平衡：研究区域内气体和固体颗粒是均匀分布的，轴对称浓度分布，稳态和示踪气体的点源连续注入中心线。那么

$$D_a \frac{\partial^2 c}{\partial z^2} + \frac{D_r}{r}\frac{\partial}{\partial r}\left(r\frac{\partial c}{\partial r}\right) - U_g \frac{\partial c}{\partial z} = 0 \tag{2-112}$$

有边界条件

$$\begin{gathered} r = 0,\ \frac{\partial c}{\partial r} = 0 \\ r = R,\ \frac{\partial c}{\partial r} = 0 \\ z = -\infty,\ c = 0 \end{gathered} \tag{2-113}$$

Klinkenberg 等给出解析解：

$$\frac{c}{c_0} = \varphi \sum_0^\infty \frac{J_0(\beta_n \rho)\exp\left[-\xi(-\varphi + \sqrt{\varphi^2 + \beta_n^2}\right]}{J_0^2(\beta_n)\sqrt{\varphi^2 + \beta_n^2}}\ (\xi \geqslant 0) \tag{2-114}$$

以及

$$\frac{c}{c_0} = \varphi \sum_0^\infty \frac{J_0(\beta_n \rho)\exp\left[\xi(\varphi + \sqrt{\varphi^2 + \beta_n^2}\right]}{J_0^2(\beta_n)\sqrt{\varphi^2 + \beta_n^2}}\ (\xi \leqslant 0) \tag{2-115}$$

此处 ξ 为无因次的轴向位置

$$\xi = \frac{x\sqrt{D_r}}{R\sqrt{D_a}} \tag{2-116}$$

J_0 为零阶 Bessel 函数，β_n 为零阶 Bessel 函数的 n 次正根，φ 为无因次速度,

$$\varphi = \frac{UR}{2\sqrt{D_a D_r}} \tag{2-117}$$

ρ 为无因次径向位置, $\rho = r/R$。

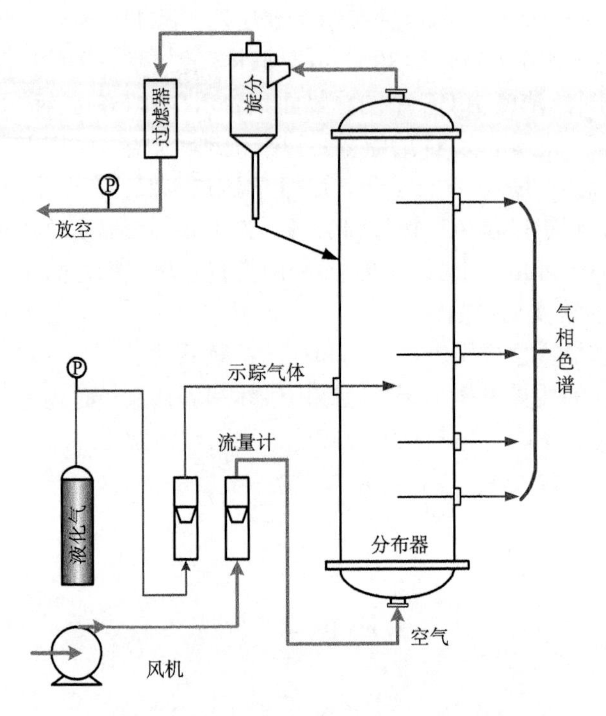

图 2-13　测量气固返混的实验装置示意图

图 2-14(a)为不同表观气速的时间平均颗粒体积分数轴向分布，其中固体颗粒静床高(H_0)为 580 mm。流化床可分为三个部分：密相段，其中颗粒体积分数大于 0.3，并几乎不随高度变化；稀相段，其中固体颗粒体积分数小于 0.1，并且在床层高度上也几乎保持不变；过渡段，在稀相和密相之间，固体颗粒体积分数显著变化。值得注意的是，与不同的颗粒体积分数相比，过渡段的高度在不同的表观气体速度下保持较小的可变性，这表明在湍动流化时气泡直径几乎没有变化，即气泡破碎与聚并之间达到平衡。图 2-14(b)为在密相段和稀相段中，表观气体速度对固体颗粒体积分数的影响：在密相段，固体颗粒体积分数随表观气体速度的增加而降低；在稀相段，由于气流对固体颗粒的夹带，固体颗粒体积分数始终保持小于 0.1，并且随着气体速度的增加而略有增加。在密相段和稀相段，径向固体颗粒体积分数的变化都相对较低并且在中心处平坦而在壁附近更高。在之前的研究中，引入自相似定律来描述不同径向位置的固体颗粒体积分数：

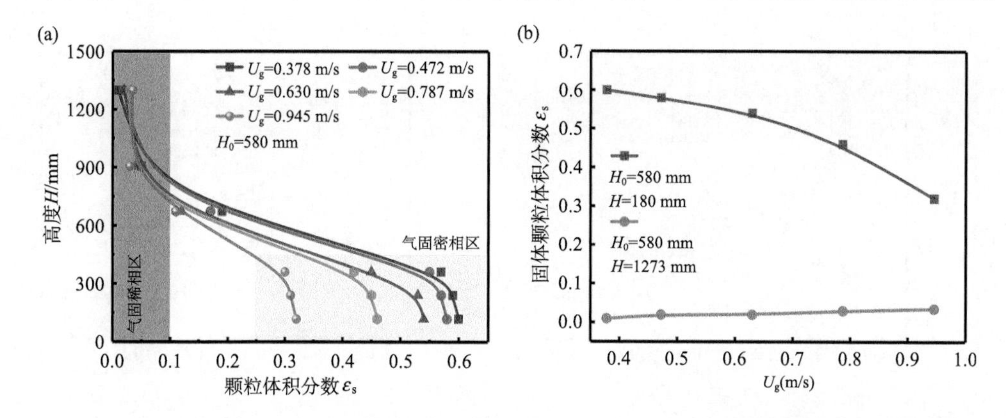

图 2-14　(a)不同气速下固体颗粒体积分数轴向分布；(b)表观线速与固体颗粒体积分数的关系

$$\frac{\varepsilon_s}{\varepsilon_{as}} = 0.908 + 0.276\left(\frac{r}{R}\right)^4 \tag{2-118}$$

图 2-15 显示了不同表观气速的无量纲径向示踪剂浓度分布，其中示踪剂注入位于中心位置 $H = 790$ mm。$Z<0$ 的轴向位置定义为上游状态，$Z>0$ 的位置定义为下游状态。在上游径向浓度分布是平坦的，表明在密相颗粒床层中具有相当大的混合能力。如图 2-15(d)所示，只有当表观气体速度较高时，中心浓度才会变得比壁附近的浓度略大。同时，无论距注入点有多远，上游流态中的浓度都具有相对较高的浓度($C/C_0 \approx 0.7$)，说明存在大量轴向返混。相反，对于下游区域而言，中心的浓度始终较高，而壁附近的浓度较低。随着距示踪注射的距离变长，中心和壁之间的示踪剂浓度之差变小。如图 2-16 所示，过渡段和稀相段中示踪剂浓度分布随局部固体颗粒体积分数而不是表观气体速度变化。与密相段相比，稀相段中较陡的示踪剂分布反映了稀相对气固返混的有效抑制，其中颗粒相仅为密相部分的 1/20。因此，可以得出结论：固体颗粒相的引入是流化床中轴向和径向返混的主要来源。

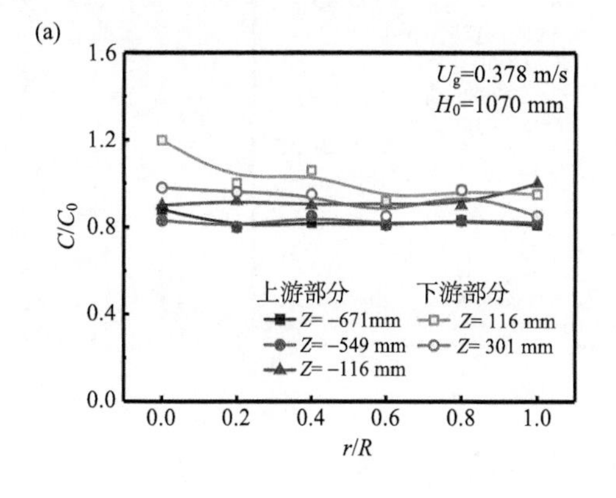

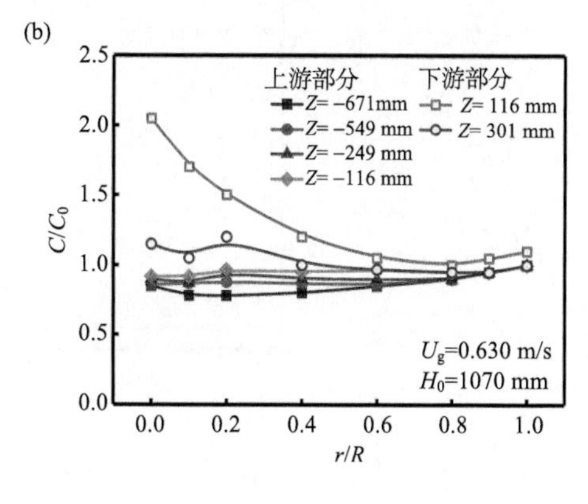

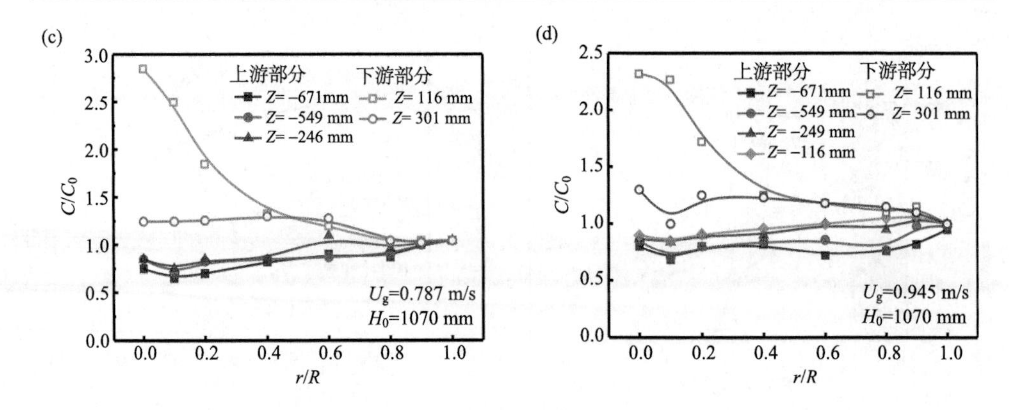

图 2-15　示踪剂浓度分布

(a) U_g= 0.378 m/s; (b) U_g = 0.630 m/s; (c) U_g = 0.787 m/s; (d) U_g = 0.945 m/s

2.4.2　气固流态化中返混的成因

根据返混系数的定义可知，其表达主体流动叠加扩散项后偏离平推流的程度，且在既定操作状态下，与扩散系数呈反比。由 2.4.1 小节实验结果可知，固体颗粒相的引入是影响气体返混的核心。对于一般的流体流动过程，黏度是分子扩散的定量表达。根据爱因斯坦黏度方程[2]，气固多相流的有效黏度(μ_{eff})与固体颗粒体积分数之间存在正相关。爱因斯坦黏度方程是观测布朗运动后推出的稀相固体颗粒范围内有效黏度随固体颗粒体积分数的线性变化函数：

$$\frac{\mu_{\text{eff}}}{\mu_0}=1+\frac{5}{2}\varepsilon_{\text{s}} \tag{2-119}$$

其中，μ_0 是纯流体的黏度。因此，可以基于爱因斯坦黏度方程的形式写一个类似的方程来描述固体颗粒体积分数对佩克莱数的贡献：

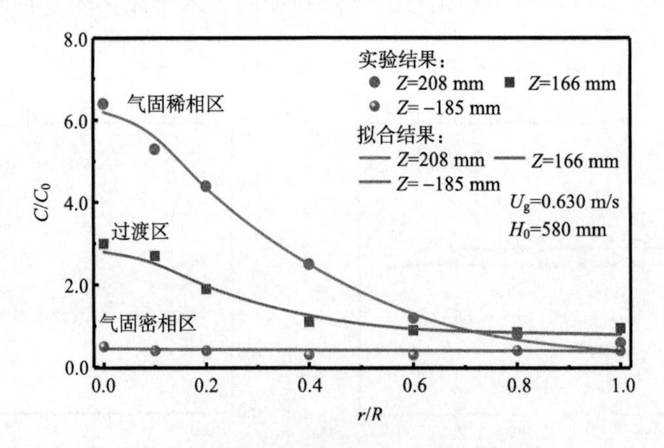

图 2-16　不同颗粒浓度径向示踪气体分布

$$\frac{Pe}{Pe_0} = 1 + f(\varepsilon_s) \tag{2-120}$$

其中，Pe 是轴向或径向佩克莱数，Pe_0 是气固密相流化时的最小值。在气固密相流化中，固体颗粒间频繁的非弹性碰撞使得该体系为典型的远离平衡态的耗散结构，因此 $f(\varepsilon_s)$ 应该为非线性项。

进一步地，引入返混活化能的概念来定量描述该非线性项，即固体颗粒体积分数 $f(\varepsilon_s)$ 的函数。如图 2-17 所示，气体分子沿 z 主体方向进行平推流运动，此时一个气体分子向主体流动方向相反的方向进行跳跃时，其必须克服来流方向的势能垒 E_a，称为返混活化能。通常在没有颗粒相引入的情况下，由于气体分子的反方向跳跃势必需挤占来流分子的空间，其 E_a 是相当大的。这里可以建立气体分子速率方程式，

$$f(\varepsilon_s) = (\frac{a}{\delta})\frac{\kappa T}{h}\exp(-E_a / RT) = k\mathrm{e}^{C\varepsilon_s} \tag{2-121}$$

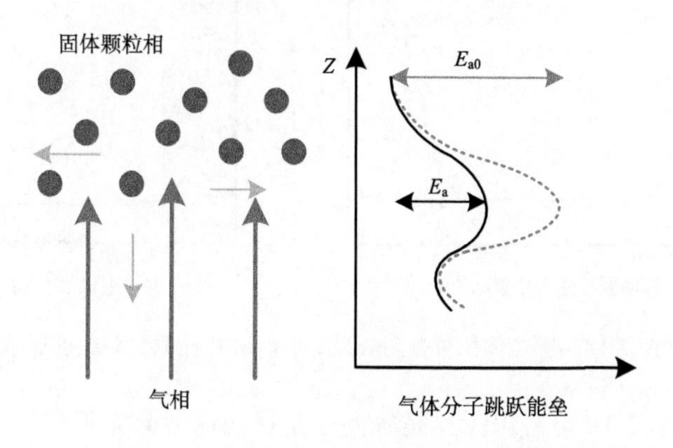

图 2-17 气固返混与活化能模型示意图

其中，κ 和 h 分布为玻尔兹曼常数和普朗克常数，R 是摩尔气体常数；k 和 C 是经验系数。这里假设每个跳跃长度为 a，分子出现频率为 v，并认为速度分布在两点之间的很小距离 δ 上是线性的，因此将 δ/a 设置为 1。此外，由于引入了固体颗粒相，气体分子反主体流动方向的跳跃速率显著增加。其微观物理机制为：颗粒相的引入会有效破坏原先主流相中分子规则的分布，大幅降低了其返混所需的活化能。如图 2-18 所示，基于实验结果可拟合出轴向佩克莱数与固体颗粒相体积分数的定量关系式为

$$Pe_a = 0.17 + 1.43\mathrm{e}^{-20.32\varepsilon_s} \tag{2-122}$$

其中，Pe_{a0} 为 0.17 而 k 为 8.31。径向佩克莱数为

$$Pe_r = 3.90 + 32.38\mathrm{e}^{-41.89\varepsilon_s} \tag{2-123}$$

其中，Pe_{r0} 为 3.90 而 k 为 8.31。图 2-18 为不同表观气体速度下轴向与径向佩克莱数与固体颗粒体积分数的关系。在固体颗粒体积分数大于 0.3 的密相段中，在大范围的气体速度下，轴向佩克莱数均小于 0.4，表明存在明显的返混。因为在此部分中，固体颗粒的运动主导着气固流化状态，所以气流对返混的贡献是有限的。正如之前所讨论的，剧烈的返混会引起 RTD 相对于平推流的偏离，这极大限制了高选择性制备中间产物。对于过渡段和稀相段，轴向和径向佩克莱数都随着固体颗粒体积分数的减少而急剧增加。由于固体颗粒分数小于 0.1，因此固体颗粒相对流动的贡献将降低，与此相对应气体湍动的影响将变得重要。此外，Pe_r 在 0.1～1 范围内，而轴向佩克莱数在 5～25 的范围内，这表明在流化床中提高转化率或中间产物选择性更为有效的方法是抑制轴向返混。

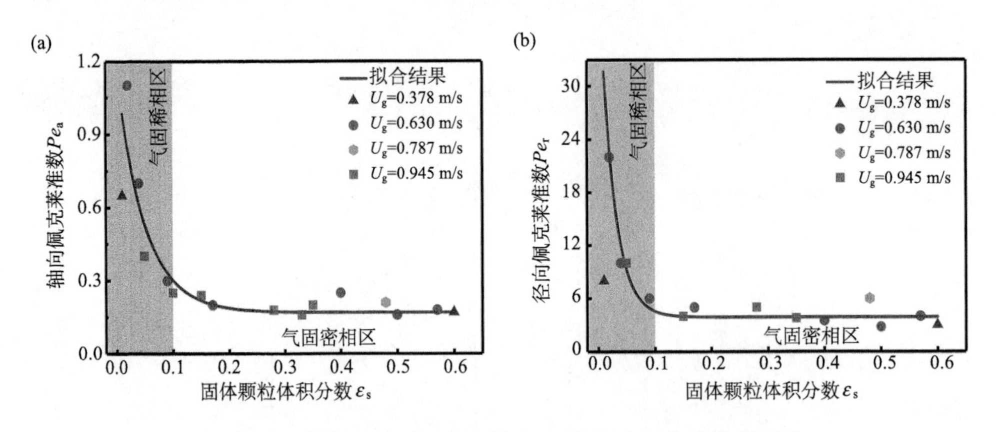

图 2-18　颗粒体积分数对 (a) 轴向和 (b) 径向佩克莱数的影响

此外，从图 2-18 可看出无论是轴向还是径向返混佩克莱数，其都是随着固体颗粒相体积分数的增大而呈指数型下降的，非常符合基于活化能的速率方程表达式。另一方面，Pe_{a0} 和 Pe_{r0} 之间的显著差异（一般径向 Pe 比轴向 Pe 高一个数量级）可以通过重力的贡献来解释，此时不仅固体颗粒会扭曲主体流动的流场进而获得更多空间方便气体分子反方向的跳跃，且固体颗粒顺重力的气固滑移为气体分子向后跳跃提供了通道。对于上述关系式是针对 Geldart A 类颗粒，参数 k 是常数，是一个指前因子，取决于气固多相流的性质。可将 k 视为 Richardson-Zaki 方程的膨胀系数 n 的函数。可将此关系式推广至 Geldart B 类和 C 类颗粒体系。式 (2-122) 和式 (2-123) 为抑制流化床反应器中的返混提供了简单有效的指导原则：可以通过折流板或（和）多孔板建立相对稀相段，该部分内容将在第 4 章详细讨论。

2.5 本章小结

第2章围绕气固两相流的相结构特征，首先通过光纤密度探头在从气固密相鼓泡床到稀相输运相当宽的相密度范围内测量气穴相与颗粒聚团的特征，并分析其两相的相互作用；在此基础上，从热力学角度构建范德瓦耳斯方程，并通过李雅普诺夫稳定性理论揭示其在气固两相流中普遍共存的原因：气穴相与颗粒聚团是气固拟均相这一亚稳态在一定条件下对应的两个稳定相态；最后，基于爱因斯坦扩散方程给出了气固相结构对流化床反应器停留时间分布影响的定量关系式，进而指导如何通过改变气固相结构精准调控流化床反应器内的RTD。具体结论如下：

采用双光路光纤密度探头测量FCC颗粒体系中局部固体颗粒体积分数，对局部固含瞬态信号的概率密度分析表明，气固流化床中存在稳定的微观两相结构单元：气穴相和颗粒聚团，对应着固体颗粒体积分数概率密度曲线的双峰分布。气穴相和颗粒聚团在空间与时间尺度上的相互作用机制形成了流态化主要流域中的气固流动现象；气穴相以气体连续相为特征，固体颗粒体积分数较低，概率密度分布符合对数正态分布；颗粒聚团以颗粒连续相为特征，固体颗粒体积分数较高，概率密度分布符合正态分布。气固密相流化域中颗粒聚团为连续相，气穴相为分散相，颗粒聚团在空间尺度分布均匀而两相相互作用主要体现为时间尺度的不均匀；气固稀相流化域中，气穴为连续相、颗粒聚团为离散相，两相结构受壁面影响强烈，两相空间分布极不均匀而时间尺度相对均匀；在稀密相转变状态，颗粒聚团与气穴相处于相互作用均衡状态，两相空间分布较均匀、时间尺度湍动最大，传递混合效果好。

引入耗散熵定量描述固体颗粒床层耗散，并通过李雅普诺夫直接法分析气固拟均相的本征不稳定性，并与文献实验数据进行对比分析。基于范德瓦耳斯方程考虑固体颗粒非弹性碰撞带来的耗散，证明气固两相拟均相在一定条件下处于亚稳态的负可压缩性，会自发形成固体颗粒体积分数较小的气穴相和固体颗粒体积分数较大的颗粒聚团。通过实验系统研究了不同相压力和颗粒温度对气固分相的影响，验证了类范德瓦耳斯方程所给出气固两相共存的分析。

基于二维扩散模型描述停留时间分布(RTD)，并根据轴向和径向佩克莱数定量表示气固流化床中的返混；通过LPG示踪法获得了轴向和径向佩克莱数，并通过双光纤探头测量固体颗粒体积分数，并在密相与稀相范围内探究表观线速对颗粒体积分数的影响。建立了基于爱因斯坦扩散方程和引入势能垒概念的扩散模型，可有效表达颗粒相密度对佩克莱数的影响，为通过调控气固相结构抑制流化床反应器内返混提供理论基础。

参 考 文 献

[1] Lin Q, Wei F, Jin Y. Transient density signal analysis and two-phase micro-structure flow in gas-solids fluidization. Chemical Engineering Science, 2001, 56(6): 2179-2189.

[2] Zhang C, Li S, Wang Z, et al. Model and experimental study of relationship between solid fraction and back-mixing in a fluidized bed. Powder Technology, 2020, 363: 146-151.

[3] Baxter G W, Olafsen J S. Gaussian statistics in granular gases. Nature, 2003, 425(6959): 680.

[4] Zhang C, Li P, Lei C, et al. Experimental study of non-uniform bubble growth in deep fluidized beds. Chemical Engineering Science, 2018, 176: 515-523.

[5] Zhang C, Qian W, Wei F. Instability of uniform fluidization. Chemical Engineering Science, 2017, 173: 187-195.

[6] Zhang C, Wang Q, Jia Z, et al. Design of parallel cyclones based on stability analysis. AIChE Journal, 2016, 62(12): 4251-4258.

[7] Nishimori H, Ortiz G. Elements of Phase Transitions and Critical Phenomena. Oxford: Oxford University Press, 2010.

[8] Argentina M, Clerc M G, Soto R. Van der Waals-like transition in fluidized granular matter. Physical Review Letters, 2002, 89(4): 4-7.

[9] Zhang C, Xu Q, Bourane A, et al. Stability analysis of gas-solid distribution through nonidentical parallel paths. Industrial and Engineering Chemistry Research, 2020, 59(14): 6707-6715.

[10] Nauman E B. Residence time theory. Industrial and Engineering Chemistry Research, 2008, 47(10): 3752-3766.

[11] Gao Y, Muzzio F J, Ierapetritou M G. A review of the residence time distribution (RTD) applications in solid unit operations. Powder Technology, 2012, 228: 416-423.

第3章　气固两相流的超可压缩性

3.1　引　　言

第2章对气固拟均相流进行稳定性分析，发现处于亚稳态的气固拟均相流会自发分成两相：固体颗粒体积分数较高的颗粒聚团和固体颗粒体积分数较低的气穴相;通过实验验证上述颗粒聚团和气穴相在很宽的操作气速下均能够稳定存在，进而奠定了气固自发分相的热力学基础；在此基础上，借鉴爱因斯坦方程和活化能的概念定量描述气固相结构对气固流化床反应器内停留时间分布的影响，给出通过控制气固分相进而调变流化床反应器产品分布的指导方案。

如图3-1(a)所示，理想不可压缩变截面管流遵循伯努利方程[1]，即当孔道截面减小则流速加快，例如文丘里流量计以及水库放水的过程；然而如图3-1(b)所示固体颗粒流过孔的典型特征是流量减小甚至发生噎塞的现象[2]，如过收费站时出现的交通拥堵现象，颗粒流的噎塞现象与高马赫数流的特征一致[3]；此外，如图3-1(c)所示固体颗粒流圆柱绕流会形成类似高马赫数流的脱体激波[4]，而非卡

图3-1　(a)不可压缩流过孔加速现象；(b)可压缩流过窄孔噎塞现象；(c)颗粒流圆柱绕流脱体激波现象

门涡街。因此，本章抓住颗粒流与高马赫数流的相似性[5]，充分考虑气固两相流可压缩性对气固相结构的影响，在此基础上借鉴低温物理“超流体”的框架提出“超可压缩流”，并基于朗道准粒子模型解释气固密相流态化中优异的流动和传递性能。

马赫开创性的工作揭示了当扰动在连续介质传播比声速更快时，流体的压缩性将变得尤为重要，此时会导致激波的形成。虽然颗粒流的可压缩性很早就被学者观察到，但真正引起大家关注的还是从 Rericha 在 2001 年 *Phys Rev Let*.上的工作开始[3]。由于连续性流体的显著特征是能够准确描述激波的形成，因此，尽管气固两相流体系具有本征非线性且远离平衡状态，但将其看作可压缩的连续流体仍是合理的。这一观点的提出极大促进了对气固两相流可压缩性的数值模拟与实验研究[6]。如式(3-1)所示，声速不仅是气固两相流可压缩性的量度[1,3]，同时也是温度的函数：

$$a_{\mathrm{g}}^2=\left(\frac{\partial p}{\partial \rho_{\mathrm{g}}}\right)_{\mathrm{s}}=\gamma RT \tag{3-1}$$

标况下理想双原子气体的声速是 340 m/s；对于气固两相流，由于颗粒之间的强耗散使得“颗粒温度”远低于气相温度，正如前述“过冷”颗粒流的可压缩性是显著的。因此，随着颗粒相的加入，气固两相流的平衡声速会显著下降。因此，低颗粒声速也意味着体系的颗粒温度非常低，这也是其能够体现类似低温物理中“超流”的特性，是显著的宏观量子效应。

3.2 节首先介绍单相可压缩流的控制方程，从波动方程出发引入声速以及马赫数的概念，并给出可压缩一维变截面和圆柱绕流的数学描述方法；3.3 节在此基础上将可压缩的数学框架延伸至气固拟均相流，定量描述固体颗粒相的引入对流体可压缩性的贡献；3.4 节充分考虑气固两相的松弛过程，构建了考虑颗粒流强可压缩性的气固双流体模型；3.5 节围绕气固密相流化的优异流动性和高效的导热能力，基于类超流的低温物理特性提出“超可压缩流”的概念，并在朗道准粒子模型的基础上建立完整的数学框架。

3.2　单相可压缩流

3.2.1　无黏可压缩流的控制方程

在单相流中，气体的强可压缩性体现为压力波动跟不上流体流动速度造成的压力波积累进而对相密度造成的强烈影响。因此，单相可压缩流主要围绕在小范围空间尺度上做高速运动的流体。基于如下假设给出流体的控制方程组：流体密度是受相压力调变的；忽略流体的黏性；流动是等熵的。在这里，等熵过程假设是值得强调的，由于高速的流动致使压力对流体显著变化发生的时间尺度很短，因而可认为流动过程是绝热的即热松弛过程是显著的。这样，在流动参量连续变化的区域中，无黏性绝热的流动过程可合理简化为等熵过程。在上述假设的基础上，流场不断变化区域中无黏性可压缩流体运动的连续方程为

$$\frac{\mathrm{D}\rho_{\mathrm{g}}}{\mathrm{D}t}+\rho_{\mathrm{g}}\nabla U_{\mathrm{g}}=0 \tag{3-2}$$

运动方程为

$$\frac{\mathrm{D}U_{\mathrm{g}}}{\mathrm{D}t}=-\frac{1}{\rho_{\mathrm{g}}}\nabla p_{\mathrm{g}} \tag{3-3}$$

上述连续方程和运动方程组并没有封闭；此时需补充物性方程，即完全气体的状态方程

$$p_{\mathrm{g}}=\rho_{\mathrm{g}}RT_{\mathrm{g}} \tag{3-4}$$

由于流动是等熵过程，则完全气体的等熵方程为

$$p_{\mathrm{g}}=c_{\mathrm{g}}\rho_{\mathrm{g}}{}^{\gamma} \tag{3-5}$$

在此基础上的定解条件为：一般给出 $t=t_0$ 时刻的初始条件速度 $U_{\mathrm{g}0}$ 以及压强 p_{g}、密度 ρ_{g} 和温度 T_{g} 中任两个参量的分布。对于定常流动，则不存在初始条件的问题；对于边界条件，在固体壁面上要给出速度和温度条件。对于无黏性流体来说，流体在固壁上的法向速度应等于固壁运动速度的法向分量，即

$$(U_{\mathrm{g}}\cdot\nabla F)_{\mathrm{w}}=-\frac{\partial F}{\partial t} \tag{3-6}$$

固壁上的温度条件通常有两种：

① 无温度突跃条件，即固壁表面上流体的温度应该等于固壁表面的温度

$$T_{\mathrm{w}}=T_0(x,y,z;t) \tag{3-7}$$

其中，T_0 为物体表面的温度。

② 绝热条件，即流体和固壁间没有热传导。由于热传导是依赖于温度梯度的，因此这一条件意味着流体在固壁表面上的温度梯度为零，即

$$\frac{\partial T}{\partial n}_{\mathrm{w}}=0 \tag{3-8}$$

式(3-2)～式(3-8)系统给出了无黏性可压缩流体运动的基本方程组以及定解条件。值得强调的是，上述控制方程均为微分形式，因此仅适用于流动参量连续的区域。当流场不连续时(例如遇到激波)，流动参量会在某些界面上产生突变，基本方程将要采用积分形式解决流动参数突变的问题。

3.2.2 压力波与波动方程

本节探究压力波的性质及其在流体中传播的规律。在气体介质中波动方程的显著特征是具有一个意义明确的波速 a_g；由于和波的运动相比，物质运动的振幅是小的，则动力学方程适用叠加原理，因此可用线性方程描述。波动方程是声学的基本方程，它是以无黏性与非定常导数相比迁移导数(空间尺度波动比时间尺度振幅大得多)可忽略这两个重要近似为根据的[7]。这里假设气体介质初始状态为具有均匀的参数 ρ_0、p_0 和 $U_0=0$ 的静止状态；声运动使得均匀状态发生偏差，这就是所谓的压力小扰动；于是瞬时的局部密度 ρ 可表示为静止状态叠加小量

$$\rho=\rho_0+\Delta\rho \tag{3-9}$$

其中，小扰动 $\Delta\rho \ll \rho_0$；相应瞬时速度可写为

$$U=0+\Delta U \tag{3-10}$$

基于上述等熵假设，比熵在空间和时间尺度上均为定值 $S=S_0$。这意味着热力学状态有一个热力学自由度，具体来说，$p=f(\rho)$，而压强扰动 p 由泰勒展开给出

$$p=\left(\frac{\partial p}{\partial \rho}\right)_s(\rho-\rho_0)+\frac{1}{2}\left(\frac{\partial^2 p}{\partial \rho^2}\right)_s(\rho-\rho_0)^2+\cdots \tag{3-11}$$

通过能量方程可对声的能量传递过程做更为普遍的表述，在任一瞬间每单位流体质量的能量是 $e+U^2/2$。基于 $e(U,S)$ 的泰勒展开计算内能 e：

$$e_g-e_{g0}=\left(\frac{\partial e}{\partial U}\right)_S(U-U_0)+\frac{1}{2}\left(\frac{\partial e}{\partial U}\right)(U-U_0)^2+\cdots \tag{3-12}$$

由于 $\left(\frac{\partial e}{\partial U}\right)_S=-p$ 和 $U-U_0=\left(\frac{\partial U}{\partial p}\right)_S p+\cdots$ 则可得到单位的流体能量为

$$e+\frac{U^2}{2}=e_0-p_0(U-U_0)\frac{p^2}{2\rho_0^2a_0^2}+\frac{U^2}{2}+O(p^3) \tag{3-13}$$

仅保留至二阶项，此时无黏性运动的能量方程为

$$\rho\frac{\mathrm{D}}{\mathrm{D}t}\left[e_{g0}-p_0(U-U_0)+\frac{p^2}{2\rho_0^2a_0^2}+\frac{U^2}{2}\right]=-\nabla\cdot(p\mathbf{U}) \tag{3-14}$$

联立连续方程可得

$$\rho\frac{\mathrm{D}}{\mathrm{D}t}\left(\frac{p^2}{2\rho_0^2a_0^2}+\frac{U^2}{2}\right)=-\nabla\cdot(p\mathbf{U}) \tag{3-15}$$

借助于传递导数在声学中的近似，可得到声能方程

$$\frac{\partial}{\partial t}\left(\frac{p^2}{2\rho_0 a_0^2}+\frac{\rho_0 U^2}{2}\right)+\nabla\cdot(p\mathbf{U})=0 \tag{3-16}$$

连续方程也可写成类似的形式：

$$\frac{\partial\rho}{\partial t}+\nabla\cdot(\rho\mathbf{U})=0 \tag{3-17}$$

其中，ρ 为单位容积的质量，$\rho\mathbf{U}$ 为质量的通量；式(3-17)表明在单位容积中质量的累积必须由质量通量的减少来平衡。同样的，参数

$$E\equiv\frac{p^2}{2\rho_0 a_0^2}+\frac{\partial\rho_0 U^2}{2} \tag{3-18}$$

表示单位容积的瞬时声能而 $p\mathbf{U}$ 表示瞬时能量。对于接近于一维的简单波，扰动压强 p 和速度 $\mathbf{U}$ 均可用熵表达：

$$p=\rho_0 a_0^2 S^2;\quad \mathbf{U}=\mathbf{e}a_0 S \tag{3-19}$$

于是，声能密度为

$$E_{\mathrm{g}}=\rho_{\mathrm{g}0}a_{\mathrm{g}0}^2\frac{S_{\mathrm{g}}^2}{2}+\rho_{\mathrm{g}0}a_{\mathrm{g}0}^2\frac{S_{\mathrm{g}}^2}{2}=\rho_{\mathrm{g}0}a_{\mathrm{g}0}^2 S_{\mathrm{g}}^2 \tag{3-20}$$

由于内能与动能的贡献是相等的，即能量是平均分配的。则能量通量变为

$$p\boldsymbol{U}=\mathbf{e}\rho_0 a_0^3 S^2=\mathbf{e}a_0 E \tag{3-21}$$

与时间平均的方程一致，则能量方程可得到优美的形式：

$$\frac{\partial E}{\partial t}+\nabla\cdot(E\mathbf{e}a_0)=0 \tag{3-22}$$

式(3-22)说明声能是以波速 a_0 传播的，这是波动运动的显著特征，应注意式(3-22)为典型的双曲型方程。在其他能流形式中未必如此，例如傅里叶热传导中，就没有可辨认的能量传播速度。

1. 声速

微小压力扰动在流体介质中的传播是以“波”的形式进行，也称扰动波。当扰动波经过流体的空间某一部分后，该部分介质受到扰动从而各流动参量发生改变。此时，在流体受扰动部分与未受扰动部分之间就形成了一个界面，称为扰动波的波阵面。上述扰动波的传播速度就是扰动波波阵面的传播速度，这里定义为声速 a。需特别注意的是，扰动波传播速度是小扰动波阵面在流体中的传播速度，与流体自身运动速度是完全不同的概念，但是两者的相对大小直接决定了迥异的流动特征。声速是一个十分重要的物理量，既是状态参数在流体中运动速度的特征值，也是描述流体可压缩性的重要热力学参数。由于扰动使得流体的速度参量

和热力学参量发生变化，因此在推导声速公式之前需深刻理解压力扰动在流体介质中传播过程的实质。1687 年，牛顿将声波的传播简化为等温过程，但是由于等温过程就相当于假定空气热传导的能力无限大，而实际上空气的热传导能力很小，且在压力小扰动传播过程之中，流体的状态变化如此之快使得流体微团不可能凭借与周围介质之间的热传导来维持自己的温度不发生变化，所以等温过程的这种假设不合理。拉普拉斯在 1816 年提出声速的传播是一个等熵过程，其更能体现压力扰动的典型特征，相应的实验结果也证明了等熵假设的合理性和计算公式的正确性。

以下在前面给出波动方程的基础上推导流体介质中的声速公式：设小扰动波阵面在压强为 p_1 密度为 ρ_1 的静止流体中以速度 a 自右向左传播。小扰动波阵面后，流体有速度 $U_2 = \mathrm{d}U$，压强为 $p_2 = p_1 + \mathrm{d}p$，密度为 $\rho_2 = \rho_1 + \mathrm{d}\rho$，式中 $\mathrm{d}U$、$\mathrm{d}p$ 和 $\mathrm{d}\rho$ 均为变化小量。建立在波阵面上的运动坐标并取控制体，可得到质量与动量的守恒方程为

$$\rho_1 a = (\rho_1 + \mathrm{d}\rho)(a + \mathrm{d}U) \tag{3-23}$$

$$-\rho_1 a^2 + (\rho_1 + \mathrm{d}\rho)(a + \mathrm{d}U)^2 = p_1 - (p_1 + \mathrm{d}p) \tag{3-24}$$

合并式(3-23)与(3-24)，略去二阶以上的小量可得

$$a^2 \mathrm{d}\rho = \mathrm{d}p \tag{3-25}$$

由于流体流动通常是正压过程，即 $p = p(\rho)$，于是可得

$$a^2 = \frac{\mathrm{d}p}{\mathrm{d}\rho} \tag{3-26}$$

如前所述，小扰动传播是等熵过程，可得到声速公式

$$a = \sqrt{\left(\frac{\mathrm{d}p}{\mathrm{d}\rho}\right)_s} \tag{3-27}$$

下标“S”代表等熵过程。对于不均匀流体，可以把每一个局部看作均匀的流体微团，从而理解为局部声速或是当地声速。对于运动中的流体，可通过建立运动坐标而推导出形式相同的声速公式。一方面声速是相对于流体运动而言的小扰动在流体介质内的传播速度；另一方面，从声速定义可看出，其还是流体可压缩性的一个重要参数。当声速是一个小值，表示使密度改变 $\mathrm{d}\rho$ 所需的压强改变量 $\mathrm{d}p$ 也较小，即流体是易压缩的；反之，当声速是一个大值，表示使密度改变 $\mathrm{d}\rho$ 所需的压强 $\mathrm{d}p$ 较大，表示了流体是难以压缩的。对于不可压缩流体，声速 a 趋于无穷大，意味着小扰动在不可压缩流体中的传播过程几乎是瞬间完成的，即无松弛过程。而在可压缩流体中，小扰动的传播需要一定的松弛时间，这也是可压缩和不可压缩流体的本质差别。严格意义下是不存在完全不可压缩流体的，只是对于密度不

易变化或是声速较大，可近似看作不可压缩流体。

对于完全气体，熵是

$$S = c_v \ln \frac{p}{\rho^{\gamma}} \tag{3-28}$$

在等熵过程中，S 是常数，于是

$$\left(\frac{\partial p}{\partial \rho}\right)_S = \gamma p / \rho \tag{3-29}$$

因此，完全气体的声速公式为

$$a = \sqrt{\left(\frac{\gamma p}{\rho}\right)} = \sqrt{\gamma RT} \tag{3-30}$$

对于空气，$\gamma = 1.4$, $R = 287$ Nm/(kg · K)，因此 $a = 20(T)$^(1/2)。需指出的是，上述得到的结果仅适用于小扰动的传播，由于扰动量是小量才可将波动方程线性化。对于有限幅度的变化(例如激波)，则需从基本方程出发讨论结合稳定性分析进行推导。

2. 马赫数

上述声速仅表达了压力波动的特征，与流体介质的主体流动无关；以下介绍可压缩流体流动的另一个重要参量，流体的流动马赫数：流体的流动速度与当地声速之比，记为 Ma

$$Ma = \frac{U}{a} \tag{3-31}$$

由式(3-31)可知马赫数是一个无量纲参数。

如图 3-2 所示，对应于 $Ma<1$、$Ma=1$ 和 $Ma>1$ 三种情况的流动分别称为亚声速流、声速流和超声速流，这三种流动在物理上有本质区别：小扰动在静止流体中传播，由于流体是静止的，小扰动将以声速 a 向四面八方传播，即在空间和时间尺度上扰动速度均是一致的，小扰动波阵面是一簇完美圆球；小扰动在亚声速流场中传播，从相对运动的观点看，基于随流体一起运动的坐标系，小扰动以声速向四面八方传播，传播速度仍是相等的。但在绝对坐标系中，小扰动在顺流方向的传播速度为 $a+U$, 在逆流方向的传播速度为 $a-U$, 由于流动是亚声速的，即 $U<a$，所以小扰动仍总是向四面八方传播，但它的传播速度在空间尺度上是不同的，小扰动波阵面是一簇偏心圆球；小扰动在声速流场中传播，小扰动传播速度与流场速度相同，因此它只能向顺流方向传播而不能再向逆流方向传播；小扰动在超声速流场中传播，小扰动不能在逆流方向传播，每个波阵面相对于扰动中心而言，传播速度仍是声速 a，在 t 时刻构成以扰动中心为圆心，半径为 at 的

球面；从绝对坐标中看，扰动传播的范围只是在顺流方向的圆锥形区域之内，圆锥形区域以外的地方不会受到小扰动影响。这个圆锥称为马赫锥，它的半顶角称为半马赫锥角。

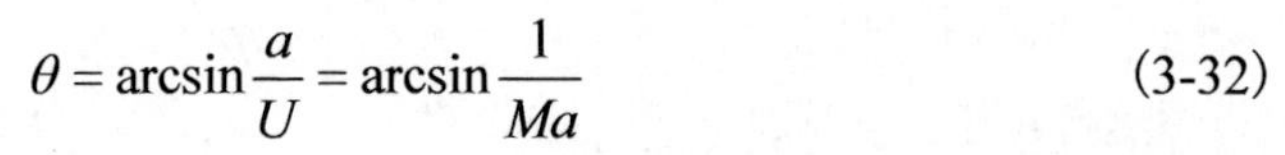

$$\theta = \arcsin\frac{a}{U} = \arcsin\frac{1}{Ma} \tag{3-32}$$

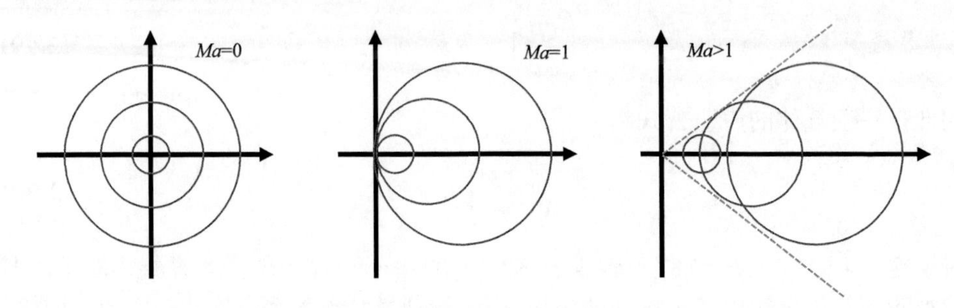

图 3-2　不同马赫数下压力扰动的传播示意图

完全气体马赫数可写为

$$Ma = \frac{U}{\sqrt{\gamma RT}} \tag{3-33}$$

由于温度是气体分子运动动能的量度，因此式(3-33)说明马赫数的物理本质是流体宏观运动动能和分子运动动能之比。考虑定常可压缩流体的等熵流动过程，利用声速公式及马赫数的定义可得

$$Ma^2 = -\left(\frac{\mathrm{d}\rho}{\rho}\right) / \left(\frac{\mathrm{d}U}{U}\right) \tag{3-34}$$

式(3-34)说明当马赫数很小时，速度的相对变化只能引起很小的密度相对变化；但当马赫数很大时，将引起较大的相对密度变化，这也说明了马赫数是流体压缩性的一个特征显示。

3. 气体动力学函数

对于完全气体的等熵流动过程，可从热力学第一定律即从总能量守恒角度出发推导相应的伯努利方程。热力学第一定律可写为

$$\frac{U^2}{2} + \frac{\gamma R}{\gamma - 1} T = \text{const} \tag{3-35}$$

或

$$\frac{U^2}{2}+\frac{\gamma}{\gamma-1}\frac{p}{\rho}=\text{const} \tag{3-36}$$

以下定义滞止状态及在滞止状态下的滞止参量。滞止状态就是流体流动速度为零时的状态：流体质点速度由某一真实状态经等熵过程减小为零，此时流体质点的状态称为该真实状态所对应的滞止状态。以下标为 0 表示滞止状态，根据完全气体的等熵关系可得

$$\frac{p}{p_0}=\left(\frac{p}{p_0}\right)^{\gamma} \tag{3-37}$$

进一步利用完全气体状态方程，可得到实际与滞止状态温度与声速关系式

$$\frac{p}{p_0}=\left(\frac{\rho}{\rho_0}\right)^{\gamma}=\left(\frac{T}{T_0}\right)^{\frac{\gamma}{\gamma-1}}=\left(\frac{a}{a_0}\right)^{\frac{2\gamma}{\gamma-1}} \tag{3-38}$$

以下定义临界状态和临界状态下对应的临界参量。同滞止状态的定义一样，流体质点速度由某一真实状态经等熵过程变化至当地声速 a 的状态，此时流体质点的状态称为该真实状态所对应的临界状态，此时马赫数等于 1。临界状态的流动参量称为临界参量。以下标$_*$表示临界状态，则利用等熵关系式可得

$$\frac{p}{p_*}=\left(\frac{\rho}{\rho_*}\right)^{\gamma}=\left(\frac{T}{T_*}\right)^{\frac{\gamma}{\gamma-1}}=\left(\frac{a}{a_*}\right)^{\frac{2\gamma}{\gamma-1}} \tag{3-39}$$

以下通过对总压的比较，讨论流体压缩性对流体流动的贡献：若认为流体是不可压缩的，那么总压 p_0 可表示为

$$p_0=p+\frac{1}{2}\rho U^2 \tag{3-40}$$

当按照可压缩流体处理时，总压 p_{0c} 根据气体动力学函数得到

$$p_{0c}=p\left(1+\frac{\gamma-1}{2}Ma^2\right)^{\frac{\gamma}{\gamma-1}} \tag{3-41}$$

当流动马赫数较低时，可展开为

$$\begin{aligned}p_{0c}&=p\left[1+\frac{\gamma}{2}Ma^2\left(1+\frac{1}{4}Ma^2+\frac{2-\gamma}{24}Ma^4+\cdots\right)\right]\\&=p+\frac{1}{2}\rho u^2(1+\varepsilon)\end{aligned} \tag{3-42}$$

因此，如图 3-3 所示，若不考虑可压缩性对流体流动的影响时，密度应该为 $\rho(1+\varepsilon)$，此时 ε 为误差函数。当 $Ma<0.2$ 时，由此引起的密度误差<0.01，使用不可压计算公式求得的总压可直接使用；而当 $Ma>0.2$ 时，其误差将指数型增长，不可再将

流体视为不可压缩流。

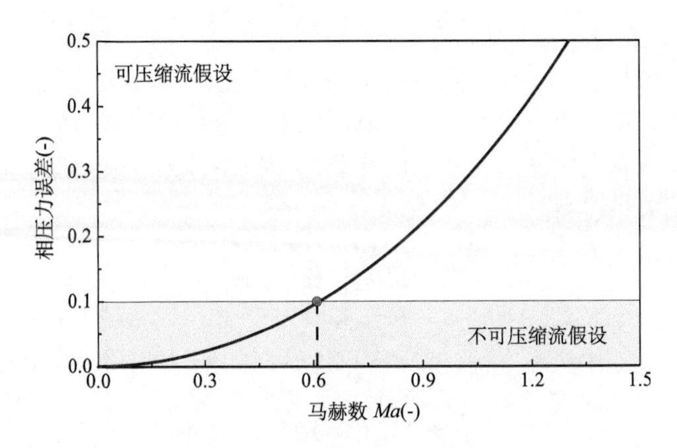

图 3-3 可压缩性修正项的贡献

3.2.3 一维定常管流

管道内流动一般至少是包含轴向和径向的二维问题，但若是管截面特征直径与其特征长度相比很小、管截面积 $A(x)$ 沿轴向变化很小且管道曲率变化很小时，这种变截面管流可近似看作一维流动[5]，取流动参量在截面上平均值作为该处轴线参数值。此时，由质量、动量和能量守恒定律可分别写为

$$\frac{\mathrm{d}}{\mathrm{d}x}(UA\rho)=0 \tag{3-43}$$

$$U\frac{\mathrm{d}U}{\mathrm{d}x}+\frac{1}{\rho}\frac{\mathrm{d}p}{\mathrm{d}x}=0 \tag{3-44}$$

$$\frac{\mathrm{d}}{\mathrm{d}x}\left(\frac{1}{2}U^2+i\right)=0 \tag{3-45}$$

等熵方程和状态方程取平均后形式不变，为

$$\frac{\mathrm{d}}{\mathrm{d}x}\left(\frac{p}{\rho^\gamma}\right)=0 \tag{3-46}$$

$$p=R\rho T \tag{3-47}$$

上述方程组为无黏性可压缩一维定常等熵管流的基本方程组。

基于上述简化，一维变截面管道内连续性方程可写为

$$\frac{1}{\rho}\frac{\mathrm{d}\rho}{\mathrm{d}x}+\frac{1}{U}\frac{\mathrm{d}U}{\mathrm{d}x}+\frac{1}{A}\frac{\mathrm{d}A}{\mathrm{d}x}=0 \tag{3-48}$$

根据声速公式可改写为

$$-\frac{U}{a^2}\frac{\mathrm{d}U}{\mathrm{d}x}+\frac{1}{U}\frac{\mathrm{d}U}{\mathrm{d}x}+\frac{1}{A}\frac{\mathrm{d}A}{\mathrm{d}x}=0 \tag{3-49}$$

即

$$\left(Ma^2-1\right)\frac{\mathrm{d}U}{\mathrm{d}U}=\frac{\mathrm{d}A}{A} \tag{3-50}$$

根据式(3-50)可知：若 $Ma<1$，流动是亚声速的，其可压缩性不显著。因 $Ma^2-1<0$，$\mathrm{d}U$ 与 $\mathrm{d}A$ 异号，说明在亚声速流中，过管道截面沿着流动方向增大时，流体速度 U 将逐渐减小；反之，若是管道截面沿流动方向减小，则流体速度 U 将逐渐加快；这与水流过大坝加速现象一致。若 $Ma>1$，流动是超音速的，其可压缩性显著。因 $Ma^2-1>0$，$\mathrm{d}U$ 与 $\mathrm{d}A$ 同号，说明在超声速流中，若管道截面沿着流动方向增大，流体速度 U 将逐渐增大；反之，若是管道截面沿流动方向减小，则流体速度 U 将逐渐减慢；这和不可压缩流体在管道中的流动情况恰恰相反，与颗粒流过孔减速现象一致。若 $Ma=1$，流动是声速流，$Ma^2-1=0$，是超声速与亚声速流的临界状态，于是(3-50)可退化为

$$\frac{\mathrm{d}A}{\mathrm{d}x}=0 \tag{3-51}$$

式(3-51)说明要使流体的流动速度达到声速，必定是在缩口喉部处达到极值。从上述分析可知，这个截面必定是管道的极小截面，此时的状态就上述定义的临界状态，此截面称为流动的临界截面，记为 A^*。如式(3-50)所讨论的，管道截面的变化对亚声速流和超声速流的影响是截然相反的。因此，亚声速流和超声速流的转化是不能靠单一收缩管或扩张管来实现，只有在先收缩后扩张的管中才能实现。

假设流体在变截面管道中做定常等熵流动，因此，在这两个截面上的滞止参量都相等，于是

$$\frac{A_2}{A_1}=\frac{\rho_1 U_1}{\rho_2 U_2}=\frac{\rho_1\left(\dfrac{U_1}{a_0}\right)}{\rho_2\left(\dfrac{U_2}{a_0}\right)}=\frac{Ma_1}{Ma_2}\left[\frac{2+(\gamma-1)Ma_2^2}{2+(\gamma-1)Ma_1^2}\right]^{\frac{\gamma+1}{2(\gamma-1)}} \tag{3-52}$$

式(3-52)说明变截面管道流中流体的流动马赫数 Ma 与管道截面积 A 之间的依赖关系。若是已知 Ma_2 求 A_2 是容易的，但是已知 A_2 计算 Ma_2 是困难的。为此，引入一个并不存在的参考截面，流体流到此截面时流动马赫数为 1，那么该截面就是临界截面，其面积记为 A^*。这样就可以求得任意截面 A 与该临界截面积 A^*的比值：

$$\frac{A}{A^*}=\frac{1}{Ma}\left[\frac{2+(\gamma-1)Ma^2}{\gamma+1}\right]^{\frac{\gamma+1}{2(\gamma-1)}} \tag{3-53}$$

式(3-53)是一个仅依赖于流动马赫数 Ma 而不依赖与其他流动参量的函数。从 A/A^*–Ma 函数关系可看出，对于每一流动马赫数 Ma，只有唯一的 A/A^*值与之对应；但对于每一 A/A^*值，都有两个流动马赫数 Ma 与之对应，这说明管道任一截面上都可能存在亚声速和超声速两种性质不同的流动状态。此外，对于任一 Ma 值，必定 $A/A^*>1$ 成立，这说明若临界截面存在，则必定是在管道截面的极小值处，即管道的喉部。

管道中气流的流量是工程计算中的核心问题，管内质量流量 Q_m 是

$$Q_m=\rho UA \tag{3-54}$$

引入无量纲流量函数 q，其定义为

$$q=\frac{\rho U}{\rho^* U^*}=\frac{A^*}{A}=Ma\left[\frac{2}{\gamma+1}\left(1-\frac{\gamma-1}{2}Ma^2\right)\right]^{-\frac{\gamma+1}{2(\gamma-1)}} \tag{3-55}$$

由流量函数可得到质量流量

$$Q_m=\rho UA=K\frac{p_0}{\sqrt{T_0}}Aq \tag{3-56}$$

其中

$$K=\sqrt{\frac{\gamma}{R}\left(\frac{2}{\gamma+1}\right)^{\frac{\gamma+1}{\gamma-1}}} \tag{3-57}$$

式(3-55)说明流量函数 q 只是流动马赫数 Ma 的函数。与临界截面的推导一致，可将参考截面设置为滞止状态下的截面，此时

$$Q_m=\frac{Ap}{\sqrt{RT_0}}\left(\frac{2\gamma}{\gamma-1}\right)^{\frac{1}{2}}\left(\frac{p_0}{p}\right)^{\frac{\gamma-1}{2\gamma}}\left[\left(\frac{p_0}{p}\right)^{\frac{\gamma-1}{\gamma}}-1\right]^{\frac{1}{2}} \tag{3-58}$$

式(3-58)给出了截面积 A、压强 p、相应的滞止压力 p_0 和滞止温度 T_0 与质量温度 Q_m 的关系；对应质量流量的极值可通过求导得到

$$\frac{\mathrm{d}Q_m}{\mathrm{d}Ma}=0 \tag{3-59}$$

即

$$1-Ma^2\left(\frac{\gamma+1}{2}\right)\left(1+\frac{\gamma-1}{2}Ma^2\right)^{-1}=0 \tag{3-60}$$

由这个方程可解出相应的马赫数 $Ma=1$ 时，即流速达到声速时质量流量最大，为

$$Q_{\max}=A^{*}\sqrt{\gamma p_0\rho_0\left(\frac{2}{\gamma+1}\right)^{\frac{\gamma+1}{\gamma-1}}} \tag{3-61}$$

这里考虑气体自大容器通过渐缩管定常等熵进入大气，已知大容器内的状态和渐缩管面积 e；工程上称管外的压强为背压，记为 p_{b}。当 $p_{\mathrm{b}}/p_0=1$ 时，管内无流动。当 p_{b} 下降，$p_{\mathrm{b}}/p_0<1$ 时，在压差作用下管内产生了流动。由于声速只能在最小截面处达到，故而此渐缩管喉部之前只能是亚声速流动。此时可将流动状态分为以下 3 个类型：

① 当背压 p_{b} 下降，但是在出口处管截面上流速还没有达到声速。此时，出口截面压 p_{e} 与背压 p_{b} 相同。此时可求得出口截面 e 处的流动马赫数 Ma_e

$$Ma_e=\frac{2}{\gamma-1}\left[\left(\frac{p_0}{\rho_0}\right)^{\frac{\gamma-1}{\gamma}}-1\right] \tag{3-62}$$

由流量公式可求出管内质量流量 Q_m,

$$Q_m=A_e\sqrt{\gamma p_0\rho_0}\,Ma_e\left(1+\frac{\gamma-1}{2}Ma_e^2\right)^{-\frac{\gamma+1}{2\gamma-1}} \tag{3-63}$$

管内各截面上流动马赫数为

$$\frac{A}{A_e}=\frac{Ma_e}{Ma}\left[\frac{2+(\gamma-1)Ma^2}{2+(\gamma-1)Ma_e^2}\right]^{\frac{\gamma+1}{2(\gamma-1)}} \tag{3-64}$$

② 当背压 p_{b} 下降到一定程度，此时出口截面上的流动速度正好达到声速，此时的 p_{b} 为

$$\frac{p_{\mathrm{b}}}{p_0}=\frac{p_e}{p_0}=\frac{p^{*}}{p_0}=\left(\frac{2}{\gamma+1}\right)^{\frac{\gamma}{\gamma-1}} \tag{3-65}$$

此时管内的流量 Q_m 为

$$Q_m=A_e\sqrt{\gamma p_0\rho_0\left(\frac{2}{\gamma+1}\right)^{\frac{\gamma+1}{\gamma-1}}} \tag{3-66}$$

③ p_{b} 继续下降且小于式(3-65)，此时管内质量流量达到极大值后不再变化，流量 Q_m 如式(3-66)求得，这种现象称为阻塞现象。此时出口截面压力 p_{e} 不再等于 p_{b}，气流流入大气压强自管口的 p_{e} 值需经过稀疏过程下降到 p_{b}。

3.2.4　二维激波现象

上述均为小扰动在无黏性可压缩流体中的传播，所谓小扰动是指由于扰动而使得流动参量发生的变化在流体空间尺度来看是个小量，因而在基本方程组中可略去高阶小量使得方程线性化。加之无黏性假设，其特点是扰动以当地的声速传播且形成的波形在传播过程中不变。但是在自然界和工程技术中还有大量不可忽略的大振幅扰动问题，特别是在超声速气流中，还会出现温度、压力和相密度均产生阶跃，这是无黏性可压缩流体的一个十分重要的流动现象。

1. 激波现象

当气流受到急剧压缩时，压强和密度突然显著增加，此时所产生的压强扰动将以比声速大得多的速度传播，波阵面所到之处气流的各种参数都将发生突然的显著变化，产生突跃。这样一个强间断面叫做激波阵面。通过激波阵面，气流的熵将发生变化。例如，活塞在加速过程中，所发出的压力波将依次赶上前面的压力波，到某时刻，全部压力波叠加在一起，就形成了一个总的压力波，称为激波。激波的性质和原来的各个小压力波有很多不同，激波是以大于其下游气体中声速来传播的，而原来的小压力波以等于其前方气体中的声速来传播。气体受原来的小压力波影响，压强等参量的变化很小，而气体的流动参量在通过激波时要发生突变，并且不再等熵。实际的激波是一个具有一定厚度的薄层，但是这个厚度相当小，要以分子自由程来度量，差不多在 10^{-6}m 以下的量级。在这样一个薄层中，气流的参数从激波前的值迅速连续地变到激波后的值，梯度是极大的。由于这个薄层厚度是如此之小，因此严格说在激波内连续介质模型已经不再适用，气体需当做稀薄气体来处理。然而我们实际关心的是气流通过激波后流动参量是如何变化的，对激波内的流动状态并不关心，因此在处理激波问题时常采用以下简化条件：忽略激波厚度；激波前后气体是理想绝热完全气体，比热不变；激波前后气体满足基本物理规律。激波可分为正激波和斜激波两类，另外当超声速气流绕过一个钝体时，离开物体一定距离处有一道激波，叫做脱体激波，可以看出在中间近头部是一段正激波，其余部分激波与气流方向斜交，是斜激波。

2. 正激波基本方程组

正激波是一种最简单的激波现象，即激波阵面是直的，激波前后流场是均匀的，气流方向和激波阵面相垂直。取平行于激波两个侧面而又无限接近的两个面作为控制面侧面，由于其宽度是分子自由程量级，故控制体体积趋于零，方程中所有与体积分有关的项忽略不计，即略去非惯性效应。激波前后质量守恒、动量定律和能量守恒为

$$
\begin{gathered}
\rho_1\left(U_1-a\right)=\rho_2\left(U_2-a\right) \\
p_1+\rho_1\left(U_1-a\right)^2=p_1+\rho_2\left(U_2-a\right)^2 \\
\frac{1}{2}\left(U_1-a\right)^2+e_1+\frac{p_1}{\rho_1}=\frac{1}{2}\left(U_2-a\right)^2+e_2+\frac{p_2}{\rho_1}
\end{gathered} \tag{3-67}
$$

其中，a 是正激波的传播速度，角标“1”表示激波前的参数，角标“2”表示激波后的参数。对于静止正激波，此时激波传播速度 a 为零，则基本方程组可简化为

$$
\begin{gathered}
\rho_1 U_1=\rho_2 U_2 \\
p_1+\rho_1 {U_1}^2=p_1+\rho_2 {U_2}^2 \\
\frac{1}{2} {U_1}^2+e_1+\frac{p_1}{\rho_1}=\frac{1}{2} {U_2}^2+e_2+\frac{p_2}{\rho_1}
\end{gathered} \tag{3-68}
$$

则可得到兰金-雨果尼奥特激波绝热关系式

$$
i_1-i_2=\left(e_1+\frac{p_1}{\rho_1}\right)-\left(e_2+\frac{p_2}{\rho_2}\right)=\frac{1}{2}\left({U_1}^2-{U_2}^2\right)=\frac{p_1-p_2}{2}\left(\frac{1}{\rho_1}+\frac{1}{\rho_2}\right) \tag{3-69}
$$

对完全气体，并考虑 c_p 和 γ 不变的情况下，

$$
\frac{p_2}{p_1}=\frac{(\gamma+1)\dfrac{\rho_2}{\rho_1}-(\gamma-1)}{(\gamma+1)-(\gamma-1)\dfrac{\rho_2}{\rho_1}} \tag{3-70}
$$

或写成密度关系

$$
\frac{\rho_2}{\rho_1}=\frac{(\gamma+1)\dfrac{p_2}{p_1}+(\gamma-1)}{(\gamma+1)+(\gamma-1)\dfrac{p_2}{p_1}} \tag{3-71}
$$

完全气体通过不等熵过程后，熵变化量是

$$
\Delta s=s_1-s_2=c_V \ln \left[\frac{p_2}{p_1}\left(\frac{\rho_1}{\rho_2}\right)^\gamma\right] \tag{3-72}
$$

即

$$
\frac{p_2}{p_1}=\left(\frac{\rho_1}{\rho_2}\right)^\gamma e^{\Delta s / c_V} \tag{3-73}
$$

另一方面，对于同样密度比 ρ_2/ρ_1 的等熵过程，其压强比 p_2/p_1 应为

$$\left(\frac{p_2}{p_1}\right)_s=\left(\frac{\rho_1}{\rho_2}\right)^\gamma \tag{3-74}$$

其中，角标“s”代表等熵过程，这样通过静止正激波后的压强比 p_2/p_1 可用等熵过程的压强比 $(p_2/p_1)_S$ 表示为

$$\frac{p_2}{p_1}=\left(\frac{p_2}{p_1}\right)^\gamma e^{\Delta s/c_V} \tag{3-75}$$

根据熵增原理，通过静止正激波后熵改变量大于零，因此

$$\frac{p_2}{p_1}>\left(\frac{p_2}{p_1}\right)_s \tag{3-76}$$

该不等式说明，对于同样的 ρ_2/ρ_1，静止正激波的 p_2/p_1 应大于等熵过程的 $(p_2/p_1)_s$。如图 3-4 所示，只有位于等熵曲线上方的部分激波绝热曲线才是适用的，其适用范围是 $p_2>p_1, \rho_2>\rho_1$，这说明通过静止正激波后气流压强上升，密度增大。另一方面，当气流经过静止正激波后，流速要降低，热力学参量要升高。激波绝热曲线有一条渐进线

$$\frac{\rho_2}{\rho_1}=\frac{\gamma+1}{\gamma-1} \tag{3-77}$$

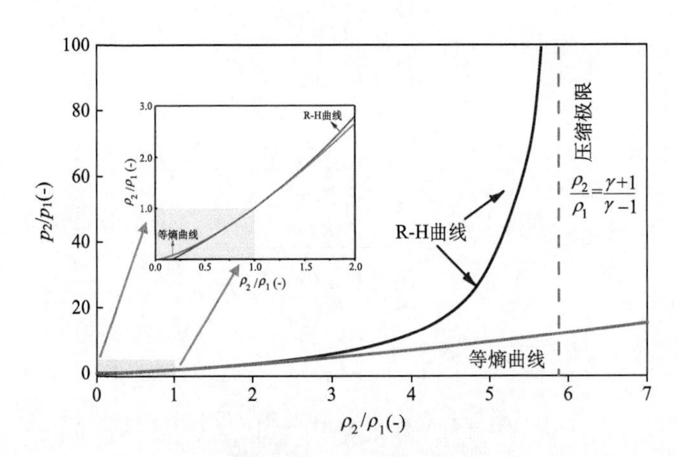

图 3-4　激波绝热曲线

这表示流体在通过静止正激波后，压强可以不断增强，但是它的密度却不能无限增大，密度比增加最大不超过 $(\gamma+1)/(\gamma-1)$；对于空气，$\gamma\approx1.4$，因此 $(\gamma+1)/(\gamma-1)\approx6$，空气通过静止正激波后密度最多只能提高到原来的 6 倍。

3. 普朗特关系

由静止正激波基本方程可得出

$$\frac{a_*^2}{U_1U_2}=1 \tag{3-78}$$

即

$$\lambda_1\lambda_2=1 \tag{3-79}$$

通常称为普朗特关系式，由于气流通过静止正激波后减速，因此

$$\lambda_1>1,\lambda_2<1 \tag{3-80}$$

这是静止正激波的第二个重要性质：静止正激波前方来流必定是超音速，穿过正激波后必定成为亚声速。这也说明了，对于定常流动，只有在超声流中才会出现静止正激波，但需注意的是，对于非定常流动来说这个结论不成立。那么对于静止正激波前后变动的参量关系可表达为

$$Ma_2^2=\left(1+\frac{\gamma-1}{2}Ma_1^2\right)\bigg/\left(\gamma Ma_1^2-\frac{\gamma-1}{2}\right) \tag{3-81}$$

引入激波强度的概念，

$$\frac{p_2-p_1}{p_1}=\frac{2+\gamma}{1+\gamma}\left(Ma_1^2-1\right) \tag{3-82}$$

当来流马赫数 Ma_1 增大时，激波强度越大；当来流马赫数趋于 1 时，激波强度趋于 0，激波退化为小扰动。气流通过静止正激波后熵增量为

$$\Delta s=s_2-s_1=-R\ln\frac{p_{20}}{p_{10}} \tag{3-83}$$

式中

$$\frac{p_{20}}{p_{10}}=\left(\frac{\gamma+1}{2}\right)^{\frac{\gamma+1}{\gamma-1}}Ma_1^{\frac{2\gamma}{\gamma-1}}\left(1+\frac{\gamma-1}{2}Ma_1^2\right)^{-\frac{\gamma}{\gamma-1}}\left(\gamma Ma_1^2-\frac{\gamma-1}{2}\right)^{-\frac{1}{\lambda-1}} \tag{3-84}$$

当 Ma_1 很大时，

$$\frac{\Delta s}{R}\approx\frac{2}{\gamma-1}\ln Ma_1 \tag{3-85}$$

当 Ma_1 趋近于 1 时，

$$\frac{\Delta s}{R}\approx\frac{2\gamma}{(\gamma+1)^2}\frac{\left(Ma_1^2-1\right)^3}{3} \tag{3-86}$$

可见小强度激波引起小熵增，特别在二级近似内可以认为熵是不变的。此外，速

度-压强关系式也是重要的

$$U_1 - U_2 = \sqrt{\frac{2\left(p_2 - p_1\right)^2}{\rho_1\left[\left(\gamma+1\right)p_2 + \left(\gamma-1\right)p_1\right]}} \tag{3-87}$$

3.3　气固拟均相可压缩流

3.3.1　相密度与状态方程

1. 相密度

考虑固体颗粒相对可压缩性的影响，可从最简单的气固拟均相流入手，探究固体颗粒相引入气流中对其可压缩性的影响。在气固拟均相流中，单位体积中的固体颗粒质量称为固体颗粒浓度 C_s，如果 ε_s 是拟均相流体中固体颗粒的体积分数，则

$$C_s = \varepsilon_s \rho_s \tag{3-88}$$

类似地，气体质量分数 C_g

$$C_g = (1-\varepsilon_s)\rho_g \tag{3-89}$$

其中，ρ_s 和 ρ_g 分别是固体颗粒和气体的密度。那么，固体颗粒的质量分数为

$$\phi_s = \frac{C_s}{C_s + C_g} \tag{3-90}$$

若气固拟均相流通过一截面时，式(3-90)所述的固体颗粒质量分数才为定值。由于固体颗粒的密度比气体高 3 个数量级，因此颗粒体积分数通常较固体颗粒的质量分数小。一般具有相同直径的球形颗粒稠密堆积状态，其体积分数约为 0.74，而松散堆积往往仅有 0.5 左右。因此，在气固稀相流中可使用颗粒质量分数表达方便，且很多情况下固体颗粒的体积可忽略进而大幅简化问题；而对于气固密相流化状态，则使用体积分数更为合理。这里还可基于颗粒间的平均距离进行定量分析。假设颗粒在边长为 l 的正六面体格子内，且正六面体的八个角中各包含一个颗粒的 1/8。因此，固体颗粒所占的体积分数为

$$\varepsilon_s = \frac{\frac{1}{6}\pi d_p^3}{l^3} \tag{3-91}$$

对于随机分布的固体颗粒则有

$$\frac{l}{d_p} = O(\varepsilon_s^{-1/3}) \tag{3-92}$$

对于气固拟均相流来说，固体颗粒之间的距离都是在颗粒直径的 10 倍以上，因此

颗粒之间的直接相互作用很少发生。另外，–1/3 的小幂律下降也说明了颗粒间距对颗粒体积分数并不敏感，体积分数增大 8 倍才使得颗粒之间的距离缩小一半。那么，基于气体和固体颗粒浓度的定义，气固拟均相流的表观密度为

$$\rho_{\mathrm{M}}=C_{\mathrm{s}}+C_{\mathrm{g}}=\frac{\left(1-\varepsilon_{\mathrm{s}}\right)\rho_{\mathrm{g}}}{1-\phi_{\mathrm{s}}} \tag{3-93}$$

2. 状态方程

对于气固拟均相流，固体颗粒可视为第 2 章气体组分的分子。根据第 2 章对气体分子流动理论的描述，固体颗粒相对气固拟均相流的压强贡献是需考察的。首先定义固体颗粒的分子量：

$$M_{\mathrm{s}}=\frac{\pi d_{\mathrm{p}}^{3}}{6}\frac{\rho_{\mathrm{s}}}{M_{\mathrm{H}}} \tag{3-94}$$

其中，M_{H} 为氢原子的质量，若使用 M_{g} 表示气体的分子量，则混合物的分子量 $M_{\mathrm{g\text{-}s}}$ 为

$$\frac{1}{M_{\mathrm{g-s}}}=\frac{\phi_{\mathrm{s}}}{M_{\mathrm{s}}}+\frac{1-\phi_{\mathrm{s}}}{M_{\mathrm{g}}} \tag{3-95}$$

此时气体分压 p_{g} 与气固拟均相流 p_{M} 的比例为

$$\frac{p_{\mathrm{g}}}{p_{\mathrm{M}}}=\frac{\dfrac{\left(1-\phi_{\mathrm{g}}\right)}{M_{\mathrm{g}}}}{\dfrac{\phi_{\mathrm{s}}}{M_{\mathrm{s}}}+\dfrac{1-\phi_{\mathrm{s}}}{M_{\mathrm{g}}}} \tag{3-96}$$

联立式(3-95)和式(3-96)可得，压强比最终为

$$\frac{p_{\mathrm{g}}}{p_{\mathrm{M}}}=1\Bigg/\left(1+\frac{\phi_{\mathrm{s}}}{1-\phi_{\mathrm{s}}}M_{\mathrm{g}}\frac{6M_{\mathrm{H}}}{\pi d_{\mathrm{p}}^{3}\rho_{\mathrm{s}}}\right) \tag{3-97}$$

在标准温度和压强下，固体颗粒的压强贡献小于总压强 1%($p_{\mathrm{g}}/p_{\mathrm{M}}>0.99$)，固体颗粒直径必须满足以下条件：

$$d_{\mathrm{p}}\geqslant 0.019\left(\frac{\rho_{\mathrm{s}}}{\rho_{\mathrm{g}}}\frac{1-\phi_{\mathrm{s}}}{\phi_{\mathrm{s}}}\right)^{-1/3} \tag{3-98}$$

则在一般的微米级颗粒体系中，极大的密度和质量分数情况下，固体颗粒对压强的贡献也可忽略。因此对于气固拟均相流来说，可由单独的气体压强代替体系的压强，对于完全气体

$$p_{\mathrm{g}}=\rho_{\mathrm{g}}RT_{\mathrm{g}} \tag{3-99}$$

其中，R 为气体常数。对于平衡的气固两相流来说，其物性状态由速度、温度、压强和固体颗粒质量分数完全描述。假设固体颗粒的随机运动不会影响气固混合物的压力，则气固拟均相流的状态方程为

$$p_{\mathrm{g}}=\frac{\rho_{\mathrm{M}}(1-\phi_{\mathrm{s}})RT_{\mathrm{g}}}{1-\varepsilon_{\mathrm{s}}} \tag{3-100}$$

式(3-100)说明气固拟均相流偏离完全气体主要来源于有限颗粒体积的贡献，所以固体颗粒体积分数尤为重要。

在恒定压力以及恒定体积下气固拟均相流的比热分别遵循简单的混合规则

$$c_{p\mathrm{M}}=(1-\phi_{\mathrm{s}})c_{p\mathrm{g}}+\phi_{\mathrm{s}}c_{\mathrm{s}} \tag{3-101}$$

以及

$$c_{v\mathrm{M}}=(1-\phi_{\mathrm{s}})c_{v\mathrm{g}}+\phi_{\mathrm{s}}c_{\mathrm{s}} \tag{3-102}$$

因此，气固拟均相流的比热比可表示为

$$\varGamma=\frac{(1-\phi_{\mathrm{s}})c_{p\mathrm{g}}+\phi_{\mathrm{s}}c_{\mathrm{s}}}{(1-\phi_{\mathrm{s}})c_{v\mathrm{g}}+\phi_{\mathrm{s}}c_{\mathrm{s}}}=\gamma\frac{1+\dfrac{\delta\phi_{\mathrm{s}}}{1-\phi_{\mathrm{s}}}}{1+\dfrac{\gamma\delta\phi_{\mathrm{s}}}{1-\phi_{\mathrm{s}}}} \tag{3-103}$$

其中，$\gamma=c_{pg}/c_{vg}$ 和 $\delta=c_{s}/c_{pg}$；在该方程式中，γ 和 δ 是常数，而 φ_{s} 通常不是常数。图 3-5(a)表示在 γ=1.4 时固体颗粒质量分数(φ_{s})和气固拟均相流比热比($\varGamma$)之间的关系。显然，$\varGamma$ 在密相气固拟均相流中快速接近 1.0，即在固体颗粒含量较高的情况下，气固两相流动可视为等温过程。从物理上看，处于这种状况的理由是气固两相流的热容变得非常大，以至于因膨胀或压缩使温度发生的变化可以被颗粒的传热补偿，同时对颗粒本身的温度影响不大，这也是气固两相流“超流”性质的体现。

3.3.2　等熵过程

从 3.2 节单相流可压缩性的分析中可知，物性状态的等熵变化是重要的。本小节主要围绕气固拟均相流的等熵方程展开。根据热力学第一定律，向单位质量气固拟均相流中加入的无穷小热量 dQ，则

$$\mathrm{d}Q=\mathrm{d}e_{\mathrm{M}}-p\frac{\mathrm{d}\rho_{\mathrm{M}}}{\rho_{\mathrm{M}}^{2}} \tag{3-104}$$

对于等熵变化，d$Q=0$，且由于气固拟均相流由气固两相的加权平均而得出

$$e_{\mathrm{M}}=\left(1-\phi_{\mathrm{s}}\right)c_{v\mathrm{g}}T+c_{\mathrm{s}}T \tag{3-105}$$

那么将式(3-105)代入式(3-104)，可得

$$\frac{(1-\phi_s)c_{vg}+\phi_s c_s}{(1-\phi_s)R}\frac{\mathrm{d}T}{T}=\frac{1}{1-\phi_s\dfrac{\rho_M}{c_{pg}}}\frac{\mathrm{d}\rho_M}{\rho_M} \tag{3-106}$$

由于气固拟均相的假设，固体颗粒的质量和体积分数均为常数，可将式(3-106)积分得到

$$T\left(\frac{\rho_M}{1-\varepsilon_s}\right)^{-(\Gamma-1)}=\text{const} \tag{3-107}$$

由于气固拟均相流处于平衡状态，因此式(3-107)可进一步推导得出类似气相状态量的等熵变化关系式。利用气固拟均相流的比热比以及描述气相状态的参数可定量描述可压缩变化：

$$T\rho_g^{-(\Gamma-1)}=\text{const} \tag{3-108}$$

$$p\rho_g^{-\Gamma}=\text{const} \tag{3-109}$$

$$pT^{-\frac{\Gamma}{(\Gamma-1)}}=\text{const} \tag{3-110}$$

3.3.3　气固拟均相声速与马赫数

对于可压缩流动过程，流体的音速起着核心作用。对于纯气体有

$$a_g^2=\left(\frac{\partial p_g}{\partial \rho_g}\right)_s=\gamma RT_g \tag{3-111}$$

其中，下标 S 表示等熵过程。此时，对于如第 1 章所述的两种极限情况的讨论是重要的，即固体颗粒与气体在空间和时间尺度达到平衡的平衡流，此时不存在滑移；固体颗粒与气体在空间和时间尺度无相互作用的冻结流，此时气固间的滑移是无限大的。

对于气固拟均相平衡流，核心是考虑固体颗粒体积对平衡流的影响，可借鉴可压缩流的方程。相应的“平衡声速”由 a_e 表示，类似于式(3-111)气固拟均相流平衡声速(a_e)可由 Wood 方程[8]基于压强对于气固拟均相密度求导得出：

$$a_e^2=\left(\frac{\partial p}{\partial \rho_M}\right)_e=\left(\frac{\partial p}{\partial \rho_g}\right)_s\left(\frac{\partial \rho_g}{\partial \rho_M}\right)_s \tag{3-112}$$

平衡条件相当于状态的等熵变化。因此，平衡声速(a_e)与纯气体声速(a_g)之比为

$$\left(\frac{a_e}{a_g}\right)^2=\frac{(1-\phi_s)(1-\phi_s+\delta\phi_s)}{(1-\varepsilon_s)^2(1-\phi_s+\gamma\delta\phi_s)} \tag{3-113}$$

图 3-5(b)表现在 $\gamma = 1.4$ 时固体颗粒质量分数(φ_s)对声速比(a_e/a_g)的影响。由图可知，气固拟均相流平衡声速(a_e)随着固体颗粒相的引入将显著小于纯气体声速(a_g)。另外，对比 4 条具有不同相对比热的曲线($\delta = 0.1, 1, 10$ 和 100)可知，在很宽的范围内相对比热(δ)对平衡声速的影响远小于固体颗粒浓度对其的影响。平衡声速是一个非常重要的概念，在实际流动的松弛时间变化微小的情况且颗粒相的速度和温度快速与气体状态趋于一致。

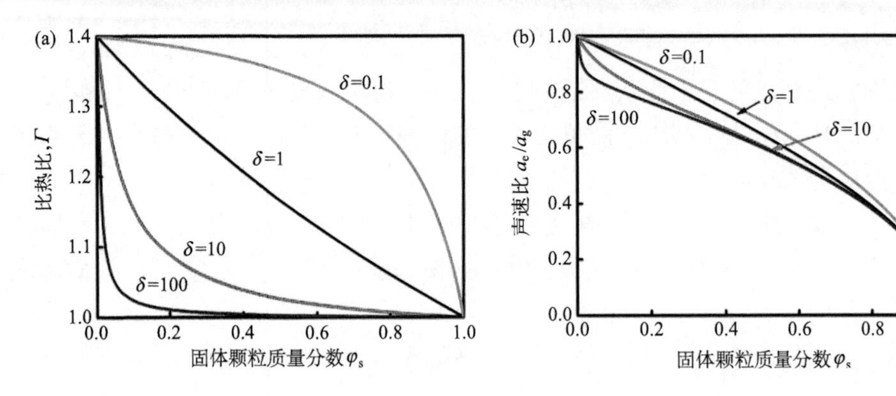

图 3-5　(a)气固拟均相流中固体颗粒质量分数对比热比的影响，其中 $\gamma = 1.4$;(b)气固拟均相流中固体颗粒质量分数对平衡声速与纯气体声速之比(a_e/a_g)的影响，其中 $\delta = 0.1,1,10$ 和 100, $\gamma = 1.4$

另一个极端情况就是冻结流，气固两相的松弛如此显著以至于颗粒相几乎不受气相速度和温度的影响。对于冻结流，其微小波动的传播速度为冻结声速 a_f。如果固体颗粒的体积可忽略，则冻结声速与气相中的声速相同，

$$(a_f)_{\varepsilon_s=0} = a_g \tag{3-114}$$

若考虑固体颗粒的体积，则压力扰动的传播可使扩散的体积相应减少，那么冻结声速的传播可将固体颗粒体积刨除的速度一致。可利用对平衡气固两相流过小激波的现象推导出冻结声速。认为无穷小的激波流动是定常的，且对于气固冻结流来说可忽略气固间相互作用，那么气固拟均相流趋于激波的速度就等于冻结声速。在激波的迎风面固体颗粒的体积分数为 ε_s，在激波后气体的参数(速度、温度和压强)变化量可表示为 $U+\Delta U$, $T+\Delta T$ 和 $p+\Delta p$，固体颗粒的速度、温度和容积分数保持为常数。

单位面积的气体流率基于线性化高阶项后，其连续化方程为

$$\rho\Delta U + U\Delta\rho = 0 \tag{3-115}$$

相应的动量方程为

$$2(1-\varepsilon_s)\rho U\Delta U + (1-\varepsilon_s)U^2\Delta\rho + \Delta p = 0 \tag{3-116}$$

相应的能量方程为

$$U\Delta U + c_p\Delta T + \left(1-\varepsilon_{\mathrm{s}}\right)\Delta p = 0 \tag{3-117}$$

完全气体状态方程的线性化形式为

$$\frac{\Delta p}{p} - \frac{\Delta \rho}{\rho} - \frac{\Delta T}{T} = 0 \tag{3-118}$$

可得齐次方程的系数矩阵

$$\frac{\Delta p}{p} - \frac{\Delta \rho}{\rho} - \frac{\Delta T}{T} = 0 \tag{3-119}$$

解得

$$\frac{\Delta p}{p} - \frac{\Delta \rho}{\rho} - \frac{\Delta T}{T} = 0 \tag{3-120}$$

此时可对比冻结声速与气相的声速关系

$$\frac{\Delta p}{p} - \frac{\Delta \rho}{\rho} - \frac{\Delta T}{T} = 0 \tag{3-121}$$

3.4　气固可压缩双流体模型

目前，对于离散型两相流动的数值模拟方法主要分为两大类：拉格朗日方法(Lagrangian approach)和欧拉方法(Eulerian approach)。在拉格朗日方法中，气固两相流中的颗粒相采用逐个颗粒追踪的方式，将单个颗粒假设为质点，运用牛顿第二定律计算单个颗粒在气相流场驱动下的运动轨迹，通过在计算域中跟踪足够多的质点颗粒，模拟颗粒相的流场分布。由于 Lagrangian 方法对于颗粒流场处理的概念清晰且计算方法实现简单易行，第 5 章用此方法揭示二维体系下的气固分相问题。然而拉格朗日方法在随着颗粒相浓度增大时，以及气固相互作用增强，尤其是对颗粒流这样的强可压过程计算，在计算中需跟踪的颗粒数量随之几何指数增长，同时也对流场信息统计以及迭代收敛造成很大困难。在欧拉方法中，将气固两相流动中的离散相控制方程在欧拉坐标系下表达，采用场的观点描述颗粒的运动状态，将离散相假设为拟流体，并且与气相之间是相互渗透的。与气相类似，在欧拉坐标系下分别建立拟流体的连续性方程、动量方程、能量方程等，因此也称为“双流体模型”方法。双流体模型的优点在于离散相的计算量并不受颗粒数量的影响，并且由于采用场的概念对离散相流场进行求解，能够直接得到颗粒在流场中的速度、浓度、温度等属性分布及其变化过程。然而，在离散相中对颗粒的破碎、碰撞、蒸发等子模型的应用相对困难。同时，在采用双流体模型处理多粒径流场问题时，每一种粒径的颗粒需采用独立的离散相控制方程组进行求解。因此，对于粒径分布范围大的离散相流场，双流体模型在计算量方面的优势相对于 Lagrangian 方法不明显。对于欧拉双流体模型，离散相拟流体的计算量不受颗粒数量的影响。然而，在数值求解过程中发现，虽然可压缩流体控制方程的求解方法已经十分完善，但是对这一类离散相控制方程的数值求解方法涉及较少。实际上，离散相与可压缩气相的守恒型方程控制方程具有相同的形式，其数值求解可以类比气相开展，这也是双流体模型在计算方面的优势之一。

3.4.1　气固两相控制方程

本节围绕可压缩气固两相流动的双流体模型开展研究。在双流体模型中，离散相采用拟流体假设，因此气相与离散相的控制方程在同一欧拉坐标系下表达。颗粒动力学理论引入可压缩两相流动中的离散相模拟，基于颗粒温度和颗粒相压力的概念，得到了与气相在形式上等价的控制方程组。同时，颗粒动力学理论[9]在颗粒流构造了表示颗粒温度和相压力关系的状态方程，在此基础上得到了离散相声速的概念。

1. 气相控制方程

对于气相流动，采用守恒型 Navier-Stokes 控制方程组，包括连续性方程、动量方程和能量方程：

$$\frac{\partial(\alpha_g\rho_g)}{\partial t}+\frac{\partial}{\partial x_j}(\alpha_g\rho_g U_{gj})=0$$

$$\frac{\partial(\alpha_g\rho_g U_{gi})}{\partial t}+\frac{\partial}{\partial x_j}(\alpha_g\rho_g U_{gj}U_{gi}+\delta_{ij}\alpha_g p_g)=\frac{\partial\tau_{g,ij}}{\partial x_j}+S_{gs,i}$$

$$\frac{\partial(\alpha_g\rho_g E_g)}{\partial t}+\frac{\partial}{\partial x_j}\left[\alpha_g\rho_g U_{gj}\left(E_g+\frac{p_g}{\rho_g}\right)\right]=\frac{\partial}{\partial x_j}(\tau_{g,ij}U_{gi})-\frac{\partial q_{gj}}{\partial x_j}+Q_{gs} \tag{3-122}$$

其中，a_g，p_g，U_g 和 E_g 分别表示气相的体积分数、密度、速度和总能，下标“g”代表气相。假设气相为理想流体，压力 p_g 和温度 T_g 满足状态方程

$$p_g=\rho_g R_g T_g \tag{3-123}$$

其中，R_g 为气体常数。气相总能 E_g 定义为气相内能 e_g 与动能之和，即

$$E_g=e_g+\frac{1}{2}U_{gi}U_{gi} \tag{3-124}$$

气相内能通过定容比热容 C_{gv} 及温度 T_g 得到 $e_g=c_v^g T_g$；气相黏性应力张量为

$$\boldsymbol{\tau}_{g,ij}=2\mu_g(S_{g,ij}-\frac{1}{3}S_{g,ij}\delta_{ig}) \tag{3-125}$$

其中，变形率张量 $\boldsymbol{S}_{g,ij}$ 定义为

$$S_{g,ij}=\frac{1}{2}\left(\frac{\partial U_{gi}}{\partial x_j}+\frac{\partial U_{gj}}{\partial x_i}\right) \tag{3-126}$$

气相内部热流采用傅里叶导热定量计算

$$q_{gi}=-\lambda_g \partial T_g/\partial x_i \tag{3-127}$$

上述表达式中，黏性系数 μ_g 及导热系数 λ_g 采用 Sutherland 公式求解。由于气固两相间作用采用双向耦合，S_{gp} 与 Q_{gp} 分别为动量方程与能量方程中的气固两相耦合源项。

2. 颗粒相控制方程

为了解决离散相控制方程的适定性问题，将基于颗粒动力学理论(kinetic theory of granular flow)的双流体模型引入可压缩两相流动数值模拟中。颗粒动力学理论是通过将颗粒运动与气体分子运动进行类比提出的，将颗粒的随机运动比拟为气体分子的无规则热运动，并由此建立颗粒温度的概念，然后通过假设单个颗粒随机运动服从 Maxwellian 分布函数，并进一步利用玻尔兹曼方程进行推导得到颗粒相的控制方程，包括质量、动量、能量及拟温度输运方程。颗粒相拟温度定义为 $\theta_s = 1/3\langle C^2\rangle$，其中 C 为颗粒随机运动的瞬时速度，而括号表示对该速度的空间平均。同时，类比空气动力学理论，颗粒动力学模型提出颗粒的随机运动以及颗粒之间的碰撞作用能够引起颗粒相拟流体的黏性及相压力，并将颗粒相压力与颗粒温度通过状态方程的形式关联起来。颗粒动力学模型在鼓泡流化床、循环流化床、提升管等不可压缩的离散型气固两相流动中应用广泛，而在可压缩两相流动中，目前鲜有颗粒动力学模型的应用。基于颗粒动力学理论，在双流体模型的离散相控制方程中，可建立离散相拟温度和离散相压力的概念，并且类似于气相，在离散相中存在联系两者的状态方程。由上述分析可知，颗粒相压力是改善离散相控制方程性质的关键因素。因此，这里对基于颗粒动力学理论的离散相控制方程展开特征分析研究，阐明离散相压力对于方程性质及其求解适定性问题的影响，为基于颗粒动力学理论的双流体模型在可压缩两相流中的应用奠定基础。

采用基于颗粒动力学理论的欧拉方法，在离散相控制方程组中引入离散相拟温度 θ_s 方程。拟温度反映了离散相中颗粒随机运动的剧烈程度，并由此提出了离散相压力的概念。类似于气相状态方程，颗粒动力学理论在离散相控制方程中给出了颗粒温度与颗粒相压力的关系式。因此，离散相控制方程在形式上与气相控制方程保持了一致性，包括连续性方程、动量方程、拟温度方程和能量方程：

$$\frac{\partial(\alpha_s\rho_s)}{\partial t}+\frac{\partial}{\partial x_j}(\alpha_s\rho_s U_{sj})=0$$

$$\frac{\partial(\alpha_s\rho_s U_{si})}{\partial t}+\frac{\partial}{\partial x_j}(\alpha_s\rho_s U_{sj}U_{sgi})=-\frac{\partial}{\partial x_i}(\alpha_s p_g)+\frac{\partial \boldsymbol{\Pi}_{s,ij}}{\partial x_j}-S_{gs,i}$$

$$\frac{\partial(\alpha_s\rho_s\theta_{si})}{\partial t}+\frac{\partial}{\partial x_j}(\alpha_s\rho_s U_{si}\theta_s)=\frac{2}{3}\boldsymbol{\Pi}_{s,ij}\frac{\partial v_{pj}}{\partial x_j}-\frac{2}{3}\frac{\partial q_{pj}}{\partial x_i}-\frac{2}{3}\gamma$$

$$\frac{\partial(\alpha_g\rho_s h_s)}{\partial t}+\frac{\partial}{\partial x_j}[\alpha_s\rho_s U_{sj}h_p]=\frac{\partial}{\partial x_i}\left(\frac{\mu_s}{\sigma_s}\frac{\partial h_s}{\partial x_j}\right)-Q_{gs} \tag{3-128}$$

其中，a_s，p_s，U_s，θ_s 和 h_s 分别表示颗粒相的体积分数、密度、速度、拟温度和总能，下标“s”代表颗粒相。根据颗粒动力学理论，离散相应力张量为

$$\boldsymbol{\Pi}_{p,ij}=-p_s\delta_{ij}+\varepsilon_s\frac{\partial U_{pj}}{\partial x_j}\delta_{ij}+2\mu_s\left(S_{p,ij}-\frac{1}{3}S_{s,ij}\delta_{ij}\right) \tag{3-129}$$

其中，变形率张量 $\boldsymbol{S}_{g,ij}$ 定义为

$$S_{s,ij}=\frac{1}{2}\left(\frac{\partial U_{pi}}{\partial x_j}+\frac{\partial U_{pj}}{\partial x_i}\right) \tag{3-130}$$

离散相中压力 p_s 与颗粒温度 θ_s 通过状态方程相关联，即

$$p_s=\alpha_s\rho_s[1+2(1+e)\alpha_s g_0]\theta_s \tag{3-131}$$

其中，e 为颗粒碰撞恢复系数。将颗粒假设为球形颗粒，根据颗粒碰撞由弹性碰撞至非弹性碰撞，其取值范围为 0～1。径向分布函数 g_0 定义为

$$g_0=\frac{3}{5}\left[1-\left(\frac{\alpha_s}{\alpha_{s,\max}}\right)^{1/3}\right]^{-1} \tag{3-132}$$

当离散相体积分数 α_s 接近颗粒堆积极限值 $\alpha_{s,max}=0.63$ 时，由径向分布函数可知，离散相压力迅速增大，表示颗粒达到堆积状态。

类似于气相黏性系数，颗粒动力学理论给出了离散相剪切黏性系数的定义。根据颗粒动力学理论，离散相在稀疏状态下的黏性应力主要与颗粒在流场中的随机运动相关；而对于稠密状态下的离散相，黏性应力的计算还需要考虑颗粒之间的碰撞作用。因此，颗粒动力学分别给出稀疏和稠密状态下的黏性系数表达式，即离散相在系数状态下的黏性系数

$$\mu_{s,\text{dilute}}=\frac{5\sqrt{\pi}}{96}\rho_s d_s\theta_s^{1/2} \tag{3-133}$$

离散相在稠密状态下的黏性系数

$$\mu_{\text{p,dilute}} = \frac{10\rho_{\text{s}}d_{\text{s}}\sqrt{\pi\theta_s}}{96(1+e)g_0}[1+\frac{4}{5}(1+e)g_0\alpha_{\text{s}}]^2 + \frac{4}{5}\alpha_{\text{s}}^2(1+e)\rho_{\text{s}}d_{\text{s}}g_0\sqrt{\frac{\theta_{\text{s}}}{\pi}} \tag{3-134}$$

其中，d_{s}为颗粒粒径，体积黏性定义为

$$\zeta_{\text{s}} = \frac{4}{3}\alpha_{\text{s}}^2\rho_{\text{s}}d_{\text{s}}g_0(1+e)\sqrt{\frac{\theta_{\text{s}}}{\pi}} \tag{3-135}$$

在离散相拟温度控制方程(3-128)中，方程右侧三项分别为拟温度的生成项、扩散项及耗散项。其中，扩散项类比气相傅里叶导热定律的梯度形式得到

$$q_{\text{s}} = -\left(\frac{\Gamma_\theta + \mu_{\text{s}}}{\sigma_{\text{s}}}\right)\frac{\partial\theta_{\text{s}}}{\partial x_j} \tag{3-136}$$

其中，拟温度动力学扩散系数Γ_θ根据离散相的稀疏和稠密状态，颗粒动力学分析分别得到相应的表达式，即离散相在稀疏状态下的扩散系数

$$\Gamma_{\theta,\text{dilute}} = \frac{75\sqrt{\pi}}{384}\rho_{\text{s}}d_{\text{s}}\theta_{\text{s}}^{1/2} \tag{3-137}$$

与此相对应，离散相在稠密状态下的扩散系数

$$\Gamma_{\theta,\text{dense}} = \frac{150\rho_{\text{s}}d_{\text{s}}\sqrt{\pi\theta_{\text{s}}}}{384(1+e)g_0}[1+\frac{6}{5}(1+e)g_0\alpha_{\text{s}}]^2 + 2\alpha_{\text{s}}^2\rho_{\text{s}}d_{\text{s}}g_0(1+e)\sqrt{\frac{\theta_{\text{s}}}{\pi}} \tag{3-138}$$

由离散相拟温度控制方程可知，拟流体应力与速度梯度的乘积会导致离散相拟温度的产生，而颗粒动力学给出的拟温度耗散项为

$$\gamma = 3(1-e^2)\alpha_{\text{s}}^2\rho_{\text{s}}d_{\text{s}}g_0\theta_{\text{s}}\left[\frac{4}{d_{\text{s}}}\sqrt{\frac{\theta_{\text{s}}}{\pi}} - \frac{\partial v_{\text{s}j}}{\partial x_j}\right] \tag{3-139}$$

3.4.2　气固两相耦合模型

由于气固两相控制方程组在统一的欧拉坐标系下表达，可以很方便地给出离散相的流场分布情况，因此双流体模型在处理双向耦合时，避免了 Lagrangian 方法中对颗粒在计算空间点位置处的差值与统计，简化了计算过程。值得指出的是，Lagrangian 方法对于强可压缩流这样的强作用关系，与气相双向耦合的计算需在强作用区域进行网格加密，并且为了计算的稳定性，颗粒的计算数量与网格数量之比也需提高，会导致计算量的进一步增大。然而，可压缩流的数值求解过程稳定性会受到 CFL(Courant-Friedriches-Lewy)条件的影响，网格的加密将会限制数

值计算的时间步长。因此，采用 Lagrangian 方法模拟强可压缩流对于数值计算的稳定性和计算量都提出了很高的要求。双流体模型通过两相的动量和能量方程中的源项实现相间相互作用力与能量传递。

气固两相之间的作用力主要为曳力 F_d。目前，关于单颗粒在气相流场中的受力分析已开展了大量的研究工作，相关研究得到的曳力表达式也得到了广泛应用。近年来，关于可压缩流动中颗粒在流场中受力的实验研究和理论分析也取得了较大进展，给出了气固两相曳力表达式的可压缩性修正关系式。本节采用的相间曳力表达式 F_d 为

$$F_{d,i} = 3\pi\mu_g d_p (U_{gi} - U_{si}) \frac{Re_s}{24} C_D(Re_s, M_s) \tag{3-140}$$

因此，可以得到气相与离散相动量方程中的源项 S_{gs} 为

$$S_{gs,i} = \frac{\alpha_s \rho_s}{\tau_{rs}} (\boldsymbol{U}_{si} - \boldsymbol{U}_{gi}) \tag{3-141}$$

其中，τ_{rs} 为颗粒的弛豫时间，其物理意义表示颗粒追随流体做加速运动的快慢程度，定义为

$$\tau_{rs} = \frac{4 d_p \rho_s}{3\rho_g \left|\boldsymbol{U}_g - \boldsymbol{U}_s\right| C_D} \tag{3-142}$$

其中，$\boldsymbol{U}$ 表示速度矢量。

由此可见，相间相互作用力主要与两相滑移速度的大小和曳力系数 C_D 相关。根据 Parmar 等对可压缩流动中单颗粒受力的实验和理论研究，给出了可压缩修正的曳力系数表达式，即

$$C_D(Re_s, Ma_s) = C_{D,std}(Re_s)\xi(Ma_s, Re_s) \tag{3-143}$$

其中，$C_{D,std}$ 为不可压缩条件下的标准曳力系数公式，

$$C_{D,std}(Re_s) = \frac{24}{Re_s}[1 + 0.15(Re_s)^{0.687}] + 0.42\left[1 + \frac{42500}{Re_s^{1.16}}\right]^{-1} \tag{3-144}$$

该曳力系数为颗粒雷诺数 Re_s 的函数，

$$Re_s = \frac{\rho_g \left|\boldsymbol{U}_g - \boldsymbol{U}_s\right| d_p}{\mu_g} \tag{3-145}$$

在可压缩条件下考虑了颗粒马赫数 Ma_s 的影响，这里颗粒马赫数 Ma_s 定义为

$$Ma_s = \frac{\left|\boldsymbol{U}_g - \boldsymbol{U}_s\right|}{a_g} \tag{3-146}$$

气相与离散相之间的能量耦合通过离散相拟流体与气相流体之间的热传递进行。若忽略热辐射热的影响，仅考虑对流换热，可以得到气固两相能量方程中

源项 Q_{gs} 为

$$Q_{gs} = \alpha_s \rho_s c_s^p \frac{T_s - T_g}{\tau_{hs}} \frac{Nu}{2} \tag{3-147}$$

其中，c_s^p 为颗粒材料的定容比热，τ_{hs} 为颗粒温度变化的弛豫时间，其物理意义表示颗粒温度 T_s 对气相温度变化的响应快慢程度，

$$\tau_{hs} = \frac{\rho_s c_s^p d_s}{12\lambda_g} \tag{3-148}$$

无量纲数 Nu 为颗粒雷诺数 Re_s 和普朗特数 Pr 的函数，即

$$Nu = 2 + (0.4Re_s^{0.5} + 0.06Re_s^{2/3})Pr^{0.4}$$

$$Pr = \frac{\mu_g c_g^p}{\lambda_g} \tag{3-149}$$

其中，C_g^p 为气相的定压比热。值得强调的是，离散相湍流模型采用单方程湍动能 k_s 模型。该模型主要在气固流态化两相流动及煤粉燃烧等不可压缩双流体数值模拟研究领域应用较多。本节将此模型引入可压缩两相流动的离散相湍流模拟中，即

$$\frac{\partial}{\partial t}(\alpha_s \rho_s k_s) + \frac{\partial}{\partial x_j}(\alpha_s \rho_s v_{sj} k_s) = \frac{\partial}{\partial x_j}(\frac{\mu_{st}}{\sigma_s} \frac{\partial k_s}{\partial x_j}) + G_{ks} - \alpha_s \rho_s \varepsilon_s \tag{3-150}$$

上述湍动能控制方程右侧包含速度梯度引起的湍动能生成项以及湍动能耗散率项。式(3-150)考虑了气相湍动能 k_g 的影响，气相湍动能的增强能够削弱离散相湍动能的耗散作用。同时，离散相的湍流黏性 μ_{st} 也与气相湍流相关，即

$$\mu_{st} = C\mu_s \alpha_s \rho_s \sqrt{k_s^{0.5} k_g^{1.5}} / \omega_g \tag{3-151}$$

离散相有效黏性 μ_{se} 为

$$\mu_{se} = \mu_s + \mu_{st} \tag{3-152}$$

至此，气相与离散相的湍流分别通过相应的湍流模型进行模拟；同时，在各相湍流模型中，考虑了两相湍流相互作用的影响。另外通过上述分析可知，在双流体模型数值模拟中，对于计算稳定性的要求，存在三个限制，即气相 CFL 条件、离散相 CFL 条件以及双向耦合的弛豫时间 τ 约束。在计算过程中，需要综合考量上述三个条件对于计算稳定性的影响。一般认为颗粒相追随流体相运动，其运动速度 U_p 小于 U_g，并且颗粒相的拟温度较小，由颗粒相声速 a_s 定义可知，a_s 值远小于气相声速 a_g。因此，通常情况下，气相控制方程迎风格式的依赖域若满足其自身的 CFL 条件，则该依赖域在计算空间的范围将大于离散相控制方程依赖域的范围，即包含离散相偏微分方程解的依赖域，从而离散相求解的 CFL 条件自动满足。因此，在实际计算中，计算时间步长的选取仅需要考虑气相 CFL 条件以及双

向耦合的弛豫时间约束的影响。

3.4.3 双流体模型的弛豫时间

颗粒在受到气相流场作用力之后产生加速运动，而颗粒加速的快慢程度可以采用弛豫时间 τ_{rs} 进行描述。对于单颗粒运动，当相间作用力遵循 Stokes 阻力定律时，取 $C_D=24/Re_p$，有

$$\tau_{rs} = \frac{\rho_s d_p^2}{18\mu_g} \tag{3-153}$$

可见，弛豫时间与颗粒的材料密度、粒径以及气相的黏性相关，在颗粒采用 Lagrangian 方法计算过程中，计算的积分时间步长需要考虑弛豫时间的影响，即积分时间步长一般要小于弛豫时间以便合理地描述颗粒的加速过程。同样地，在双流体模型计算中，颗粒相也存在加速运动过程。然而，由于两相之间采用双向耦合的计算形式，原来的基于单颗粒运动的弛豫时间对计算时间步长的影响是否适用仍是一个问题。在两相流动的动量方程中，存在流动时间和弛豫时间两种时间尺度。这种多时间尺度问题类似于化学反应流动中，能量方程的计算存在流动时间尺度和化学反应时间尺度的情况，而上述多时间尺度对计算时间步长的影响均可以归结为控制方程源项所导致的刚性问题。具体而言，若化学反应在短时间内释放较高的能量，而由于计算时间步长过长导致不能对该能量释放过程进行描述，将会导致数值计算不稳定；类似地，在高速可压缩气流中，两相之间存在较强的动量交换，如果在流动时间尺度内，动量方程中的源项有较大的变化，同样可能引起数值计算的不稳定。因此，需要分析双流体模型中影响离散相加速快慢程度的因素，得到双向耦合条件下的弛豫时间，以控制计算过程中的时间步长的选取。

为了分析方便，将气固两相耦合的动量方程单独列出，且气固两相间作用力仅考虑由于速度滑移引起的曳力。将两相动量方程在拉格朗日坐标系下进行重新组合，得到以下形式的一阶常微分方程组

$$\begin{cases} \alpha_g \rho_g \dfrac{\mathrm{d}U_g}{\mathrm{d}t} = \alpha_s \rho_s \dfrac{U_s - U_g}{\tau_{rp}} \\ \alpha_s \rho_s \dfrac{\mathrm{d}U_s}{\mathrm{d}t} = \alpha_s \rho_s \dfrac{U_s - U_g}{\tau_{rp}} \end{cases} \tag{3-154}$$

进一步转化为

$$\begin{cases}\dfrac{\mathrm{d}U_{\mathrm{g}}}{\mathrm{d}t}=(1-\varepsilon_{\mathrm{s}})\dfrac{U_{\mathrm{s}}-U_{\mathrm{g}}}{\tau_{\mathrm{rp}}}\\ \dfrac{\mathrm{d}U_{\mathrm{s}}}{\mathrm{d}t}=\dfrac{U_{\mathrm{s}}-U_{\mathrm{g}}}{\tau_{\mathrm{rp}}}\end{cases}\tag{3-155}$$

采用“冻结系数”假设，在局部计算域 e 为常数，可将方程组简化为线性系统进行分析。若令

$$\boldsymbol{V}=\begin{pmatrix}U_{\mathrm{g}}\\ U_{\mathrm{s}}\end{pmatrix}\tag{3-156}$$

其 Jacobian 矩阵为

$$\boldsymbol{J}=\begin{bmatrix}-\dfrac{\varepsilon_{\mathrm{s}}}{\tau_{\mathrm{rp}}} & \dfrac{\varepsilon_{\mathrm{s}}}{\tau_{\mathrm{rp}}}\\ \dfrac{1}{\tau_{\mathrm{rp}}} & -\dfrac{1}{\tau_{\mathrm{rp}}}\end{bmatrix}\tag{3-157}$$

进一步求解 Jacobian 矩阵的特征值，

$$\begin{bmatrix}\lambda+\dfrac{\varepsilon_{\mathrm{s}}}{\tau_{\mathrm{rp}}} & -\dfrac{\varepsilon_{\mathrm{s}}}{\tau_{\mathrm{rp}}}\\ -\dfrac{1}{\tau_{\mathrm{rp}}} & \lambda+\dfrac{1}{\tau_{\mathrm{rp}}}\end{bmatrix}=0\tag{3-158}$$

可得其特征值为

$$\begin{aligned}&\lambda_1=0\\ &\lambda_2=-\left(1+\varepsilon_{\mathrm{s}}\right)/\tau_{\mathrm{rp}}\end{aligned}\tag{3-159}$$

根据指数函数的导数性质，原常微分方程组解的形式可表述为

$$\begin{cases}U_{\mathrm{g}}=x_1e^{\lambda t}\\ U_{\mathrm{s}}=x_2e^{\lambda t}\end{cases}\tag{3-160}$$

为了得到方程组的通解，需要得到 Jacobian 矩阵特征值对应的特征向量。当 $\lambda=\lambda_1$ 时，求解行列式对应的系数方程组

$$\begin{cases}\dfrac{\varepsilon_{\mathrm{s}}}{\tau_{\mathrm{rp}}}x_1-\dfrac{\varepsilon_{\mathrm{s}}}{\tau_{\mathrm{rp}}}x_2=0\\ -\dfrac{1}{\tau_{\mathrm{rp}}}x_1+\dfrac{1}{\tau_{\mathrm{rp}}}x_2=0\end{cases}\tag{3-161}$$

得到其对应的特征向量为

$$\boldsymbol{\xi}_1=\begin{pmatrix}1\\1\end{pmatrix} \tag{3-162}$$

当 $\lambda=\lambda_2$ 时，求解式中行列式对应的系数方程组

$$\begin{cases}-\dfrac{\varepsilon_s}{\tau_{rp}}x_1-\dfrac{\varepsilon_s}{\tau_{rp}}x_2=0\\ -\dfrac{1}{\tau_{rp}}x_1-\dfrac{1}{\tau_{rp}}x_2=0\end{cases} \tag{3-163}$$

得到对应的特征向量为

$$\boldsymbol{\xi}_2=\begin{pmatrix}-\varepsilon_s\\1\end{pmatrix} \tag{3-164}$$

因此，原微分方程组通解为

$$V=C_1\boldsymbol{\xi}_1\mathrm{e}^{\lambda_1 t}+C_2\boldsymbol{\xi}_2\mathrm{e}^{\lambda_2 t}+C_3 \tag{3-165}$$

同时可以看出，上述系数方程组具有特解

$$\begin{pmatrix}x_1\\x_2\end{pmatrix}=\begin{pmatrix}0\\0\end{pmatrix} \tag{3-166}$$

由此可知，通解可整理为

$$\begin{cases}U_g=C_1-C_2\varepsilon_s\exp\left[-t(1+\varepsilon_s)/\tau_{rp}\right]\\ U_s=C_1+C_2\exp\left[-t(1+\varepsilon_s)/\tau_{rp}\right]\end{cases} \tag{3-167}$$

上式中，指数部分为解的快变分量，其中瞬态时间常数为

$$\tau_\lambda=\frac{\tau_{rp}}{1+\varepsilon_s} \tag{3-168}$$

可以看到，随着时间的推移气固两相各自的速度 U_g 和 U_s 逐渐趋于稳定值，而 τ 则表示了颗粒相或者气相速度达到稳定状态的快慢程度。由上述分析可知，在双流体模型欧拉坐标系中，两相双向耦合条件下，快慢过程瞬态时间常数 τ 与单个颗粒的弛豫时间 τ_{rp} 相比，除了受到颗粒材料密度、粒径以及气相的黏性影响之外，还与两相的体积分数相关。由于颗粒相对气相的作用，双向耦合条件下的弛豫时间小于单颗粒弛豫时间，减小的程度与系数 e 相关。当颗粒相的体积分数 α_p 远小于气相体积分数 α_g 时，即 $e\sim0$（单颗粒运动情形），有 $\tau_\lambda\sim\tau_{rp}$。因此，单颗粒动力学中的弛豫时间 τ_{rp} 是上述双向耦合弛豫时间 τ_λ 在特定条件下的结果。然而，当颗粒相的体积分数较大，系数 e 不可忽略的条件下，需要考虑双向耦合引起的弛豫时间的减小对计算稳定性的影响。

3.5　“超可压缩流”与类准粒子模型

通过上述的讨论可知，借鉴温度的微观定义，颗粒流中颗粒温度仅有几 K，因此颗粒流会呈现低温物理中显著的“宏观量子效应”。在气固两相流中，由于“过冷”固体颗粒相的加入使得其平衡声速急剧降低，这就使得在体系内的压力波动很容易达到声速进而出现类激波的界面。正因为气固两相流具有这样的“超可压缩性”产生间断界面，使得气固两相流具有优异的流动性与传递能力。基于第 2 章中的讨论，我们可将气固两相流分为固体颗粒体积分数较小的气穴相和固体颗粒体积分数较大的颗粒聚团。根据两相结构特征，气固流态化流动机制为：气固密相流化，此时颗粒聚团为连续相，气穴相为分散相。颗粒聚团在空间尺度分布均匀而两相相互作用主要体现为时间尺度的不均匀；对于气固稀相流化，此时流化床中心区颗粒聚团消失，气穴相为连续相；边壁区气穴相减少，颗粒聚团为连续相。气穴连续相与颗粒团连续相在截面上共存，两相结构受壁面影响强烈；床内两相空间分布极不均匀，时间尺度相对均匀；相转变状态，颗粒聚团与气穴相处于相互作用均衡状态，床中心有部分相转变，但整体上颗粒团仍为床内的连续相。床内两相空间分布较均匀，时间尺度湍动最大，传递混合效果好。因此，传统双流体模型将气固两相分为纯气相和纯固体颗粒相，其未能考虑气穴相中小部分颗粒对其可压缩性的影响及其类激波特征，也未考虑颗粒聚团的强可压缩性。另一方面，双流体模型中两相耦合非常复杂，且未能清晰描述气穴相与颗粒聚团之间相互转化的过程，是数值计算适定性与稳定性的突出问题。

在本节中，我们基于低温物理的超流现象首次提出气固湍动流化区的“超可压缩”现象，借鉴朗道“准粒子”模型将低颗粒温度的颗粒聚团视为基态，将气穴相视为激发态，抓住气固两相流强可压缩性特征，建立描述气固流态化超传递行为的新架构。

3.5.1　颗粒聚团的数学描述

首先从具有强可压缩性的颗粒聚团入手，构建描述强可压缩性的数学框架。在这里需强调按质量守恒计算，忽略气体的密度是合理的，而气体的体积分数是不能忽略的。此外，基于第 2 章的测量可知气固密相流态化中颗粒聚团的平均固体体积分数维持在鼓泡流化状态。因此，一维的质量守恒与动量守恒可写为

$$\frac{\partial \rho_{\mathrm{mb}}}{\partial t}+\frac{\partial(\rho_{\mathrm{mb}}U_{\mathrm{s}})}{\partial x}=0$$

$$\frac{\partial(\rho_{\mathrm{mb}}U_{\mathrm{s}})}{\partial t}+\frac{\partial(\rho_{\mathrm{mb}}U_{\mathrm{s}}^{2})}{\partial x}+\frac{\partial p_{\mathrm{b}}}{\partial x}=0 \tag{3-169}$$

其中，堆积密度 ρ_{mb} 等于 $\varepsilon_{mb}\rho_s$。在这里，描述超可压缩性的关键是建立颗粒相压力与颗粒相密度的本构方程。引入固体颗粒相压力(p_s)的概念，并基于气体分子动力学给出颗粒聚团的状态方程：

$$p_s = \varepsilon_s\rho_s\theta_s \tag{3-170}$$

其中，θ_s 是颗粒温度，与气体温度的微观定义一致，为其平均平动动能的三分之一。由于固体颗粒的自身密度是恒定的，因此更多的是固体颗粒体积分数 ε_s 的变化，这也是为何颗粒聚团中少量气体体积不能忽略的核心。那么在描述超可压缩性时，压力与密度的关系就转化为相压力与颗粒固含的关系：

$$p_s = p_s(\varepsilon_s) \tag{3-171}$$

用相压力对体积分数做微分就得到基于体积为基准的固体颗粒弹性模量 G：

$$G = \frac{\partial p_s}{\partial \varepsilon_s} \tag{3-172}$$

那么，颗粒相压力在空间尺度上的传播可写为

$$\frac{\partial p_s}{\partial x} = \frac{\partial p_s}{\partial \varepsilon_s}\frac{\partial \varepsilon_s}{\partial x} = G\frac{\partial \varepsilon_s}{\partial x} = \frac{G}{\rho_s}\frac{\partial \rho_{mb}}{\partial x} = G_m\frac{\partial \rho_{mb}}{\partial x} \tag{3-173}$$

其中，质量为基准的弹性模量为 $G_m = G/\rho_s$。

进一步地，固体颗粒流的通量 $F_s=\rho_{mb}U_s$，为简化推导过程，我们将动量方程的速度的高阶项线性化，可得到基于 ρ_{mb} 和 F_s 两个变量的质量与动量平衡：

$$\frac{\partial \rho_{mb}}{\partial t} + \frac{\partial F_s}{\partial x} = 0$$

$$\frac{\partial F_s}{\partial t} + G_m\frac{\partial \rho_{mb}}{\partial x} = 0 \tag{3-174}$$

基于方程组(3-174)，推导其波动方程形式以获得颗粒聚团的声速表达式。对式(3-174)的质量守恒在空间尺度上微分可得

$$\frac{\partial^2 \rho_{mb}}{\partial x \partial t} = -\frac{\partial^2 F_s}{\partial x^2} \tag{3-175}$$

对式(3-174)的动量守恒在时间尺度上微分可得

$$\frac{\partial F_s}{\partial t^2} = -G_m\frac{\partial^2 \rho_{mb}}{\partial t \partial x} \tag{3-176}$$

消去式(3-175)和式(3-176)中 ρ_{mb} 在时间和空间尺度的混合微分项，可得颗粒流通量 F_s 的波动方程表达式：

$$G_m\frac{\partial^2 F_s}{\partial x^2} = \frac{\partial^2 F_s}{\partial t^2} \tag{3-177}$$

类似地，将式(3-174)的质量守恒方程在时间尺度微分，其动量方程在空间尺度微

分可得到 ρ_{mb} 的波动方程表达式：

$$\frac{\partial \rho_{mb}}{\partial t^2} = G_m \frac{\partial^2 \rho_{mb}}{\partial x^2} \tag{3-178}$$

因此，压力扰动在颗粒聚团中的特征速度，即颗粒聚团声速 a_c 为

$$a_c \equiv \frac{\partial x}{\partial t} = \pm\sqrt{G_m} = \pm\sqrt{G / \rho_s} \tag{3-179}$$

这样，我们就给出了描述颗粒聚团相的强可压缩性的本构方程，在指定的初始和边界条件下，即可得到波动方程的解。值得注意的是，当式(3-179)中颗粒聚团声速为负时，颗粒相压力随着固体颗粒体积分数的增加而减小，且式(3-174)退化成为拉普拉斯方程。我们知道获得拉普拉斯方程的唯一解需要边界函数，这意味着未来的事件将影响现在，因此需提供另外的稳定性条件避免这一违反因果关系的现象产生。通过要求本构方程满足热力学第二定律，该稳定性条件为

$$\left(\partial p_s / \partial \varepsilon_s\right) > 0 \tag{3-180}$$

该要求又提出了类似前面的适定性问题，在后边章节中会详细讨论在超可压流模型中避免这种非适定性行为。

3.5.2　气穴相的数学描述

与颗粒聚团相对应，气穴相中固体颗粒体积分数较小因此其体积分数较小，为简化推导可忽略不计；但是由于颗粒的密度比气体高 3 个数量级，因此气穴相中固体颗粒的质量分数是不可忽略的。正是由于气穴中微量颗粒的存在，使得其自身的可压缩性也是显著的，具体表现为平均密度对压力的敏感性，这也是本小节建立气穴相数学架构的核心。

在气穴相中，由于气体为主体可认为气固的松弛不显著，即认为气固具有相同的速度。此外，如 3.3 节中所讨论的气固稀相状态中固体颗粒相压力相比于气相压力可忽略不计($p = p_g$)。那么，以混合速度 U_M 的混合动量方程为

$$\rho_M \frac{dU_M}{dt} = -\frac{\partial p}{\partial x} - \rho_M g \tag{3-181}$$

对于气穴相中气体的状态方程：

$$\rho_g = \rho_g\left(T_g, p_g\right) \tag{3-182}$$

在等熵过程中，声速 a_g 为

$$a_s^2 = \left(\frac{\partial p_g}{\partial \rho_g}\right)_S \tag{3-183}$$

在此基础上，可得到气穴相中气体的连续性方程

$$\frac{\mathrm{d}(1-\varepsilon_{\mathrm{s}})}{\mathrm{d}t}+\frac{1-\varepsilon_{\mathrm{s}}}{\rho_{\mathrm{g}}a_{\mathrm{g}}^{2}}\frac{\mathrm{d}p}{\mathrm{d}t}+(1-\varepsilon_{\mathrm{s}})\frac{\partial U_{\mathrm{M}}}{\partial x}=0 \tag{3-184}$$

与此相对应，气穴相中颗粒的连续性方程为

$$-\frac{\mathrm{d}(1-\varepsilon_{\mathrm{s}})}{\mathrm{d}t}+\varepsilon_{\mathrm{s}}\frac{\partial U_{\mathrm{M}}}{\partial x}=0 \tag{3-185}$$

对上述两个连续性方程(3-184)和(3-185)求和，得到

$$\frac{1-\varepsilon_{\mathrm{s}}}{\rho_{\mathrm{g}}a_{\mathrm{g}}^{2}}\frac{\mathrm{d}p}{\mathrm{d}t}+\frac{\partial U_{\mathrm{M}}}{\partial x}=0 \tag{3-186}$$

对式(3-186)进一步微分可得

$$\frac{\mathrm{d}}{\mathrm{d}t}\frac{\partial U_{\mathrm{M}}}{\partial x}=-\frac{\mathrm{d}}{\mathrm{d}t}\left(\frac{1-\varepsilon_{\mathrm{s}}}{\rho_{\mathrm{g}}a_{\mathrm{g}}^{2}}\frac{\mathrm{d}p}{\mathrm{d}t}\right) \tag{3-187}$$

对动量守恒(3-181)在空间做微分及对其导数求逆可得

$$\frac{\mathrm{d}}{\mathrm{d}t}\left(\frac{\partial U_{\mathrm{M}}}{\partial x}\right)=-\frac{\mathrm{d}}{\mathrm{d}x}\left(\frac{1}{\rho_{\mathrm{M}}}\frac{\mathrm{d}p}{\mathrm{d}t}\right) \tag{3-188}$$

结合式(3-187)和式(3-188)可得到

$$\frac{\mathrm{d}}{\mathrm{d}x}\left(\frac{1}{\rho_{\mathrm{M}}}\frac{\partial p}{\partial x}\right)=\frac{\mathrm{d}}{\mathrm{d}t}\left(\frac{1-\varepsilon_{\mathrm{s}}}{\rho_{\mathrm{g}}a_{\mathrm{g}}^{2}}\frac{\mathrm{d}p}{\mathrm{d}t}\right) \tag{3-189}$$

由于气穴相中的气速并不高，那么在此情况下微分形式可写作

$$\frac{\mathrm{d}}{\mathrm{d}t}=\frac{\partial}{\partial t}+U_{\mathrm{M}}\frac{\partial}{\partial x} \tag{3-190}$$

将式(3-190)代入式(3-189)可得到气穴相的压力方程，此时压力波动以气穴声速a_{v}传播

$$\frac{1}{a_{\mathrm{v}}^{2}}=\frac{\rho_{\mathrm{M}}(1-\varepsilon_{\mathrm{s}})}{\rho_{\mathrm{g}}a_{\mathrm{g}}^{2}} \tag{3-191}$$

其中，

$$\rho_{\mathrm{M}}=(1-\varepsilon_{\mathrm{s}})\rho_{\mathrm{g}}+\varepsilon_{\mathrm{s}}\rho_{\mathrm{s}} \tag{3-192}$$

为方便后续气穴相与颗粒聚团相互作用的数学表达，这里基于固体颗粒体积分数并结合式(3-183)得到气穴相声速与一般气体在等熵过程声速的关系

$$\frac{a_{\mathrm{v}}}{a_{\mathrm{g}}}=\frac{\sqrt{\rho_{\mathrm{g}}/\rho_{\mathrm{s}}}}{\sqrt{\varepsilon_{\mathrm{s}}(1-\varepsilon_{\mathrm{s}})}} \tag{3-193}$$

自此我们建立了描述气穴相的数学框架，从式(3-193)可看出固体颗粒相的加入虽然体积分数较小但是其气穴相声速远小于纯气体的声速，说明气穴相通过调

变自身的颗粒质量分数应对相压力的变化，那么其亦具有显著的可压缩性。除此之外，式(3-193)对固体颗粒体积分数 ε_s 微分，可知在 $\varepsilon_s = 0.5$ 时，a_v 达到最小值。对于一般 FCC 颗粒，气穴声速典型值为 10 m/s，说明在以气穴相为主的稀相流化中的压力扰动会以此速度传播。

3.5.3 超可压缩流-气穴相与颗粒聚团的相互作用

这里我们提出超可压缩流的概念，其表象上是气固流态化体系具有类似“超流体”的极低颗粒流黏度和极高导热能力。借鉴朗道的准粒子模型，这里将颗粒聚团视为具有极低颗粒温度的“幕后液体”，定义为超可压缩流的基态；将固体颗粒体积分数较小的气穴相视为颗粒温度较高的“准粒子”，定义为超可压缩流的激发态。我们认为基态与激发态分裂的能级(颗粒温度)是固定的，两态之间通过固体颗粒含量进行分配。这里与超流中动量-能量关系匹配原则不同，这一类超可压缩流体系中两态的平衡关系在于可压缩性(声速)的匹配：在气固密相流化状态，气穴相的流动速度要与颗粒聚团的声速匹配；随着能量持续输入，处于基态的颗粒聚团会通过输出颗粒固含跳跃至气穴相的激发态，此时颗粒聚团的声速越来越高而气穴相的声速越来越低，直到两者相等时处于湍动流化状态，即两相转变的过程；当系统进一步输入能量，此时进入气固稀相流化状态，处于激发态的气穴相成为主体流动，此时“类超流”的性质会快速消失。在本小节中，我们主要讨论超可压缩流中处于激发态的气穴相在基态的颗粒聚团中的传递过程，进而揭示其宏观低黏度与传热能力的本质。

首先，我们还是如前所述，气穴相固体颗粒体积分数为 ε_v 其运动速度为 U_v；颗粒聚团的固体颗粒体积分数为 ε_c。那么，气穴相在颗粒聚团相中的质量守恒方程可写为：

$$\frac{\partial \varepsilon_v}{\partial t} + \frac{\partial(\varepsilon_v U_v)}{\partial x} = 0 \tag{3-194}$$

此时应注意描述体系方程，略去了非线性项。由雷诺运输定理可知，式(3-194)说明了气穴相作为激发态以 U_v 的速度在颗粒聚团中传播并保持固体颗粒体积分数恒定为 ε_v。类似气固滑移的概念，我们可给出气穴相与颗粒聚团的滑移表述：

$$\frac{\partial(U_v - U_c)}{\partial x} = \frac{1}{\varepsilon_v \varepsilon_s}\left[\frac{\partial \varepsilon_v}{\partial t} + (\varepsilon_v U_c + \varepsilon_c U_v)\frac{\partial \varepsilon_v}{\partial x}\right] \tag{3-195}$$

针对式(3-195)，以下定义气穴相与颗粒聚团的反加权平均速度为

$$\hat{U} = \varepsilon_v U_c + \varepsilon_c U_v \tag{3-196}$$

气穴相与颗粒聚团的滑移速度为

$$U_r = U_c - U_v \tag{3-197}$$

基于式(3-196)和式(3-197)可将式(3-195)改写为

$$\frac{\partial \varepsilon_{\mathrm{v}}}{\partial t}+\hat{U}\frac{\partial \varepsilon_{\mathrm{v}}}{\partial x}=\varepsilon_{\mathrm{v}}\varepsilon_{\mathrm{c}}\frac{\partial U_{\mathrm{r}}}{\partial x} \tag{3-198}$$

令气穴相与颗粒聚团的滑移 U_{r} 是一个常数，那么处于激发态的气穴相将在颗粒聚团中以速度 $\hat{U}$ 移动。若认为气穴相与颗粒聚团分别为固定的能级，那么该速度显著受固体颗粒体积分数影响，也就是说气穴相与颗粒聚团两者的相互作用是通过调变两者固含完成的。

在前两小节的基础上，我们需将可压缩性进行数学表达。从简单的一维动量守恒方程出发，认为气穴相与颗粒聚团间仅存在由滑移产生的曳力和相密度不同产生的浮力。那么动量方程可写为

$$\varepsilon_{\mathrm{c}}\rho_{\mathrm{c}}U_{\mathrm{r}}\frac{\partial U_{\mathrm{r}}}{\partial x}=-\frac{\partial \sigma_{\mathrm{c}}}{\partial x}-g\varepsilon_{\mathrm{c}}\left(\rho_{\mathrm{c}}-\rho_{\mathrm{v}}\right)-\beta U_{\mathrm{r}} \tag{3-199}$$

其中，法向应力为 σ，重力 g 是在坐标 x 的相反方向，β 是曳力系数。这里认为法向应力是由于可压缩性引起的，即法向应力在空间尺度是固体颗粒体积分数的函数：

$$\frac{\partial \sigma_{\mathrm{c}}}{\partial x}=\frac{\partial \sigma_{\mathrm{c}}}{\partial \varepsilon_{\mathrm{c}}}\frac{\partial \varepsilon_{\mathrm{c}}}{\partial x} \tag{3-200}$$

引入可压缩模量描述法向应力与固体颗粒相体积分数的应力应变关系，这样可压缩性这一核心概念也有效引入本构方程中，即

$$G=\frac{\partial \sigma_{\mathrm{c}}}{\partial \varepsilon_{\mathrm{s}}} \tag{3-201}$$

与颗粒聚团的动量平衡类似，基于上述各参数的定义可将气穴相在颗粒聚团的动量守恒方程写为

$$\frac{\partial \varepsilon_{\mathrm{v}}}{\partial t}+\left(\hat{U}-\frac{G\varepsilon_{\mathrm{v}}}{\rho_{\mathrm{s}}U_{\mathrm{r}}}\right)\frac{\partial \varepsilon_{\mathrm{v}}}{\partial x}=-\frac{\beta\varepsilon_{\mathrm{v}}}{\Delta\rho}-\frac{g\varepsilon_{\mathrm{v}}\varepsilon_{\mathrm{c}}}{U_{\mathrm{r}}} \tag{3-202}$$

式(3-202)表明，当曳力和浮力达到时均平衡时，气穴相在颗粒聚团中的传播过程可用波动方程描述，其传播速度即波速为 $\hat{U}-G\varepsilon_{\mathrm{v}}/\rho_{\mathrm{c}}U_{\mathrm{r}}$。另外，可压缩性通过固体颗粒压缩模量这一参数对气穴相传播的速度具有明显抑制作用。当固体颗粒的压缩模量 G 为零时，式(3-202)将退化为不可压缩流的连续性方程。值得强调的是，G/ρ_{c} 是颗粒聚团声速的平方，即微小扰动在颗粒聚团中传播速度的平方。对于气固完全发展流，气穴相与颗粒聚团的曳力与浮力达到平衡，根据式(3-202)可得此时的相对速度 U_{r} 为

$$U_{\mathrm{r}}=-\frac{g\varepsilon_{\mathrm{c}}\Delta\rho}{\beta} \tag{3-203}$$

对于无固体颗粒应力条件下，即不考虑气穴相在颗粒聚团中可压缩性的简单情况入手分析。此时，可压缩模量 G 为零，基于方程(3-201)和式(3-202)的组合可知，对于完全发展的气固两相流来说，气穴相在颗粒聚团中的传播速度 a_v 为

$$a_v = \hat{U} = \varepsilon_v U_c + \varepsilon_c U_v \tag{3-204}$$

从式(3-204)可看出，即使不考虑可压缩性的情况，气穴相的传播速度也主要受固体颗粒的分配，尤其对于具有超可压现象的气固密相流态化，其颗粒聚团的速度 U_c 非常小。这里我们考虑最简单的情况，即气穴以最小流化速度进入颗粒聚团，此时 U_c 为零进一步可得气穴相在颗粒聚团内的传播速度：

$$a_v = {\varepsilon_c}^2 \frac{\Delta\rho g}{\beta} \tag{3-205}$$

式(3-205)说明气穴相的波速受颗粒聚团的固含以及曳力系数显著制约。当 a_v 为一常数时，以最小流化速度注入的气穴相将在整个固体颗粒床层中保持不变；在此基础上，若 a_v 大于最小流化速度，这与脉冲无扩散阻力等温渗流过程一致；若 a_v 小于最小流化速度，则意味着前方的气穴相会被后续的气穴相赶上进一步形成激波。以下针对在起始流化状态即超可压现象刚开始发生的状态进行估算。

对于低颗粒雷诺数($Re_p < 1$)，可代入 Ergun 方程描述曳力系数(β)对固体颗粒体积分数 ε_s 的依赖性，则此时气穴相的声速可表示为

$$a_v = \frac{\Delta\rho g (d_p \phi_c)^2}{150\mu} \varepsilon_v^2 \tag{3-206}$$

式(3-206)显著递增的关系表明，最小流化速度下在固体颗粒床底注入的气穴相(U_{mf})比其固体颗粒床层内空隙的波动速度移动得快。此时，新加入的气穴相速度更快并逐渐追赶到其前方受颗粒聚团限制而移动较慢的气穴相，不断累积的结果就是激波。与此相对应的是，对于大颗粒雷诺数的情况，此时基于 Ergun 方程所得到的气穴相声速为

$$a_v = \left(\frac{\Delta\rho g d_p \phi_c}{1.75} \right)^{1/2} (1-\varepsilon_v) {\varepsilon_v}^{1/2} \tag{3-207}$$

式(3-191)显著递减的关系表明，注入固体颗粒床层底部的气穴相声速小于起始流化下气穴移动速度。此时激波结构不会产生，而是会产生类扩散的过程。这也意味着体系的压缩性不足以让气穴相产生激波而在与颗粒聚团的相互作用中达到最强的耗散，其超可压缩性无法体现。

在式(3-204)的基础上考虑可压缩性的影响，即气穴相在颗粒聚团的波速为

$$a_v = \hat{U} - \frac{G\varepsilon_v}{\rho_c U_r} \tag{3-208}$$

与上述不可压缩时的推导一致，激波形成的判据为声速对气穴固含的微分应大于零，即

$$\frac{\mathrm{d}a_{\mathrm{v}}}{\mathrm{d}\varepsilon_{\mathrm{v}}}>0 \tag{3-209}$$

为方便起见，渗流速度与气穴无关的部分记为

$$a_{\mathrm{v0}}=\frac{\Delta\rho g(d_{\mathrm{p}}\phi_{\mathrm{c}})^2}{150\mu} \tag{3-210}$$

对于 Geldart A 类颗粒而言，气穴相的传播速度可写为

$$C=u_0\varepsilon^2+\frac{G}{\rho_{\mathrm{s}}}\frac{(1-\varepsilon)}{u_0\varepsilon} \tag{3-211}$$

对于小颗粒，C 是式(3-208)和由非零 G 引起的贡献之和。这里给出一个的颗粒模量经验表达式[10]：

$$G=G_0\exp[-(\varepsilon-\varepsilon')b] \tag{3-212}$$

其中，G_0 为气穴相的相压力模量基准，即在散式流化区的相压力模量；ε 是基准固体颗粒体积分数，即散式流化时的固体颗粒体积分数；b 为拟合参数。式(3-211)是 ε 的递增函数与 ε 递减函数的和。因此，C 会存在最大值。为了形成激波的临界点，则

$$\frac{\mathrm{d}C}{\mathrm{d}\varepsilon}=2u_0\varepsilon-\frac{1+b\varepsilon-b\varepsilon^2}{\varepsilon^2u_0}\frac{G}{\rho_{\mathrm{s}}} \tag{3-213}$$

或

$$u_0>\left(\frac{1+b\varepsilon-b\varepsilon^2}{\varepsilon^3}\right)^{1/2}\left(\frac{G}{\rho_{\mathrm{s}}}\right)^{1/2} \tag{3-214}$$

式(3-214)表明，只有当渗滤速度超过临界流速一定程度时才形成气泡。临界速度 $(G/\rho_{\mathrm{s}})^{1/2}$ 的典型值为 1m/s。因此，由于 u_0 随颗粒粒径的平方而变化，因此对于足够大的颗粒，根据式(3-214)不会发生鼓泡。而当$\Delta\rho$ 较小时同样不会出现激波，这也解释了为何在气固流化床中容易出现鼓泡而不易在液固流化床中发生。气固流化床内鼓泡的判据甚至可以延伸到 Geldart C 类颗粒，当细颗粒黏合在一起时，固体颗粒的弹性模量(G)极大，此时气流无法破坏这种黏结的颗粒群。

上述判据可有效解释从 Geldart A 类到 B 类颗粒的过渡。对于低雷诺数，式(3-214)中使用的速度 u_0 通过以下关系式与最小流化速度关联：

$$u_0=11U_{\mathrm{mf}}\phi_{\mathrm{s}}^2 \tag{3-215}$$

那么就最小流化速度而言，气固流化床内产生气泡的准则为

$$U_{\mathrm{mf}} > \frac{1}{11\phi_{\mathrm{s}}^{2}}\left(\frac{1+b\varepsilon-b\varepsilon^{2}}{\varepsilon^{3}}\right)^{1/2}\left(\frac{G}{\rho_{\mathrm{s}}}\right)^{1/2} \tag{3-216}$$

$$U_{\mathrm{mf}} > U_{\mathrm{MB}} \tag{3-217}$$

式(3-217)中记鼓泡速度 U_{MB} 为不等式(3-216)右侧。因此，最小鼓泡速度与固体颗粒的临界速度$(G/\rho_{\mathrm{s}})^{1/2}$及其模量 G 相关。尽管此处计算的最小起泡速度的数量级与 Geldart 测得的值相符，但是 G 对于 ε 的高灵敏度使得目前无法从 G 准确计算 U_{MB}。但是，表达式(3-217)显然给出了 Geldart A 类和 B 类颗粒之间的边界。

此外，需强调气体可压缩性的影响，将气穴相传播方程式(3-194)推广到可压缩气体的情况是

$$\frac{\partial(u_{\mathrm{s}}-u_{\mathrm{g}})}{\partial x} = \frac{1}{\varepsilon\varepsilon_{\mathrm{s}}}\left[\frac{\partial\varepsilon}{\partial t} + \hat{u}\frac{\partial\varepsilon}{\partial t} + \left(\frac{\varepsilon^{2}\varepsilon_{\mathrm{s}}}{\rho_{\mathrm{g}}c_{\mathrm{g}}^{2}}\right)\frac{\mathrm{d}P}{\mathrm{d}t^{\mathrm{g}}}\right] \tag{3-218}$$

其中，$\mathrm{d}P/\mathrm{d}t^{\mathrm{g}}$ 是压力随气体速度 u_{g} 移动的时间导数，c_{g} 是气体声速。式(3-218)表明，在常压体系气固的可压缩性很小可以忽略，而在高压体系中，固体颗粒床层膨胀显著。斜率 $\mathrm{d}C/\mathrm{d}\varepsilon$ 减小并随着压力的增加而最终变为负值，即在一定的压力以上气固流化体系不会起泡。

在双流体模型中，对气相和固体颗粒相分别应用湍流模型。对于气相湍流模型，建议采用 Wilcox 提出的可压缩修正的 k-ω 湍流模型，并考虑可压缩效应对于气相湍流的影响。那么，湍流马赫数 Ma_{t} 定义为

$$Ma_{\mathrm{t}} = \sqrt{2k_{\mathrm{g}}/a_{\mathrm{g}}^{2}} \tag{3-219}$$

其中，a_{g} 为气相声速。可压缩修正函数 $F(Ma_{\mathrm{t}})$ 为

$$F(Ma_{\mathrm{t}}) = [Ma_{\mathrm{t}}^{2} - Ma_{\mathrm{t0}}^{2}]H(Ma_{\mathrm{t}} - Ma_{\mathrm{t0}}) \tag{3-220}$$

该修正函数中 H 为 Heaviside 函数，表明可压缩性修正在 $Ma_{\mathrm{t}} > Ma_{\mathrm{t0}}$ 时开始介入。注意到，在湍动能 k_{g} 和耗散率 ω_{g} 方程的最后一项，考虑了离散相湍动能 k_{s} 的影响。气相的湍流黏性 μ_{gt} 及气相有效黏性 μ_{ge} 表示为

$$\mu_{\mathrm{gt}} = \sigma_{\mathrm{k}}\alpha_{\mathrm{g}}\rho_{\mathrm{g}}k_{\mathrm{g}}/\omega_{\mathrm{g}} \tag{3-221}$$

$$\mu_{\mathrm{ge}} = \mu_{\mathrm{g}} + \mu_{\mathrm{gt}} \tag{3-222}$$

3.5.4　准粒子模型的适定性与稳定性

可压缩流控制方程是典型的双曲型系统，其对应的柯西初值是适定的；而离散相控制方程中由于缺乏压力项，使得离散相控制方程的性质发生了退化，该方程系统的柯西初值问题是不适定的，这可能会导致数值计算的不稳定，甚至引起非物理解的出现。为了实现双流体模型对可压缩流的数值计算，首先需要解决离

散相控制方程的适定性问题。通过在动量方程中考虑附加质量力源项，将附加质量力对动量方程的影响类比为离散相压力项的作用，从而构造双曲型的离散相控制方程；或在离散相动量方程中引入一个与体积分数相关的可调整压力修正项，在计算过程中该压力修正项对于气相压力的修正数值较小，其主要意义仅在于使离散相控制方程具有双曲性质；为了处理离散相中可能产生的接触间断，采用 Van Leer 形式的数值离散格式对离散相控制方程进行求解，并假设颗粒轨迹之间可以相互穿透，然而该方法实际上忽略离散相压力的影响。显然，针对可压缩两相流动双流体模型的数值求解中，离散相压力的概念是构造离散双曲型控制方程的关键，然而上述研究中均以数值求解的稳定性为目标进行假设，其构造的离散相压力并没有体现真实物理意义。同时，由于缺乏离散相的状态方程，采用与气相相同的数值格式进行求解还存在理论上的困难。

1. 方程的适定性

数学上，问题的适定性是指该问题的解具有存在性、唯一性和稳定性三个基本性质。虽然 Navier-Stokes 方程数学解析解的存在性和唯一性问题尚未证明，但物理意义上一般认为其解存在且唯一的。因此，在计算流体力学问题研究中，适定性通常指解的稳定性。常见的偏微分方程数值求解方法主要分为有限元、有限体积和有限差分方法。双流体模型由于气相与离散相具有相同的控制方程形式，因此，离散相可采用气相数值求解方法是其在数值计算方面的优势之一。然而，对于传统的离散相守恒方程，在性质上与气相 Navier-Stokes 是不同的，并不能将数值求解方法进行简单移植。本节为解决离散相控制方程的适定性问题，将颗粒动力学理论引入可压缩两相流动双流体模型中，并开展离散相控制方程的特征分析，以实现两相控制方程数值求解方法的统一。二阶线性偏微分方程根据其特征方程的性质，可以分为椭圆型方程、抛物型方程和双曲型方程。对于可压缩气相流动控制方程而言，其欧拉部分为非线性双曲守恒系统，而黏性部分为线性椭圆形系统。对于椭圆形的控制方程黏性部分，数值离散可以采用中心差分格式。对于控制方程的欧拉部分，一般的数值处理方法是将该非线性系统的通量函数进行线性化展开，得到拟线性形式的控制方程，同时得到输运通量的雅克比(Jacobin)矩阵，该矩阵各元素实际为守恒变量的非线性函数。因此，守恒系统的非线性特性体现为 Jacobian 矩阵的非线性。

控制方程的适定性是指解的存在性、唯一性和稳定性。根据适定性定理，拟线性控制方程适定性的充要条件为该方程系统为强双曲系统。对于原始的非线性系统适定性，则通过线性化和局部化准则，可知其与拟线性系统的适定性是一致的。由于双曲系统存在特征方向，流场信息或扰动波沿特征方向传播。因此，数值求解中，需要采用迎风格式。迎风格式的“风向”根据上述 Jacobian 矩阵的特征值确定。同时，控制方程系统的双曲性由 Jacobian 矩阵的性质决定，即 Jacobian 矩阵若可实现对角化，且其特征值均为实数，则为强双曲系统。可见，Jacobian 矩阵的性质对于控制方程的数值离散和求解起到关键作用。因此，在离散控制方程数值求解前，需要对其 Jacobian 矩阵进行特征分析。由于气相与离散相控制方程组的相似性，为了对离散相控制方程组进行特征分析，并对两相采用统一的数值求解方法，首先对可压缩气相控制方程的数值求解思路进行概述。将气相控制方程的欧拉部分整理为统一向量形式。由于数值求解在 x、y、z 三个方向上具有相似性，因此本节仅以 x 方向为例，对气相控制方程的数值求解方法进行阐述。首先，对输运通量导数项应用链式法则，对非线性偏微分方程进行拟线性化，得到

$$\frac{\partial F_{\mathrm{g}}}{\partial x}=\frac{\partial F_{\mathrm{g}}}{\partial W_{\mathrm{g}}}\frac{\partial W_{\mathrm{g}}}{\partial x} \tag{3-223}$$

并且得到 x 方向的 Jacobian 矩阵为

$$\boldsymbol{J}_{\mathrm{g},x}=\frac{\partial F_{\mathrm{g}}}{\partial W_{\mathrm{g}}} \tag{3-224}$$

然后，对 Jacobian 矩阵进行特征分析，通过矩阵对角化得到

$$\boldsymbol{J}_{\mathrm{g},x}=\boldsymbol{K}_{\mathrm{g},x}^{-1}\Lambda_{\mathrm{g},x}K_{\mathrm{g},x} \tag{3-225}$$

对角矩阵中存在 5 个实数特征值，a_{g} 为气相声速

$$a_{\mathrm{g}}=\sqrt{\gamma_{\mathrm{g}}R_{\mathrm{g}}T_{\mathrm{g}}} \tag{3-226}$$

其中，γ_{g} 为气相的比热比。特征矩阵 $\boldsymbol{K}_{\mathrm{g},x}$ 中包含 5 个线性无关的特征向量。因此，气相 Navier-Stokes 控制方程系统为强双曲型系统，相应的柯西初值问题是适定的。若定义特征变量

$$U_{\mathrm{g}}=\boldsymbol{K}_{\mathrm{g},x}W_{\mathrm{g}} \tag{3-227}$$

则原守恒型控制方程可以转化为 Burgers 形式特征方程，即

$$\frac{\partial U_{\mathrm{g}}}{\partial t}+\Lambda_{\mathrm{g},x}\frac{\partial U_{\mathrm{g}}}{\partial x}=0 \tag{3-228}$$

同时，此特征变换可将原控制方程组解耦，而对角矩阵中的各特征值分别表征了解耦后控制方程对于扰动波传播的方向和速度。确定数值“风向”后，对该特征方程应用迎风格式或者写成通用守恒型格式。与线性问题不同，非线性双曲型方程的柯西问题，即使初值为连续的，连续光滑的解也可能并不存在。在可压缩流动中，较为典型的问题是黎曼问题(Riemann)。可见，非线性引起了 Jacobian 矩阵数值处理的复杂性。建议采用基于 Godunov 思想的 Roe 近似黎曼问题求解器，Roe 格式由于对激波和接触间断有较高的分辨率，因而得到了广泛的应用。Roe

格式构造了常系数 Jacobian 矩阵，即

$$\bar{\boldsymbol{J}}_{g,x} = \bar{\boldsymbol{J}}_{g,x}(W_{g,L}, W_{g,R}) \tag{3-229}$$

以代替原 Jacobian 矩阵 $\boldsymbol{J}_{g,x}$，其中 $W_{g,L}$ 与 $W_{g,R}$ 为计算网格界面左、右流动状态的守恒变量，将原非线性问题转化为线性问题。同时，为了保证原非线性问题的双曲性和守恒性，在对常系数 Jacobian 矩阵的特征分解中，特征矩阵 $\boldsymbol{K}_{g,x}$ 及对角矩阵由原始变量的 Roe 平均得到。需要注意，当 Jacobian 矩阵特征是非常小或出现跨音速膨胀波等低密度流动的情况下，采用 Roe 格式的数值求解中会存在违反熵增原理的非物理解。因此，需要引入熵修正以避免在对角矩阵中出现的奇异特征值。

通过对气相控制方程的数值求解过程的分析，控制方程组的性质以及 Jacobian 矩阵的分解是处理该类二阶偏微分方程数值问题的关键。在以往的双流体模型数值模拟研究中，一方面对离散相控制方程的性质缺乏分析；另一方面针对两相可压缩双流体模型的应用较少以及相应的数值求解方法并没有形成完整的理论体系。一般地，由于离散相控制方程中欧拉部分压力项的缺失，Jacobian 矩阵的特征分析表明该系统为弱双曲型系统，其柯西问题的适定性条件是不满足的。因此，直接采用与气相一致的数值方法缺乏理论依据。因此，本节基于颗粒动力学理论的离散相控制方程，通过引入离散相压力与拟温度的概念，对控制方程系统的特性进行补充，得到离散相控制方程数值求解的迎风格式，为可压缩双流体模型的数值求解方法提供理论基础。

由于离散相控制方程与气相的守恒型控制方程具有相同的表达形式，在此同样整理为统一向量形式。在离散相控制方程的统一向量形式中并没有包括离散相焓方程，这是由于焓值在离散相中属于输运标量，其原始控制方程本身与其余各方程是解耦的，因此不需要通过特征分解得到特征方程形式。将应力张量中的离散相压力移项至动量方程的左侧，以构造与气相相同的输运通量形式。同样地，以 x 方向数值通量为例，应用链式法则

$$\frac{\partial F_s}{\partial x} = \frac{\partial F_s}{\partial W_s}\frac{\partial W_s}{\partial x} \tag{3-230}$$

对原始非线性偏微分方程进行线性化，得到 x 方向的 Jacobian 矩阵。其中，

$$R_s = 1 + 2(1+e)\alpha_s g_0 \tag{3-231}$$

与气体常数 R_g 对应，可以定义为“离散相常数”。在求解 Jacobian 矩阵的过程中，需要利用离散相中表示拟温度与压力关系的状态方程。对 Jacobian 矩阵进行对角化分解可得

$$\boldsymbol{J}_{s,x} = \boldsymbol{K}_{s,x}^{-1} \Lambda_{s,x} \boldsymbol{K}_{s,x} \tag{3-232}$$

与气相结果相同，对角矩阵中同样存在 5 个实数特征值；其中，

$$a_{\mathrm{s}} = \sqrt{R_{\mathrm{s}}\theta_{\mathrm{s}}} \tag{3-233}$$

值得注意的是，在上述 a_{s} 的表达式中出现了拟温度 θ_{s}。由颗粒动力学理论可知，拟温度是建立在将颗粒运动比拟为气相分子运动的基础上，得到的对应与气相热力学温度 T_{g} 概念的参数，且其物理含义为离散相中颗粒的无规则运动强度。因此，由气相声速 a_{g} 的表达式(3-226)可知，a_{s} 在表达形式及物理意义上与气相声速(a_{g})是一致的，在此定义为“离散相声速”。

与特征值对应的 5 个线性无关的特征向量构成了特征矩阵 $\boldsymbol{K}_{\mathrm{p},x}$。因此，可以证明基于颗粒动力学理论的离散相控制方程系统为强双曲系统。为得到 Burgers 形式的特征方程，以便将原来的离散相控制方程解耦，这里定义如下特征变量

$$U_{\mathrm{s}} = \boldsymbol{K}_{\mathrm{s},x} W_{\mathrm{s}} \tag{3-234}$$

则得到的特征控制方程形式为

$$\frac{\partial U_{\mathrm{s}}}{\partial t} + \Lambda_{\mathrm{s},x} \frac{\partial U_{\mathrm{s}}}{\partial x} = 0 \tag{3-235}$$

采用与气相控制方程相同的处理方法，得到该特征方程的数值离散形式，然后通过特征逆变换可得到原离散相控制方程的迎风型数值离散格式。

离散相拟流体的“风向”在数值离散中的作用可通过影响域和依赖域的概念进行解释。在流动方向上，空间固定点 P 能够感受到气流扰动传播的区域为依赖域，而该点的扰动能够影响的区域为影响域。在可压缩气相流动中，任意点的依赖域和影响域是一个半顶角为 μ 的马赫锥，其中

$$\mu = \arcsin(a_{\mathrm{g}} / u_{\mathrm{g}}) = \arcsin(1 / Ma_{\mathrm{g}}) \tag{3-236}$$

在气相亚声速流动中，任一点的依赖域为整个流场空间。气相为亚声速流动的特征是气相马赫数 $Ma_{\mathrm{g}} = u_{\mathrm{g}}/a_{\mathrm{g}} < 1$，马赫锥的半顶角 $\mu > 90^{\circ}$。对于离散相拟流体而言，同样可以得到依赖域与影响域类似于气相马赫锥分布。若定义“离散相马赫数”为

$$Ma_{\mathrm{s}} = \frac{u_{\mathrm{s}}}{a_{\mathrm{s}}} \tag{3-237}$$

通过对基于颗粒动力学理论的离散相控制方程的分析可知，区别于传统的双流体模型，由于离散相拟温度、压力以及状态方程的引入，使得该控制方程系统成为强双曲型二阶偏微分系统。因此，其柯西初值问题是适定的，离散相控制方程存在稳定解。由于与气相控制方程在性质上具有一致性，在离散相的数值求解过程中，仍然存在黎曼间断问题，因此对于离散相 Jacobian 矩阵的数值处理方法，参考气相 Roe 格式。

2. 数值计算的稳定性

离散相控制方程的特征分析解决了离散相求解的适定性问题。然而，对于可压缩两相流动的双流体模型的数值模拟，除了需要考虑两相控制方程求解的适定性问题外，还需要满足数值求解格式对于计算问题的相容性、稳定性、收敛性等基本特征。例如，在气相数值计算中需要考虑 CFL 条件以确定计算的时间步长，使数值解稳定收敛到物理解。此外，在双向耦合的两相流动计算中，相间耦合源项的存在同样对数值求解的稳定性造成了影响。因此，对影响两相控制方程计算稳定性的因素进行分析，是实现双流体模型在可压缩两相流动数值模拟应用的前提。对于气相控制方程的数值计算，在问题适定性和数值格式相容性满足的条件下，数值计算的稳定性及收敛性是等价的，即 Lax 等价性定理。基于颗粒动力学理论的离散相控制方程初值问题是适定的，并且采用了与气相相同的数值格式进行离散,因此满足适定性和相容性的要求。为了使离散相的数值解收敛到物理解，则必须满足数值计算的稳定性要求。基于气相控制方程的特征线理论可知，差分格式解的依赖域必须包含偏微分方程解的依赖域，以保证数值计算的稳定性，这就是 CFL 条件。由此可知，需要根据特征性理论，对离散相控制方程的数值求解格式进行稳定性分析以得到相应的 CFL 稳定性条件。为了分析方便，本节将以一维计算为例，对离散相控制方程数值求解的 CFL 稳定性条件进行分析。

首先，一维离散相控制方程求解的通用形式可以表示为

$$\frac{\partial \boldsymbol{W}_{\mathrm{p}}}{\partial t}+\frac{\partial \boldsymbol{E}_{\mathrm{p}}}{\partial x}=0 \tag{3-238}$$

其中，

$$\boldsymbol{W}_{\mathrm{p}}=\begin{pmatrix}\alpha_{\mathrm{p}}\rho_{\mathrm{p}}\\ \alpha_{\mathrm{p}}\rho_{\mathrm{p}}u_{\mathrm{p}}\\ \alpha_{\mathrm{p}}\rho_{\mathrm{p}}\theta_{\mathrm{p}}\end{pmatrix},\boldsymbol{E}_{\mathrm{p}}=\begin{pmatrix}\alpha_{\mathrm{p}}\rho_{\mathrm{p}}u_{\mathrm{p}}\\ \alpha_{\mathrm{p}}\rho_{\mathrm{p}}u_{\mathrm{p}}u_{\mathrm{p}}+p_{\mathrm{p}}\\ \alpha_{\mathrm{p}}\rho_{\mathrm{p}}\theta_{\mathrm{p}}u_{\mathrm{p}}\end{pmatrix} \tag{3-239}$$

与离散相控制方程的特征分析类似，对上述方程组进行特征变换，得到

$$\frac{\partial \boldsymbol{W}_{\mathrm{p}}}{\partial t}+\boldsymbol{J}_{\mathrm{p}}\frac{\partial \boldsymbol{W}_{\mathrm{p}}}{\partial x}=0 \tag{3-240}$$

其中，Jacobian 矩阵为

$$\boldsymbol{J}_{\mathrm{p}}=\frac{\partial \boldsymbol{E}_{\mathrm{p}}}{\partial \boldsymbol{W}_{\mathrm{p}}}=\begin{bmatrix}0 & 1 & 0\\ -u_{\mathrm{p}}^{2} & 2u_{\mathrm{p}} & R_{\mathrm{p}}\\ -\theta_{\mathrm{p}}u_{\mathrm{p}} & \theta_{\mathrm{p}} & u_{\mathrm{p}}\end{bmatrix} \tag{3-241}$$

对 Jacobian 矩阵进行特征分析，可以得到对角化矩阵

$$\boldsymbol{\Lambda}_{\mathrm{p}}=\begin{bmatrix} u_{\mathrm{p}}-a_{\mathrm{p}} & & \\ & u_{\mathrm{p}}+a_{\mathrm{p}} & \\ & & u_{\mathrm{p}} \end{bmatrix} \tag{3-242}$$

及特征矩阵

$$\boldsymbol{K}_{\mathrm{p}}=\begin{bmatrix} \dfrac{u_{\mathrm{p}}}{2}\sqrt{\theta_{\mathrm{p}}/R_{\mathrm{p}}} & -\dfrac{1}{2}\sqrt{\theta_{\mathrm{p}}/R_{\mathrm{p}}} & \dfrac{1}{2} \\ -\dfrac{u_{p}}{2}\sqrt{\theta_{\mathrm{p}}/R_{\mathrm{p}}} & \dfrac{1}{2}\sqrt{\theta_{\mathrm{p}}/R_{\mathrm{p}}} & \dfrac{1}{2} \\ u_{\mathrm{p}} & 0 & -u_{\mathrm{p}}/\theta_{\mathrm{p}} \end{bmatrix} \tag{3-243}$$

然后，采用傅里叶方法进行稳定性分析：为了数值计算满足 von Neumann 稳定性条件，需要

$$\left|G(\tau,\zeta)\right|\leqslant 1 \tag{3-244}$$

即增长矩阵的特征值需要满足式(3-244)为离散相控制方程迎风型格式的 CFL 稳定性条件。与气相 CFL 稳定性条件一致，其意义为差分格式的依赖域必须包含偏微分方程解的依赖域，通过依赖域与影响域的分析可理解迎风格式“风向”的物理意义。事实上，离散相控制方程迎风格式的 CFL 稳定性条件决定了数值计算中离散相控制方程特征线的斜率范围，即影响网格点计算的依赖域。对于计算网格 P 点，其计算的依赖域由满足 CFL 条件的 Jacobian 矩阵的特征值，即由特征线的斜率所包含的范围决定。在依赖域内的网格点，其扰动信息的传播对于 P 点的数值解是有影响的，为了保证数值计算的收敛性和稳定性，数值离散格式应该采用此区间的网格点信息。

由“离散相声速 a_{s}”的表达式可知，其数值大小与拟温度 θ_{s} 相关。在假设离散固体颗粒的无规则运动很小的情况下，离散相声速相对于高速气流 U_{s} 是可以忽略的。在此条件下，马赫锥半锥角 μ 近似为 0，依赖域与影响域在空间上衍化为拟流体的流线。对于稳态流动问题，流体的流线与迹线是重合的，即在稳态条件下，任意点 P 仅受沿迹线上游的影响，这实际上是对 Lagrangian 方法计算颗粒运动轨迹在欧拉坐标系下的阐述。由此可见，欧拉坐标系下基于颗粒动力学理论的双流体模型对于离散相的描述与拉格朗日坐标系下对于颗粒运动的描述是统一的。适定性分析得到了“离散相声速”及“离散相马赫数”的概念。若离散相存在“超声速”与“亚声速”状态，则通过上述对离散相影响域和依赖域的分析可知，在离散相拟温度较小的情况下，颗粒的无规则运动对于离散相信息的扰动传播影响小于离散相自身宏观输运作用影响(即 $U_{\mathrm{s}}/a_{\mathrm{s}}>1$)，此时离散相表现为“超声速”状态；若离散相拟温度较大，颗粒无规则运动对于离散相信息的传播起到了主要

作用(即 $U_s/a_s<1$)，此时离散相表现为“亚声速”状态。

3.6 本章小结

本章首先介绍单相流的可压缩性控制方程，从波动方程出发引入声速以及马赫数的概念，并给出可压缩流体的一维变截面和圆柱绕流的数学描述方法；在此基础上将可压缩的数学框架延伸至气固拟均相流，定量描述固体颗粒相的引入对流体可压缩性的巨大贡献；在无滑移气固拟均相流的基础上，构建了考虑颗粒流强可压缩性的双流体模型；围绕气固密相流化的优异流动性和高效的导热能力，基于类超流的低温物理特性在朗道准粒子模型的基础上提出“超可压缩流”的概念，并建立完整的数学框架进行描述。具体结论如下：

在可压缩流体力学中，声速是压力波动在流体中的传播速度，也是流体温度的函数，体现了流体介质的可压缩性；马赫数的引入表征了压力传播速度与流体自身流动速度的比值，是不可压缩流各状态参数调控的关键参数。高马赫数下，一维变截面流与圆柱绕流的流动性质将产生本质区别。

在气固拟均相流中，有两类极端的情况：气固平衡流(气固无滑移)和气固冻结流(气固全滑移)。类似单相可压缩性流的控制方程组，建立可压缩气固拟均相流数学描述框架，发现其声速随着固体颗粒相的引入急剧下降，则其存在显著的气固通量限制即气固噎塞现象。

在气固拟均相流的基础上，考虑气固的滑移建立了考虑颗粒相可压缩性的双流体模型，该模型中通过引入颗粒相压力和颗粒温度并在此基础上获得了颗粒相声速和马赫数用以定量表达可压缩性。

抓住气固密相流化呈现类低温物理中的超流现象，提出超可压缩性的概念；基于朗道的准粒子模型，将颗粒聚团视为处于基态的背景液体，将气穴相视为处于激发态的准粒子，其相互转变通过颗粒温度定量描述，建立模型用以描述气固密相流化具备优异流动性与传递能力的特征。

参考文献

[1] 张兆顺, 崔桂香. 流体力学.第 3 版. 北京: 清华大学出版社, 2015.

[2] Nakamura N, Huang C S Y. Atmospheric blocking as a traffic jam in the jet stream. Science, 2018, 361(6397): 42-47.

[3] Rericha E C, Shattuck M D, Swinney H L, et al. Shocks in supersonic sand. Physical Review Letters, 2002, 88(1): 4.

[4] Gray J M N T, Cui X. Weak, strong and detached oblique shocks in gravity-driven granular free-surface flows. Journal of Fluid Mechanics, 2007, 579(2-3 SPEC. ISS.): 113-136.

[5] Zhang C, Qian W, Wang Y, et al. Heterogeneous catalysis in multi-stage fluidized bed reactors:

from fundamental study to industrial application. Canadian Journal of Chemical Engineering, 2019, 97(3): 636-644.

[6] Heil P, Rericha E, Goldman D, et al. Mach cone in a shallow granular fluid. Physical Review E, 2004, 70(6): 060301.

[7] Castier M. Thermodynamic speed of sound in multiphase systems. Fluid Phase Equilibria, 2011, 306(2): 204-211.

[8] Wood A B. A textbook of sound. London: G. Bell, 1956.

[9] Ding J, Gidaspow D. A bubbling fluidization model using kinetic theory of granular flow. AIChE Journal, 1990, 36(4): 523-538.

[10] Gidaspow D. Hydrodynamics of fluidizatlon and heat transfer: supercomputer modeling. Applied Mechanics Reviews, 1986, 39(1): 1-23.

第4章　一维可压气固两相变截面流

4.1　引　　言

相结构是气固两相流态化稳定存在且具有强传递能力的核心。由第2章可知，在很宽的操作范围内气固相结构主要分为固体颗粒体积分数较小的气穴相和固体颗粒体积分数较大的颗粒聚团。颗粒聚团可视为颗粒温度较低的基态，相应的平衡声速较低，处于强可压缩状态；气穴相可视为颗粒温度较高的激发态，相应的平衡声速较高，具有类似常流体的性质；两相的相互作用可呈现低宏观黏度高耗散的强可压缩流现象。在反应工程中，一般当反应空速(单位时间原料的进料质量与催化剂质量的比值)确定后，由于气固相结构的稳定性就不容易对其进行控制；由上述分析可知，调变相结构的关键是抓住其强可压缩性特征，如图4-1所示通过对相压力的微小调变就可得到大幅度的密度或固体颗粒体积分数的变化。

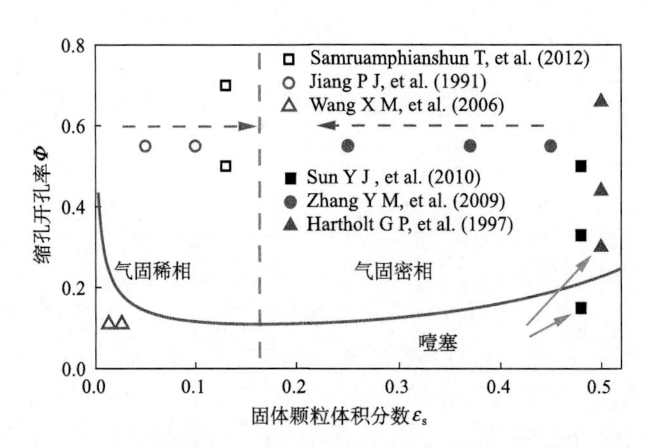

图4-1　气固稀相与密相一维变截面流中固体颗粒体积分数的变化

本章抓住气固两相流强可压缩性的特征，围绕气固过孔相分离展开论述：4.2节首先建立描述气固稀相准一维变截面流的理论框架，分析其在过窄孔时产生局部密相区的原因；4.3节在上述气固稀相准一维变截面流理论框架的基础上，构建了具有缩口结构的旋风分离器，通过实验验证了其具备高气固分离效率与低固体颗粒磨耗的性质；4.4节着重阐述气固密相准一维变截面流的理论框架，分析了其在过窄孔时产生局部稀相区的原因，在其强可压缩性与强双曲型数学表达两个方面进行讨论；4.5 节在气固密相变截面流的理论框架基础上，使用多孔板构件调控流化床内气固相结构特征进而通过实验验证了多孔板构件抑制气固返混的能力，并介绍了本课题组设计的具有多孔板构件多段流化床在不同工业过程中的应用。

4.2　一维气固稀相变截面流动

多孔板构件对气固两相流相结构的调控可抽象为流体经过窄孔的相分离过程，虽然流体过孔是一个二维过程，但当假设流动在径向上是均匀的且流体过孔是平滑的，其可进一步简化为准一维变截面流动。本节围绕气固稀相过孔噎塞现象，将其视为气固拟均相的变截面定常流动，讨论结构参数即开孔率对气固两相流的相结构调控，从可压缩性的角度寻找气固孔噎塞的判据。

4.2.1　相密度与状态方程

由于气固稀相中固体颗粒体积分数太小，使用颗粒质量分数作为变量在这里更为合适。假设稀相气固两相流不存在气固滑移，即达到平衡的气固拟均相流。那么，在气固拟均相流中固体颗粒的质量分数为

$$\phi_s = \frac{C_s}{C_s + C_g} \tag{4-1}$$

其中，C_s 为单位体积中的固体颗粒质量，C_g 为单位体积中的气体质量。若气固拟均相流通过一截面时，只有当气体和固体颗粒的质量流率在定常和无滑移的基础上时，式(4-1)所述的固体颗粒质量分数才为定值。基于固体颗粒质量分数的定义，气固拟均相流的表观密度为

$$\rho_M = C_s + C_g = \frac{(1-\varepsilon_s)\rho_g}{1-\phi_s} \tag{4-2}$$

由于固体颗粒的密度(ρ_s)比气体(ρ_g)高 3 个数量级，因此在气固稀相流中可使用颗粒质量分数表达方便且很多情况下固体颗粒体积贡献可忽略进而大幅简化问题。对于气固拟均相流，固体颗粒类比第二种气体组分的分子。根据第 2 章对气体分子动理论的描述，固体颗粒相由于其体积分数很小即分子间距离很大故相互作用弱，其对气固拟均相流的压强贡献是微弱的。因此，对于气固拟均相流来说，可由气体压强代替气固体系的压强，此时该压强所对应的温度也是气体温度

$$p_g = \frac{\rho_M(1-\phi_s)RT_g}{1-\varepsilon_s} \tag{4-3}$$

其中，R 为气体常数。对于平衡的气固两相流来说，其物性状态由速度、温度、压强和固体颗粒质量分数完全描述。当固体颗粒体积分数可忽略时，气固拟均相

流偏离理想的完全气体主要来源于有限颗粒质量分数的贡献。

从热力学角度看，在恒定压力以及恒定体积下气固拟均相流的比热分别遵循简单的混合规则

$$c_{p\mathrm{M}} = (1-\phi_\mathrm{s})c_{p\mathrm{g}} + \phi_\mathrm{s} c_\mathrm{s} \tag{4-4}$$

以及

$$c_{v\mathrm{M}} = (1-\phi_\mathrm{s})c_{v\mathrm{g}} + \phi_\mathrm{s} c_\mathrm{s} \tag{4-5}$$

因此，气固拟均相流的比热比($\varGamma$)可由固体颗粒质量分数显著调控，其定量关系式可写为

$$\varGamma = \frac{(1-\phi_\mathrm{s})c_{p\mathrm{g}} + \phi_\mathrm{s} c_\mathrm{s}}{(1-\phi_\mathrm{s})c_{v\mathrm{g}} + \phi_\mathrm{s} c_\mathrm{s}} = \gamma \frac{1+\dfrac{\delta\phi_\mathrm{s}}{1-\phi_\mathrm{s}}}{1+\dfrac{\gamma\delta\phi_\mathrm{s}}{1-\phi_\mathrm{s}}} \tag{4-6}$$

其中，$\gamma = c_{p\mathrm{g}}/c_{v\mathrm{g}}$ 和 $\delta = c_\mathrm{s}/c_{p\mathrm{g}}$ 均是常数，而固体颗粒质量分数是变量。式(4-6)说明在 γ=1.4 时随着固体颗粒质量分数(φ_s)的增加，气固拟均相流比热比($\varGamma$)会趋近于 1。那么，在气固密相区可视为等温过程，而在气固稀相流视为等熵过程是合理的[1]。

4.2.2 等熵过程与声速

从单相流可压缩性的分析中可知，微小波动的传播通常认为是等熵过程，因此，分析物性状态的等熵变化是重要的。本小节主要围绕气固拟均相流的等熵过程展开。基于气固拟均相的假设，固体颗粒的质量和体积分数均为常数，可得到式(4-7)

$$T\left(\frac{\rho_\mathrm{M}}{1-\varepsilon_\mathrm{s}}\right)^{-(\varGamma-1)} = \mathrm{const} \tag{4-7}$$

固体颗粒相的引入极大增强了气固拟均相流的可压缩性，即平衡声速随着固体颗粒质量分数的增加而大幅下降。基于式(4-7)所述的等熵过程，固体颗粒与气体在空间和时间尺度达到平衡，此时不存在滑移；在此前提下，相应的“平衡声速”由(a_e)可表示为

$$a_\mathrm{e}^2 = \left(\frac{\partial p}{\partial \rho_\mathrm{M}}\right)_\mathrm{e} = \left(\frac{\partial p}{\partial \rho_\mathrm{g}}\right)_s \left(\frac{\partial \rho_\mathrm{g}}{\partial \rho_\mathrm{M}}\right)_s \tag{4-8}$$

$$\left(\frac{a_\mathrm{e}}{a_\mathrm{g}}\right)^2 = \frac{(1-\phi_\mathrm{s})(1-\phi_\mathrm{s}+\delta\phi_\mathrm{s})}{(1-\varepsilon_\mathrm{s})^2(1-\phi_\mathrm{s}+\gamma\delta\phi_\mathrm{s})} \tag{4-9}$$

式(4-9)定量描述了气固拟均相流的平衡声速随着固体颗粒质量分数的提高而显

著下降的趋势。那么，当气固拟均相平衡声速与气固两相流速趋于一致时就会发生噎塞，即流动赶上了压力的传播进而压力波产生累计。此时平衡状态会被打破，核心在于气相本征的声速远高于固体颗粒相，此时颗粒相会被叠加的压力波阻挡而气相可通过。

4.2.3　变截面流与噎塞

进一步地，我们开始考虑平衡气固两相流通过缩口通道的情况，这里的假设是孔道截面变化是渐进的且不存在径向梯度。此时由于是拟均相流且气体与固体颗粒的质量流量沿整个缩口截面相同，则 $U_{\mathrm{M}}=U_{\mathrm{g}}=U_{\mathrm{s}}$，$T_{\mathrm{M}}=T_{\mathrm{g}}=T_{\mathrm{s}}$。因此，一维空间尺度下气固拟均相流的连续性方程可由下式给出

$$\rho_{\mathrm{M}}U_{\mathrm{M}}A=\mathrm{const} \tag{4-10}$$

在不考虑固体颗粒体积的情况下，将方程(4-10)的对数形式求导可得

$$\frac{\mathrm{d}\rho_{\mathrm{M}}}{\rho_{\mathrm{M}}}+\frac{\mathrm{d}U_{\mathrm{M}}}{U_{\mathrm{M}}}+\frac{\mathrm{d}A}{A}=\frac{\mathrm{d}\rho_{\mathrm{M}}}{\mathrm{d}p}\frac{\mathrm{d}p}{\rho_{\mathrm{M}}}+\frac{\mathrm{d}U_{\mathrm{M}}}{U_{\mathrm{M}}}+\frac{\mathrm{d}A}{A}=0 \tag{4-11}$$

对于动量守恒方程，由于气体和固体颗粒在拟均相流中被视为两个连续且相互影响的介质，气体对固体颗粒的所有作用力均对应有固体颗粒对气体的反作用力。因此，气体和固体颗粒的动量方程加和可消去气固拟均相方程中最复杂的曳力项。在此基础上，动量守恒方程中唯一需考虑的因素是作用在整个缩口横截面上的压力：

$$\rho_{\mathrm{M}}U_{\mathrm{M}}\frac{\mathrm{d}U_{\mathrm{M}}}{\mathrm{d}x}+\frac{\mathrm{d}p}{\mathrm{d}x}=0 \tag{4-12}$$

气固拟均相流的平衡声速为其可压缩性的核心表现，定义为

$$a_{\mathrm{e}}^{2}=\frac{\mathrm{d}p}{\mathrm{d}\rho_{\mathrm{M}}} \tag{4-13}$$

在平衡声速的基础上，引入气固拟均相流的平衡马赫数：

$$Ma_{\mathrm{e}}=\frac{U_{\mathrm{M}}}{a_{\mathrm{e}}} \tag{4-14}$$

将式(4-11)与式(4-12)两式联立可得

$$(Ma_{\mathrm{e}}^{2}-1)\frac{\mathrm{d}U_{\mathrm{M}}}{U_{\mathrm{M}}}=\frac{\mathrm{d}A}{A} \tag{4-15}$$

式(4-15)说明了在不同可压缩性的条件下孔口变化对流动的影响。当 $Ma_{\mathrm{e}}<1$ 时，气固拟均相流的流速与截面面积呈反比，即通过缩孔时流速显著加快；当 $Ma_{\mathrm{e}}>1$ 时，气固拟均相流的流速与截面面积呈正比，即通过缩孔时流速会减慢。那么，当过孔流速减慢时，上游速度较快的气固两相流会在孔口处赶上下游的流体，在

不断累积过程中产生噎塞。因此，Ma_e=1 为气固拟均相流的临界状态(critical point)，在临界状态下相应速度和密度称为临界速度 U_{Mc} 和临界密度 ρ_{Mc}。此外，式(4-15)中不包含固体颗粒体积分数，因此该方程同样可以应用在固体颗粒体积不被忽略的情况。

为更为直观地描述截面变化对流量的影响，这里定义流量密度(q)：通过单位面积流体的质量流量，其可写为平衡马赫数(Ma_e)的函数：

$$q=\sqrt{\rho_M U_M} Ma_e \left(1+\frac{\Gamma-1}{2}Ma_e^2\right)^{\frac{\Gamma+1}{2(\Gamma-1)}} \tag{4-16}$$

进一步，可将流量密度无因次化可得相对流量密度

$$q^*=q/\sqrt{\rho_{Mc}U_{Mc}} \tag{4-17}$$

图 4-2(a)说明了相对流量密度与气固拟均相流平衡马赫数(Ma_e)之间的关系，其中 $\gamma=1.4$ 和 $\delta=100$。在 $Ma_e<1$ 的区间，随着 Ma_e 的上升，缩口喉部的流量密度升高直到最大值，此时即达到气固拟均相流的噎塞点(choking point)。越过这个临界点后，纯气体还远未达到其自身声速($a_g=340$ m/s)，可以进一步加速；而为了满足气固拟均相最大流量密度的限制，在噎塞点附近固体颗粒通过喉部时则会被显著分离；这就是气固拟均相流过缩口时气固分相的原因。

此外，在临界点处($Ma_e=1$)的缩口喉部面积定义为临界喉部面积(A_c)，那么缩口面积(A)和临界喉部面积(A_c)之比是重要的缩口结构参数。从连续性方程(4-15)可知，平衡马赫数(Ma_e)与面积比(A/A_c)的关系为

$$\frac{A}{A_c}=\frac{\rho_{Mc}U_{Mc}}{\rho_M U_M}=\frac{1}{Ma_e}\left(\frac{2}{\Gamma+1}+\frac{\Gamma-1}{\Gamma+1}Ma_e^2\right)^{\frac{\Gamma+1}{2(\Gamma-1)}} \tag{4-18}$$

基于式(4-18)可得图 4-2(b)所示的平衡马赫数(Ma_e)与缩口面积比(A/A_c)的函数关系，其中 $\gamma=1.4$ 和 $\delta=100$。对于较小固体颗粒浓度的气固稀相系统，通过减小缩口的截面面积可以显著增加平衡马赫数 Ma_e，此时不仅气固拟均相流的流速上升，其可压缩性的贡献也在提高。当达到气固拟均相流的临界噎塞点时，由于方程(4-15)的约束不可能通过进一步减小缩口截面面积来获得更大的平衡马赫数 Ma_e。与此对应，在固体颗粒浓度较大的情况下，即强可压缩状态($Ma_e>1$)，狭窄的喉部面积反而导致平衡马赫数的减少，由式(4-9)可知，固体颗粒会被分离出一部分以获得较大的平衡声速(a_e)而降低平衡马赫数，这也可以很好地解释在具有开孔挡板的密相流化床中形成“气垫”的现象。由此可见，对于气固拟均相流来说，本节提供了一个新颖的角度界定气固稀相和密相，即噎塞点($Ma_e=1$)；当气固拟均相流的平衡马赫数(Ma_e)小于 1 时，此时拟均相流体性质的改变主要依靠拟均相表观速度的改变；而当气固拟均相流的平衡马赫数(Ma_e)大于 1 时，拟

均相流的可压缩性明显，此时扰动易产生相密度的改变来适应约束动量方程。

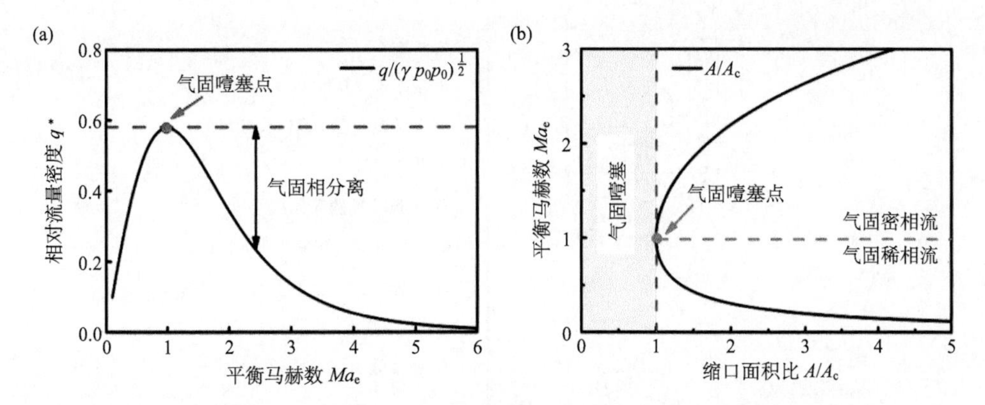

图 4-2　(a)相对流量密度 q^*和气固平衡马赫数(Ma_e)之间的关系；(b)缩口面积比(A/A_c)和气固平衡马赫数(Ma_e)之间的关系

因此，本节提供了一个理论框架描述气固稀相过缩孔时相结构的变化，当接近噎塞点时由于连续方程的约束，使得气固可明显地分相，气相几乎不在缩口处累积而固体颗粒相则会产生噎塞。那么，我们有可能通过该机制设计新型的气固稀相分离设备。

4.3　稀相过孔相分离的应用：新型旋风分离器

4.3.1　旋风分离器工作原理

旋风分离器因其优异的气固分离效率、较低的压降和较宽的操作范围而广泛应用于化学工业中。旋风分离器的主体结构如图 4-3 所示，一般由切向入口、筒体、椎体、灰斗或料腿以及升气管五部分组成。旋风分离器将气固分离的主要原理是，入口结构切向伸入旋风分离器筒体内强制进入的气固两相流在筒体内产生强烈旋转；旋转产生的强大离心力使得固体颗粒被甩至旋风分离器的边壁，由于重力作用固体颗粒从旋风分离器的边壁流入灰斗或料腿；而气体在旋风分离器的椎体底部形成折返，即由自上而下的外螺旋变为自下而上的内螺旋，并最终由从升气管排出[2]。在众多旋风分离器操作参数中，入口截面比(K_A)是旋风分离器筒体截面与入口截面的比值；无因次升气管直径(d_r)是升气管直径与筒体直径的比值；这两个参数是影响旋风分离器性能最重要的结构因素，其尺寸大小分别决定了自上而下外螺旋和自下而上内螺旋的旋流强度。

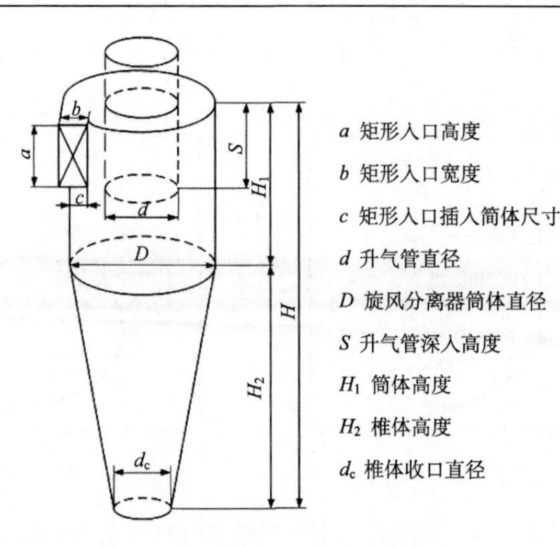

图 4-3　旋风分离器主体结构示意图

$$K_A = \frac{\pi D^2}{4ab};\ d_r = \frac{d}{D} \tag{4-19}$$

旋风分离器的主要性能指标有压降、分离效率和在旋风分离器内固体颗粒的磨损，以下分别介绍这三个性能指标的定义与表示方法。

1. 压降

气固两相流通过旋风分离器的压降(ΔP_t)反映了旋风分离器操作时的能耗大小，为升气管出口处的静压力(P_{out})与旋风分离器入口静压力(P_{in})之差，可由 U 形测压计测量：

$$\Delta P_t = P_{out} - P_{in} \tag{4-20}$$

一般地，旋风分离器的压降 ΔP_t 与入口表观气速 U_g 的平方成正比。由于旋风分离器压降中既取决于自身结构参数又包含了操作参数，因此，为了表达旋风分离器自身结构参数对能耗的影响，压降可通过无量纲形式的“欧拉数(Euler Number)”表示：

$$Eu = \frac{\Delta P_t}{\frac{1}{2}\rho_g U_g^2} \tag{4-21}$$

从式(4-21)可看出，Eu 的核心就是曳力系数：欧拉数 Eu 越大则说明旋风分离器在相同的操作条件下能耗更高。

2. 气固分离效率

总分离效率(η_T)为测量周期内灰斗或料腿捕集的固体颗粒质量(m_{hopper})和旋风分离器入口颗粒质量(m_{in})之比

$$\eta_T = \frac{m_{hopper}}{m_{in}} \tag{4-22}$$

因此，在实验中可通过收集这两部分样品并称量来确定旋风分离器的总效率；与旋风分离器压降类似，总分离效率也包含了操作参数并不是表征旋风分离器自身气固分离性能的本征指标。通常，使用颗粒直径为旋风分离器切割粒径 d_{c50} 的斯托克斯数 Stk_{50} 来评估旋风分离器结构参数对气固分离效率的影响：

$$Stk_{50} = \frac{\rho_s d_{c50} U_g}{18\mu D} \tag{4-23}$$

切割粒径 d_{c50} 类似于普通筛网中的切割孔径，所有粒径大于 d_{c50} 的颗粒将被筛出，而小于 d_{c50} 的颗粒将逃逸；d_{c50} 可通过分别测量旋风分离器入口，升气管出口以及料腿或灰斗捕集颗粒的粒径分布计算得到。

3. 磨损

由于气固两相流在旋风分离器中为强烈的旋转，固体颗粒在旋风分离器中的磨损尤为严重。在稳态条件下，通常认为固体颗粒细粉的产生来源于旋风分离器器壁对固体颗粒的切削以及颗粒之间碰撞。在这种情况下，单位固体颗粒进料量产生细粉的质量就等于旋风分离器内固体颗粒磨损率(r_a)：

$$r_a = \frac{\mathrm{d}\, m_{a,fines}}{\mathrm{d}\, m_{in}} = \frac{kU_g^2}{\sqrt{C_s}} \tag{4-24}$$

其中，k 是固体颗粒磨损常数，包含了与固体颗粒磨损过程相关的所有颗粒性质与旋风分离器的结构参数。同样，因为磨损率包含了诸如入口气速(U_g)和固体颗粒浓度(C_s)等操作参数，磨损率也不是表征旋风分离器自身磨损性能的量度。因此，建议使用无因次化的磨损率常数 k 作为旋风分离器本征磨损性能的指标：

$$k = \frac{r_a}{U_g^2 / \sqrt{C_s}} \tag{4-25}$$

旋风分离器因其优异的气固分离效率、较低的投资成本和对各类苛刻操作条件的适应等优点，已成为工业中最为常见的气固分离设备。然而，由于旋风分离器基于气固离心作用的工作原理，如图 4-4 所示，压降和稳定性是一致的，而与分离效率以及磨耗是相对立的。随着催化裂化再生器的苛刻度提高，其对旋风分离器的磨耗要求愈发严格，这也使得低磨耗长周期旋风分离器的研发变得更为重要。

在本节中，基于上述旋风分离器的工作原理和主要性能指标(压降、分离效率和磨损)的理解；抓住气固可压缩流的噎塞效应，提出了一种可在高颗粒浓度条件下保持长周期低磨耗的旋风分离器结构，并通过实验验证了该系统的良好性能(低磨损和高气固分离效率)。

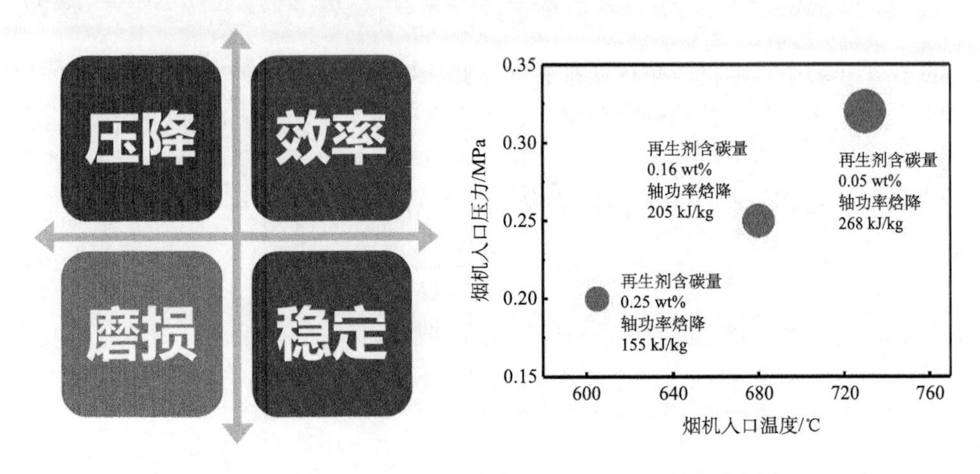

图 4-4　旋风分离器核心评价指标与 FCC 再生烟气苛刻度

4.3.2　带缩口结构的旋风分离器

一般地，调控旋风分离器中旋转强度最为核心的结构参数为无因次升气管直径(d_r)。当 d_r 越大则旋转强度越弱，相应分离效率、稳定性下降，压降和磨损得到改善。正如上述分析，我们不可能仅靠离心分离的方式同时获得高分离效率和低磨损。因此，需在离心分离的基础上耦合其他方式的分离方法。根据上述气固拟均相流在缩口处分相的机制分析，可选取具有大无因次升气管直径(d_r)的旋风分离器以减小固体颗粒的磨损；与此同时，在旋风分离器前端引入缩口型预分离器降低旋风分离器入口颗粒浓度以获得高气固分离效率。以下通过设计实验，首先验证无因次升气管直径对旋风分离器各性能指标的影响；其次，对比有无缩口型预分离器对整体气固分离效率的影响；最后，实验测量缩口预分离器在不同颗粒浓度下临界的开口面积，并与 4.2.3 小节理论计算结果进行比较。

1. 旋风分离器和实验流程

如图 4-5 所示，具有 4 个不同无因次升气管直径(d_r)的旋风分离器与具有 4 个不同开口面积(Φ)的缩口型预分离器的旋风分离器系统用于气固分离效率和固体颗粒磨损测试，其中实验中各结构变量的取值范围如表 4-1 所示。如图 4-6(a)

所示，实验中固体颗粒通过进料器进入长 200mm 的横管，并与进入的空气充分混合。实验中入口气速 U_g 和固体颗粒浓度 C_s 可相互独立变化。气体体积流量可通过安装在水平管上的皮托管测量，实验用固体颗粒的真密度为 750 kg/m^3，中位粒径为 50 μm 的 FCC 颗粒，如图 4-6(b)所示。

在本节中，旋风分离器中固体颗粒磨损测量基于以下原理：在稳态条件下，旋风分离器内固体颗粒的磨损量可看作与经过旋风分离器后细粉的逃逸达到动态平衡。在实验过程中，旋风分离器后连接 25 μm 的筛网以收集偶尔逃逸的大颗粒，其后串联了过滤器以收集磨损产生的细固体颗粒。如图 4-6(b)所示，筛网相对实验初始固体颗粒而言必须足够小以保证捕集到所有逃逸的未磨损固体颗粒；另一方面，相对磨损产生的细粉来说筛网又足够大使得细粉顺畅通过。在每完成一次固体颗粒实验之后，灰斗收集的固体颗粒作为下一次磨损实验的进料。Werther[3] 观察到在初始磨损实验时细粉量很大，经过 10～20 次实验后才达到稳定值。因此，本节实验中的全部固体颗粒磨损实验在反复 30 次后测量。旋风分离器磨损产生的细粉总质量可以通过过滤器的质量增加获得。为了提高数据的可靠性，所有报告的固体颗粒磨损均为 3 个测试记录的平均值。此外，如式(4-24)由于磨损率包含了诸如入口表观气速(U_g)和固体颗粒浓度(C_s)等操作参数，磨损率也不是表征旋风分离器自身磨损性能的量度。因此，本节还使用磨损率常数 k 作为旋风分离器对固体颗粒磨损的固有指标，磨损率常数 k 的计算见式(4-25)。

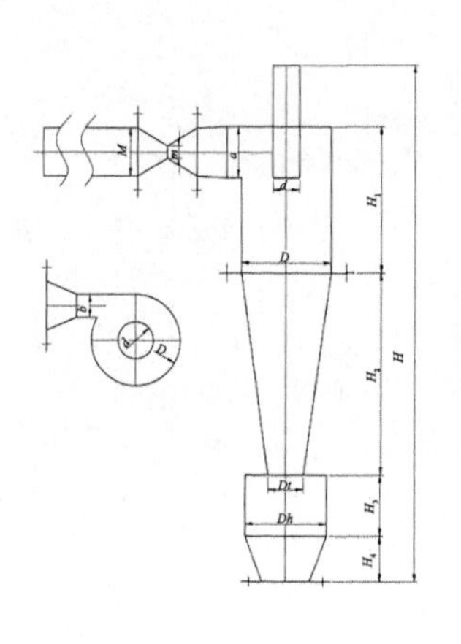

a 矩形入口长度 170
a 矩形入口宽度 75
d 升气管直径
90 120 150 180
D 筒体直径 300
D_h 灰斗直径 300
D_t 椎体出口直径 120
H 总高度 1340
H_1 筒体高度 480
H_2 椎体高度 660
H_3 灰斗高度 120
H_4 灰斗椎体高度 80
M 入口直径 170
m 缩口直径
68 102 136 170

图 4-5　具有缩口型预分离器的旋风分离器系统

表 4-1　实验中变量的取值范围

变量	取值范围
无因次升气管直径 d_r	0.3, 0.4, 0.5, 0.6
缩口处开口面积分数 Φ	0.4, 0.6, 0.8, 1.0
表观入口气速 U_g/(m/s)	12, 16, 20, 24
固体颗粒密度 C_s/(g/m^3)	100, 500, 1000, 5000

如式(4-22)所示总气固分离效率(η_T)是灰斗捕集的固体颗粒质量(m_{hopper})和旋风分离器入口颗粒质量浓度(m_{in})之比。此时，用于固体颗粒磨损实验的 25 μm 筛子在效率测试时移出。此外，所有测量的效率是 3 次测试记录的平均值。本节还使用 Stk_{50} 即切割粒径 d_{c50} 的斯托克斯数表达旋风分离器本征气固分离特性，其计算方法见式(4-23)。压降 ΔP 为升气管出口静压力和旋风分离器入口静压力之差，可由 U 形压力表测量；为了表征给定旋风分离器压降的特征量度，压降在本节中还以式(4-21)的无量纲形式表达“欧拉数(Eu)”。

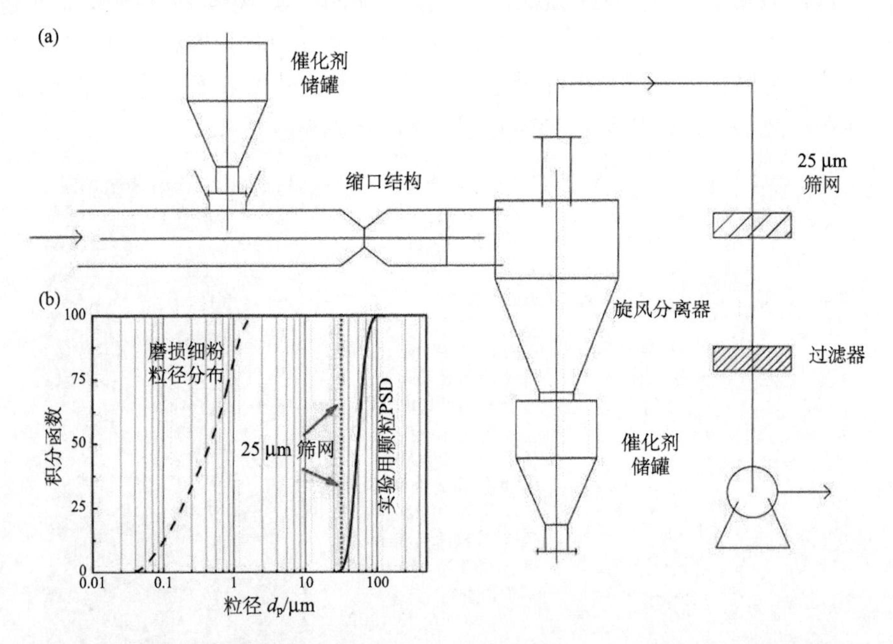

图 4-6　(a)固体颗粒磨损测试装置示意图;(b)初始固体颗粒以及磨损产生细粉的粒径分布

2. 结果与讨论

图 4-7(a)为实验测量的旋风分离器总气固分离效率 η_T 和固体颗粒磨损率 r_a

随无因次升气管直径 d_r 的变化，其中 $U_g = 20$ m/s 和 $C_s = 100$ g/m^3。通常，旋风分离器中气固旋流中的切向速度分布类似于 Rankin 涡，即强制涡和自由涡的耦合，因此最大切向速度 $U_{\theta,\max}$ 是无因次升气管直径的函数：

$$U_{\theta,\max} \approx \frac{U_g}{d_r} \tag{4-26}$$

式(4-26)说明无因次升气管直径的增大对旋转强度有削弱作用。因此，总气固分离效率随无因次升气管直径的增加而下降是合理的。另一方面，固体颗粒磨损率同样取决于旋风分离器中旋流强度。在这种情况下，最大切向速度 $U_{\theta,\max}$ 是关键变量，而非表观入口气速 U_g。根据式(4-26)，在最大切向速度 $U_{\theta,\max}$ 和表观入口气速 U_g 之间有一个放大系数，而这个放大系数反比于无因次升气管直径 d_r。因此，旋风分离器结构参数尤其是无因次升气管直径对固体颗粒磨损的作用是不容忽视的。

为了表明旋风分离器的本征性能(包括分离效率、磨损和压降)，Stk_{50}，固体颗粒磨耗率常数(k)和欧拉数(Eu)列于表 4-2 中固体颗粒密度 C_s 为 100 g/m^3，入口表观气速 U_g 在 12～24 m/s 的范围内变化。旋风分离器内能量耗散(压降)的两个主要来源为气固两相流与旋风分离器器壁之间的摩擦耗散和强烈的旋转动能耗散。前者的大小决定了固体颗粒在旋风分离器中的磨损，而后者是旋风分离器中高效气固分离效率的来源。如图 4-7 所示，Eu 可以同时作为旋风分离器气固分离效率和固体颗粒磨损的关键指标。因此，本节通过实验测量了旋风分离器无因次升气管直径对气固分离效率和固体颗粒磨损的影响，并验证了提高旋风分离器的气固分离效率和操作稳定性就无法避免强烈的固体颗粒磨损。

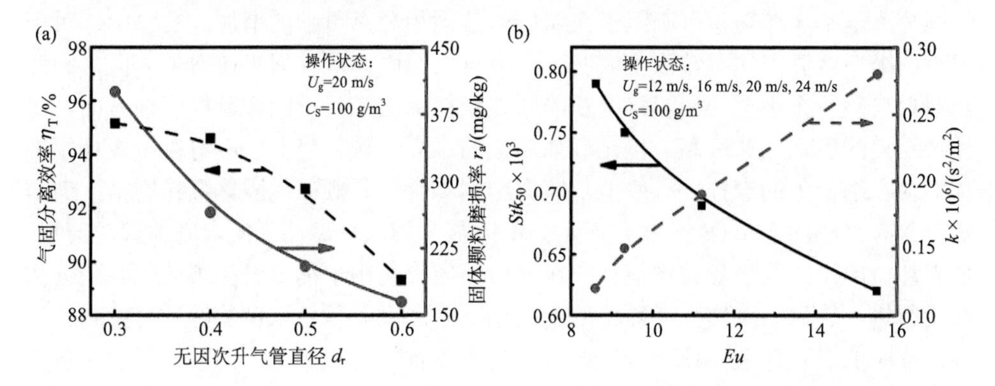

图 4-7　(a)无量纲升气管(d_r)对总气固分离效率(η_T)和固体颗粒磨损率(r_a)的影响，其中入口气速 U_g 为 20 m/s，固体颗粒密度 C_s 为 100 g/m^3；(b)欧拉数(Eu)对 Stk_{50} 和 k 的影响，其中入口气体速度 U_g 范围为 12～24m / s，固体颗粒浓度 C_s 为 100 g/m^3

表 4-2　旋风分离器性能指标与 d_r 的关系

d_r	Stk_{50}	$k \times 10^6$	Eu
0.3	0.62	0.28	15.5
0.4	0.69	0.19	11.2
0.5	0.75	0.14	9.3
0.6	0.79	0.12	8.6

基于旋风分离器结构参数对气固分离效率和磨损的认识，旋风分离器的结构优化仅能在这些性能指标之间取得平衡。与结构参数优化相比，将缩口型预分离器引入旋风分离器系统是在保持固体颗粒磨损不变的情况下获得高气固分离效率的有效方法。预分离器的选择原则应包含：气固分离的机制必须与旋风分离器不同，如惯性力或重力；旋风分离器的结构应该尽可能简单以避免过分增大气固摩擦面积。通常气固两相流与壁之间的接触面积增加，必然引入额外的磨耗，添加预分离器很难降低固体颗粒磨损，那么优选具有较大无因次升气管直径的旋风分离器以获得较低的固体颗粒磨损。此外，如图 4-8 所示的缩口型预分离器可以有效补偿分离气固效率的损失；同时由于预分离器贡献了部分气固分离能力，可减小旋风分离器入口的固体颗粒浓度。此时，并联旋风分离器在高颗粒浓度体系的均布稳定性可大幅提高。

图 4-8 为缩口喉部截面积分数对总气固分离效率和固体颗粒磨损率影响的实验结果，其中旋风分离器无因次升气管直径 $d_r = 0.5$，入口气速 $U_g = 20$ m/s，固体颗粒密度 $C_s = 100$ g/m^3。显然，减小缩口预分离器的喉部面积分数可以显著提高气固分离效率，该现象可归因于在缩口处气固相分离贡献的增加。实验中，对于很小的缩口或高固体颗粒浓度情况下，会有大量固体颗粒累积在喉部之前，因此还需要设置一个小型的料腿将捕获的固体颗粒卸出。对于固体颗粒磨损方面，虽然过缩口的表观气速很高，但在喉部形成的"固体颗粒垫"效应可以有效抑制固体颗粒在缩口处的磨损。一般地，缩口结构不会引起额外的固体颗粒磨损，但是对于含有过小的缩口($\Phi = 0.4$)还是会增大整个旋风分离器系统内固体颗粒磨损。值得注意的是，固体颗粒磨损并非在缩口而应该是由于缩口处显著的气固相分离而使得进入旋风分离器固体颗粒浓度大幅下降。固体颗粒浓度的降低会抑制旋风分离器中的"颗粒垫"作用，导致更大的固体颗粒磨损率 r_a。图 4-8 显示了包含和不包含缩口型预分离器($\Phi = 0.6$)的旋风分离器系统($d_r = 0.5$)中固体颗粒浓度 C_s 与总气固分离效率 η_T 之间的关系。随着进入旋风分离器的固体颗粒增加，总分离效率总是得到改善，许多实验和机理都报道了固体颗粒浓度对气固分离效率的积极影响。对于较低固体颗粒浓度的情况，预分离器会稍微降低总气固分离效率，

而随着固体颗粒浓度的增大，总气固分离效率获得了显著提高。这一现象是缩口处气固相分离的积极贡献与减少进入旋风分离器中固体颗粒浓度的负作用两者竞争的结果。在低颗粒浓度情况下，理论上没有通过缩口预分离器的气固相分离，但是固体颗粒的一部分由于壁面摩擦而累积。在这种情况下，与不包含预分离器的旋风分离器相比，使用预分离器会导致进入旋风分离器的固体颗粒浓度较小，导致旋风分离器总气固分离效率的下降。与此对应，在高固体颗粒浓度情况下，噎塞点附近会产生显著的气固相分离，此时缩口型预分离器对总气固分离效率的贡献远大于旋风分离器分离效率的下降，因此整体气固分离效率显著提高。

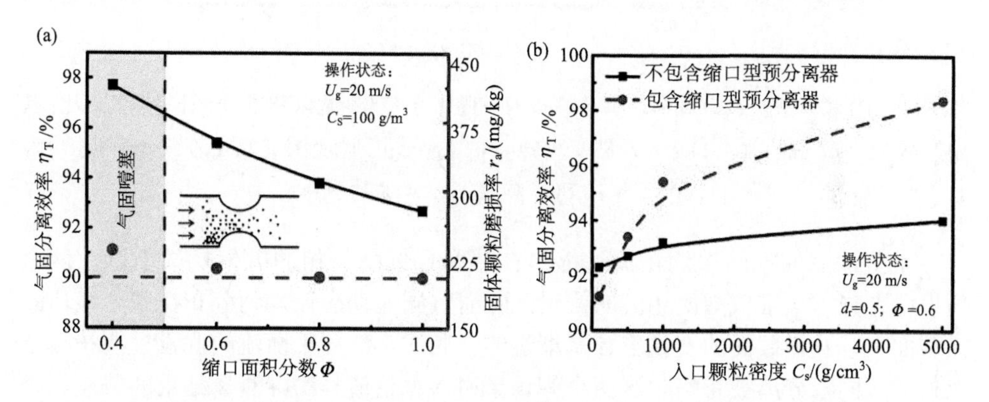

图 4-8　(a)缩口型预分离器缩口面积分数对总气固分离效率 η_T 和固体磨损率 r_a 的影响；(b)比较不同固体颗粒浓度下包含和不包含缩口型预分离器的总气固分离效率 η_T，其中 $d_r = 0.5$, $\Phi = 0.6$ 和 $U_g = 20$ m/s

基于 4.2 节中对气固噎塞临界点的判据，即 $Ma_e = 1$。可做出图 4-9 中的临界线用以阐述固体颗粒密度 C_s 和缩口面积分数 Φ 对气固相分离的影响，其中气体为空气，密度为 1.2 kg/m^3，黏度为 2.0×10^{-5} kg/ms；固体颗粒是直径为 50 μm 和密度为 750 kg/m^3 的 FCC 颗粒(Geldart A 类颗粒)。沿着由计算得到的气固噎塞临界线，气固两相流达到最大的通量密度。在实验中，定义缩口结构产生噎塞的情况为缩口预分离器贡献的气固分离效率大于 50%或在缩口处测量的压力波动为明显的低频(<1.0 Hz)高幅(>20 Pa)特征。对于一定的固体颗粒浓度，将缩口面积分数减小到噎塞状态附近将显著增强气固相分离；而对于一定缩口面积分数的缩口型预分离器，提高固体颗粒密度有助于达到噎塞临界点。高固体颗粒浓度可以显著降低气固混合拟均相流的平衡声速(a_e)。因此，可以容易地通过缩口结构获得噎塞现象的临界点。在这种情况下，可发生显著的气固相分离，其中气流将进一步加速，同时固体颗粒相会在缩口处累积。综上所述，气固相分离的区域位于图 4-9 的左上角，即小缩口开口面积分数和高入口颗粒浓度的情况。

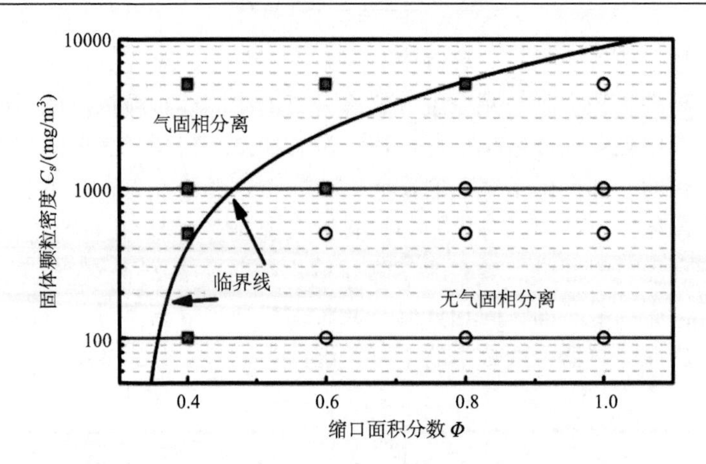

图 4-9 固体颗粒密度 C_s 和缩口面积分数 Φ 对气固相分离的影响以及和理论计算值的对比；其中气体为空气，密度为 1.2 kg/m^3，黏度为 2.0×10^{-5} kg/ms；固体颗粒是直径为 50 μm 和密度为 750 kg/m^3 的 FCC 颗粒（Geldart A 类颗粒）

本节建立的气固拟均相流过缩口在噎塞点气固分相的框架是基于以下两个假设：首先，一维气固两相流的假设意味着气固流动应该均匀分布在整个缩口的横截面上，且横截面的变化应该是渐进的；其次，气固平衡流的假设说明在噎塞点处的气固相分离被忽略。这两个假设会引入理论值与实际测量结果的偏差，相比之下，第二个因素更重要：在“热力学”区域中的非平衡气固流动，可通过类似范德瓦耳斯方程的热力学方程描述两相共存从而描述气固相分离时的噎塞现象；一般地，由于气固两相流的滑移或分相，多相流中的“热力学”非平衡气固两相流的具有两个声速，这与超流体中的第一声和第二声类似。因此，明显的相分离将发生在预测如图 4-9 所示的临界线之前是合理的。此外，低频高幅的压力波动不利于整个系统的稳定性；因此，实际设计中缩口的开孔面积推荐比计算出的临界值大一些以维持整个体系的稳定性。

4.4 一维气固密相变截面流

与气固拟均相过孔过程不同，气固密相流由于固体颗粒相为主要影响因素，其较低的颗粒温度使得体系总是处于极低声速状态，强可压缩性致使流动与一般流体的性质迥异，这也是气固两相流超可压缩性的核心原因。本节为了深入剖析气固密相过孔的分相过程，先从不考虑气体的纯颗粒流入手，在此基础上引入气相考虑超高马赫数流过孔时缩孔截面对固体颗粒体积分数的调变，最后仔细分析类似超可压缩流数学架构的适定性问题。

4.4.1　颗粒流的强可压缩性

1. 一维定态颗粒流的本构关系

为了深入剖析气固密相的强可压缩性及其过孔分相的过程，先不考虑气相对于流动的影响。因此，对于稳态的颗粒流，其本构方程为

$$\frac{\partial \sigma_{\mathrm{s}}}{\partial x}=-g\rho_{\mathrm{s}}\varepsilon_{\mathrm{s}}+\frac{\tau_{\mathrm{ws}}\pi D_{\mathrm{t}}}{a} \tag{4-27}$$

对于一般的流体而言，固定容器中静止流体的屈服应力与壁面摩擦力 τ_{ws} 均为零。定义颗粒的堆密度

$$\rho_{\mathrm{b}}=\rho_{\mathrm{s}}\varepsilon_{\mathrm{s}} \tag{4-28}$$

那么，一定流体高度 H 的容器底部所受到的应力为

$$\sigma_{\mathrm{s0}}=g\rho_{\mathrm{b}}H \tag{4-29}$$

这说明屈服应力与流体压力具有相似性，后边就称之为相压力。但是，式(4-29)的关系并不适用于颗粒流，其核心在于固体颗粒间以及与器壁均存在力链，使得容器的器壁可以显著支撑部分颗粒的重量。直观地看，对于储存液体的大坝由于底部压力更高使得堤坝底部更厚；而对于盛装颗粒的料仓等，其在不同高度的厚度都是相同[4]。一般地，剪切力 τ 和相压力 σ 之间的关系可由库仑屈服条件描述：

$$\tau=k_{\mathrm{c}}+\sigma\tan\theta \tag{4-30}$$

其中，角度 θ 为在均匀固体颗粒堆积状态的摩擦角或休止角。从材料静力学可知，任意点的二维应力状态都可使用在 σ-τ 平面中的圆表示，该圆通常称为莫尔圆。基于摩擦角的定义，可给出径向应力与相压力的关系为

$$\frac{\sigma_{\mathrm{r}}}{\sigma_{\mathrm{s}}}=\frac{1-\sin\theta}{1+\sin\theta} \tag{4-31}$$

而壁面的摩擦(τ_{ws})与径向应力有关

$$\tau_{\mathrm{ws}}=\mu_{\mathrm{w}}\sigma_{\mathrm{r}} \tag{4-32}$$

其中，μ_{w} 为摩擦系数。一般的，对于表面光滑粒度较大的固体颗粒，休止角 θ 较小；对于细小的黏性颗粒，休止角 θ 较大。自由流动的固体颗粒，其休止角常介于 15°～30°之间，基于式(4-31)可知径向应力与屈服应力的比值在 0.35～0.6 之间。根据上述定义，一维定态颗粒管流的动量平衡式(4-27)可写为

$$\frac{\partial \sigma_{\mathrm{s}}}{\partial x}=-g\rho_{\mathrm{b}}+\left(\frac{4\mu_{\mathrm{w}}}{D_{\mathrm{t}}}\frac{1-\sin\theta}{1+\sin\theta}\right)\sigma_{\mathrm{s}} \tag{4-33}$$

令 σ_{s0} 为 $x=0$ 时即容器底部的相压力，与此相对应若容器中填充的固体颗粒高度为 H，那么当 $x=H$ 时，$\sigma_{\mathrm{s}}=0$；在此基础上，对方程(4-33)从 0 到 H 积分可得

$$\sigma_{s0} = \frac{g\rho_s\varepsilon_s D_t}{K}(1 - e^{-Kx/D_t}) \tag{4-34}$$

其中，K 是颗粒流在管道中的有效摩擦系数

$$K = 4\mu_w \frac{1-\sin\theta}{1+\sin\theta} \tag{4-35}$$

式(4-34)在零附近进行泰勒级数展开表明，对于较小的 x/D_t，即对于较大的容器直径，容器底部的应力近似于由一般流体的静液压；对于较大的 x/D_t，即较小的容器直径，等式(4-34)近似为

$$\sigma_{s0} = g\rho_b D_t / K \tag{4-36}$$

式(4-36)说明容器底部的相压力与容器直径成正比，并且与容器中固体颗粒的高度无关。这一颗粒流的显著特征来源于容器壁通过力链支撑了部分固体颗粒重量进而有效减小了容器底部减小相压力,这也是气固两相流中器壁效应的成因之一。

在上述分析基础上，首先讨论稳态不可压、无摩擦颗粒流动的动量守恒，为后续深入讨论提供基础。

$$\varepsilon_s\rho_s U_s \frac{dU_s}{dx} = -\frac{d\sigma_s}{dx} - g\rho_s\varepsilon_s + \frac{4\tau_{ws}}{D_t} \tag{4-37}$$

上式可写为类流体稳态伯努利方程的形式：

$$U_s\,dU_s + \frac{1}{\rho_b}d\sigma_s + g\,dx = 0 \tag{4-38}$$

如式(4-29)所述，固体颗粒的法向应力起着类似压力的作用。因此，当固体颗粒体积分数恒定时，式(4-38)可以写成如下形式：

$$d\left(\frac{1}{2}U_s^2 + \frac{\sigma_s}{\rho_b} + gx\right) = 0 \tag{4-39}$$

式(4-39)说明无摩擦颗粒流中，动能、弹性和重力势能的总变化为零。如果将此方程应用于固体颗粒流的容器过孔流动描述，则

$$\frac{1}{2}U_{s0}^2 = gL \tag{4-40}$$

由于在 $x = 0$ 以及在 $x = L$ 时，应力 σ_s 为零。那么，固体颗粒在孔口处的流动速度可用下式求得

$$U_{s0} = \sqrt{2gL} \tag{4-41}$$

然而，根据实验可知固体颗粒过孔速度与颗粒床层高度无关，这也是古代使用沙漏计时的原因。与此相对应，实验中发现固体颗粒流过孔的流量 m_o 通常与孔口的直径 D_o 正相关，即

$$m_o = k\rho_b D_o^2 \sqrt{gD_o} \tag{4-42}$$

不同的经验公式中 k 值是不同的，但各个经验公式中均不存在固体颗粒床层高度这一项。本节的论点是，管流孔口流速不依赖于固体颗粒床层高度的这一显著特征是由于固体颗粒流强可压缩性导致的。正如 4.3 节所论述，固体颗粒流由于其很低的颗粒温度使得其声速大幅降低，其流动特征更像强可压缩气体。正因如此，其在过孔时孔尺寸的变化对相结构的影响显著；另一方面，高马赫数流的本质是压力传播的速度小于主体流动的速度，则其波动特征具有鲜明的局域性而不像常规流体的全局性，即孔口处的流动变化不会传导至上游。

2. 颗粒流的强可压缩性

以下着重讨论固体颗粒流的强可压缩性。由前所知，流体的可压缩性为在等熵过程中压力与密度的关系。因此，需先从固体颗粒流的热力学入手，围绕状态的热力学关系式及其等熵变化展开。首先定义固体颗粒流的内能 e，其应是颗粒流中熵与比体积的函数

$$e = e(S, V_b) \tag{4-43}$$

其中

$$V_b = 1/\rho_s\varepsilon_s \tag{4-44}$$

进一步，颗粒流的应力 σ_s 类似流体中的压力，我们也称为颗粒相压力，其定义为单位相体积的内能，即

$$\sigma_s = -\frac{\partial e}{\partial V_b} \tag{4-45}$$

我们知道，固体颗粒自身的真密度 ρ_s 是恒定的，那么在等熵情况下，对压力变化更为敏感的是其体积分数的变化：

$$de = \frac{\sigma_s}{\rho_s}\frac{d\varepsilon_s}{\varepsilon_s^2} \tag{4-46}$$

式(4-46)说明固体颗粒床层的膨胀与收缩即固体颗粒体积分数将显著影响整个体系的内能变化。这里在等体积的状态下可定义颗粒温度：

$$\theta_s = \left(\frac{\partial e}{\partial S}\right)_{V_b} \tag{4-47}$$

根据第 1 章和第 3 章的稳定性分析可知，从热力学角度看稳定状态需满足

$$d^2 e > 0 \tag{4-48}$$

即可压缩的本构关系需满足

$$\left(\frac{\partial \sigma_s}{\partial V_b}\right)_{\theta_s \text{ or } S} > 0$$

$$\left(\frac{\partial \sigma_s}{\partial \rho_b}\right)_{\theta_s \text{ or } S} > 0 \tag{4-49}$$

等温或等熵条件下，要求

$$\sigma_s = \sigma_s(\varepsilon_s), \left(\frac{\partial \sigma_s}{\partial \rho_b}\right) = \frac{1}{\rho_s}\left(\frac{\partial \sigma_s}{\partial \varepsilon_s}\right) \tag{4-50}$$

那么，在等温或等熵情况下，固体颗粒相压力对其体积分数的影响可由固体颗粒的体积模量 G 表达：

$$G = \left(\frac{\partial \sigma_s}{\partial \varepsilon_s}\right)_{\theta_s \text{ or } S} \tag{4-51}$$

基于固体颗粒体积模量 G 的热力学稳定性判据为

$$\frac{\partial \sigma_s}{\partial \rho_b} = \frac{1}{\rho_s}\left(\frac{\partial \sigma_s}{\partial \varepsilon_s}\right) = \left(\frac{\sigma_s}{G}\right) > 0 \tag{4-52}$$

根据声速的定义可知,G 的平方根除以 ρ_s 就是微小扰动通过颗粒流中的传播速度，即颗粒流的声速

$$a_s = \sqrt{G/\rho_s} \tag{4-53}$$

通过相压力与体积分数波动的关系，有一些经验关系式可估算颗粒流中的声速：

$$a_s = a_{s0}\exp[-\kappa(\varepsilon - \varepsilon_0)] \tag{4-54}$$

其中，ε_0 是固体颗粒床层具有终端沉降速度时的空隙率，a_{s0} 为处于终端沉降速度时的颗粒流声速，κ 是衰减因子。另外，可使用倾斜流化床实验获得了 Geldart A 类、B 类和 D 类颗粒的弹性体积模量[5]，其经验关系式可表达为

$$G = 10^{-8.76(1-\varepsilon_s)+5.43} \tag{4-55}$$

此外,之前在给出颗粒热力学分析框架中并不区分恒定体积比热与恒定压力比热，从理论框架的完备性上看还需对此做区分，以下定义恒定体积比热为 c_ε，恒定压力比热为 c_σ，即

$$c_\varepsilon = [(\partial e)/(\partial \theta_s)]_\varepsilon$$

$$c_\sigma = [(\partial U)/(\partial T)]_\sigma \tag{4-56}$$

热力学的稳定性要求

$$c_\varepsilon > c_\sigma \tag{4-57}$$

由于颗粒流强可压缩性，上述热容微小的差值就会带来巨大的耗散。因此，进一步分析颗粒流的这两种热容差异是气固流化床强耗散的核心，但这也为实验测量

带来不小挑战。

3. 颗粒流的噎塞与声速

固体颗粒流的临界流量即颗粒噎塞定义为质量流量不受下游状态影响的状态。对于一般的流体，微小压力波动的传播速度是比流体的主体流动速度更快，因此下游波动会迅速传递到上游并影响其流动状态。然而，由于固体颗粒流的声速很低，固体颗粒自身流速比较容易就赶上其波动传播速度。在这种情况下，出口截面的进一步降低不会导致质量流量的增加，即出现颗粒质量流量的高限。质量流量存在高限的核心是此时流体速度需等于波动的传播速度，波动不再向上游传播。对于忽略气相的颗粒流，其一维质量与动量守恒方程如下：

$$\frac{\partial(\varepsilon_s\rho_s U_s)}{\partial t}+\frac{\partial(\varepsilon_s\rho_s U_s)}{\partial x}=-\frac{\partial\sigma_s}{\partial x}-g\rho_s\varepsilon_s+\tau_{ws}\pi D_t$$

$$\frac{\partial(\varepsilon_s\rho_s)}{\partial t}+\frac{\partial(\varepsilon_s\rho_s U_s)}{\partial x}=0 \tag{4-58}$$

此时，我们考虑颗粒流的强可压缩性，类比于可压缩流体，一维流动中颗粒相压力与体积分数的本构方程为

$$\sigma_s=\sigma_s(\varepsilon_s)+\sigma_s(\nabla U_s,\varepsilon_s) \tag{4-59}$$

其中，σ_s 是二阶张量，在本体系中定义为固体颗粒流的相压力。式(4-59)右侧的第二部分为由颗粒间碰撞时动量传递引起的相压力高阶小量，在后续分析中可忽略。基于式(4-58)，可将颗粒流的连续和动量方程使用矩阵形式表达

$$\begin{pmatrix}\dfrac{\partial\rho_b}{\partial t}\\ \dfrac{\partial U_s}{\partial t}\end{pmatrix}+\begin{pmatrix}U_s & \rho_b\\ \dfrac{G}{\rho_b\rho_s} & U_s\end{pmatrix}\begin{pmatrix}\dfrac{\partial\rho_b}{\partial x}\\ \dfrac{\partial U_s}{\partial x}\end{pmatrix}=\begin{pmatrix}0\\ -g+\dfrac{4\tau_{ws}}{D_t\rho_b}\end{pmatrix} \tag{4-60}$$

该矩阵的特征行列式为

$$\begin{vmatrix}U_s-\lambda & \rho_b\\ \dfrac{G}{\rho_b\rho_s} & U_s-\lambda\end{vmatrix}=0 \tag{4-61}$$

行列式的特征根 λ_i 为

$$\lambda_{1,2}=-U_s\pm\sqrt{G/\rho_s} \tag{4-62}$$

从数学上看，当 $\lambda_i=0$ 时即为临界状态，此时颗粒流动速度与颗粒流声速平衡，过孔喉部的应力-应变信息是无法向上游传递的。该噎塞状态为临界颗粒流的速度 U_{sc} 与声速 a_s 一致，即

$$U_{sc}=a_s=\sqrt{G/\rho_s} \tag{4-63}$$

对于上述两个特征根，可给出相应的特征方程：

$$\frac{\mathrm{d}x}{\mathrm{d}t^{(1)}} = -U_{\mathrm{sc}} + a_{\mathrm{s}}$$

$$\frac{\mathrm{d}\rho_{\mathrm{b}}}{\mathrm{d}t^{(1)}} + \frac{\rho_{\mathrm{s}}}{a_{\mathrm{s}}}\frac{\mathrm{d}U_{\mathrm{sc}}}{\mathrm{d}t^{(1)}} = \frac{\rho_{\mathrm{s}}}{a_{\mathrm{s}}}\left(-g + \frac{4\tau_{\mathrm{ws}}}{D_{\mathrm{t}}\rho_{\mathrm{b}}}\right) \tag{4-64}$$

以及

$$\frac{\mathrm{d}x}{\mathrm{d}t^{(2)}} = -U_{\mathrm{sc}} - a_{\mathrm{s}}$$

$$\frac{\mathrm{d}\rho_{\mathrm{b}}}{\mathrm{d}t^{(2)}} + \frac{\rho_{\mathrm{s}}}{a_{\mathrm{s}}}\frac{\mathrm{d}U_{\mathrm{sc}}}{\mathrm{d}t^{(2)}} = \frac{\rho_{\mathrm{s}}}{a_{\mathrm{s}}}\left(-g + \frac{4\tau_{\mathrm{ws}}}{D_{\mathrm{t}}\rho_{\mathrm{b}}}\right) \tag{4-65}$$

在稳态假设下，可基于以下方法快速求得上述守恒方程的根：

$$\frac{\partial\rho_{\mathrm{b}}}{\partial x} = \frac{\begin{vmatrix} 0 & \rho_{\mathrm{b}} \\ -g + \dfrac{4\tau_{\mathrm{ws}}}{D_{\mathrm{t}}} & U_{\mathrm{s}} \end{vmatrix}}{\begin{vmatrix} U_{\mathrm{s}} & \rho_{\mathrm{b}} \\ \dfrac{G}{\rho_{\mathrm{b}}\rho_{\mathrm{s}}} & U_{\mathrm{s}} \end{vmatrix}} = \frac{-g\rho_{\mathrm{b}} + \dfrac{4\tau_{\mathrm{ws}}}{D_{\mathrm{t}}}}{U_{\mathrm{s}}^2 - \dfrac{G}{\rho_{\mathrm{s}}}} \tag{4-66}$$

在式(4-66)中，当颗粒流动处于临界状态时，有

$$U_{\mathrm{s}} = \pm\sqrt{G/\rho_{\mathrm{s}}} \tag{4-67}$$

此外，行列式(4-66)必须为零才能获得有限的导数；这里认为颗粒流重力会被摩擦力平衡，即

$$-g\varepsilon_{\mathrm{s}}\rho_{\mathrm{s}} + \frac{4\tau_{\mathrm{ws}}}{D_{\mathrm{t}}} = 0 \tag{4-68}$$

那么，颗粒流过孔的最大质量流量就可从以下稳态动量守恒方程中求得：

$$\frac{\mathrm{d}}{\mathrm{d}x}(\rho_{\mathrm{b}}U_{\mathrm{s}}^2 + \sigma_{\mathrm{s}}) = 0 \tag{4-69}$$

定义稳态下颗粒流质量通量为 $\boldsymbol{J}_{\mathrm{s}}$

$$\boldsymbol{J}_{\mathrm{s}} = \rho_{\mathrm{b}}U_{\mathrm{s}} \tag{4-70}$$

基于颗粒质量流量的定义，可将稳态动量守恒方程写为

$$\boldsymbol{J}_{\mathrm{s}}^2\frac{\mathrm{d}\rho_{\mathrm{b}}^{-1}}{\mathrm{d}x} + \frac{\mathrm{d}\sigma_{\mathrm{s}}}{\mathrm{d}x} = 0 \tag{4-71}$$

结合式(4-58)可得

$$\boldsymbol{J}_{\mathrm{s}}^{2}=-\frac{\mathrm{d}\sigma_{\mathrm{s}}}{\mathrm{d}\rho_{\mathrm{b}}^{-1}}=\rho_{\mathrm{b}}^{2}\frac{\mathrm{d}\sigma_{\mathrm{s}}}{\mathrm{d}\rho_{\mathrm{b}}} \tag{4-72}$$

此时，可在方程中有效表达出颗粒流的可压缩性，结合颗粒流的压缩模量 G 的定义式(4-51)，可得最大的颗粒质量流量为

$$\boldsymbol{J}_{\mathrm{s}}^{2}=\rho_{\mathrm{b}}\sqrt{G/\rho_{\mathrm{s}}}=\rho_{\mathrm{b}}U_{\mathrm{sc}} \tag{4-73}$$

以上建立了考虑固体颗粒流强可压缩性的过孔流量分析框架。从中看出，质量流量具有最大值，在颗粒流自身流速与颗粒流压力传播的声速相等时，噎塞就会产生且下游的波动不会传播到上游。那么，当固体颗粒流速大于颗粒声速时，密度或颗粒速度必须减小以满足质量和动量守恒方程。

在本小节的最后，我们再着重强调颗粒流声速、相压力与颗粒温度的关系。固体颗粒流的波动速度是颗粒温度的单值函数，而又是固体颗粒相压力与体积分数比值给出的定义。因此，这里先给出颗粒流的状态方程，直观阐述颗粒流相压力与颗粒温度、固体颗粒体积分数的定量关系：

$$\sigma_{\mathrm{s}}=[\varepsilon_{\mathrm{s}}\rho_{\mathrm{s}}+\varepsilon_{\mathrm{s}}^{2}\rho_{\mathrm{s}}(1+e)g_{0}]\theta_{\mathrm{s}} \tag{4-74}$$

其中，e 为颗粒碰撞的恢复系数，g_0 表示与分子之间的排斥函数相似的排斥径向分布函数。式(4-74)阐述了固体颗粒流的相压力是由颗粒流动的动压和非弹性碰撞构成的。与气体温度的定义类似，颗粒温度为

$$\theta_{\mathrm{s}}=\frac{1}{3}<v_{\mathrm{s}}^{2}> \tag{4-75}$$

其中，v_{s} 是颗粒流速度瞬时值减去其平均速度的脉动速度，三角括号表示脉动速度在空间上的平均值。基于式(4-74)，颗粒流声速可写为

$$a_{\mathrm{s}}=\sqrt{G/\rho_{\mathrm{s}}}=[1+4\varepsilon_{\mathrm{s}}(1+e)g_{0}]^{1/2}\theta_{\mathrm{s}}^{1/2} \tag{4-76}$$

当颗粒流体积分数较小时，可将颗粒临界速度简写为

$$U_{\mathrm{sc}}=a_{\mathrm{s}}=\sqrt{\theta_{\mathrm{s}}}=\sqrt{\frac{1}{3}<v_{\mathrm{s}}>^{2}} \tag{4-77}$$

式(4-76)和式(4-77)说明颗粒流的声速与其脉动速度呈正相关，正是由于颗粒流自身脉动相比气体分离微弱，其体系温度很低进而能够实现宏观量子效应，即本书定义的超可压缩性。

4.4.2　气固密相流化的临界状态

对于气固密相流化，此时虽然气体以离散的气穴相存在于颗粒聚团中，但是正因气穴相与颗粒聚团的强相互作用才出现优异的传递和流动性。因此，还需考虑气相对于整个体系可压缩性的影响。因此，在上述颗粒流的模型中需体现气穴

相的贡献。类似式(4-66)的临界流动条件。对于稳态密相气固两相流，将每个相的质量、动量和能量方程的守恒方程写为

$$A\frac{\partial \boldsymbol{u}}{\partial t}+B\frac{\partial \boldsymbol{u}}{\partial x}=c \tag{4-78}$$

其中，$\boldsymbol{u}$ 是因变量的向量(可以为固体颗粒床层空隙率、相压力、气体和固体颗粒相的速度等)，t 是时间，x 是一维流动的空间距离。A, B 和 $\boldsymbol{c}$ 是 u 的函数，式(4-78)的特征值可通过下式得到

$$\left|A\lambda_0+B\lambda_1\right|=0 \tag{4-79}$$

将式(4-79)中的特征斜率设为零，正如 4.3 节所讨论的，此时压力波动将无法向流动方向的上游传播。此时，方程(4-78)所描述的系统达到临界状态，上游是无法感知下游波动的反馈。因此，在特征多项式中令 λ_0=0，则

$$\left|B\right|=0 \tag{4-80}$$

对于稳态，即不考虑时间项，守恒方程可化简为：

$$B\frac{\partial \boldsymbol{u}}{\partial x}=c \tag{4-81}$$

在此基础上，可将质量、动量、能量以及状态方程写为矩阵形式：

$$\begin{bmatrix}\rho_{\mathrm{g}}U_{\mathrm{g}} & (1-\varepsilon_{\mathrm{s}})U_{\mathrm{g}}/a_{\mathrm{g}}^2 & (1-\varepsilon_{\mathrm{s}})\rho_{\mathrm{g}} & 0\\ -\rho_{\mathrm{s}}U_{\mathrm{s}} & 0 & 0 & \varepsilon_{\mathrm{s}}\rho_{\mathrm{s}}\\ -G & 1 & (1-\varepsilon_{\mathrm{s}})\rho_{\mathrm{g}}U_{\mathrm{g}} & \varepsilon_{\mathrm{s}}\rho_{\mathrm{s}}U_{\mathrm{s}}\\ -G/\varepsilon_{\mathrm{s}} & 1 & 0 & \rho_{\mathrm{s}}U_{\mathrm{s}}\end{bmatrix}\begin{bmatrix}\mathrm{d}(1-\varepsilon_{\mathrm{s}})/\mathrm{d}x\\ \mathrm{d}p/\mathrm{d}x\\ \mathrm{d}U_{\mathrm{g}}/\mathrm{d}x\\ \mathrm{d}U_{\mathrm{s}}/\mathrm{d}x\end{bmatrix}=\begin{bmatrix}0\\ 0\\ -[\rho_{\mathrm{s}}\varepsilon_{\mathrm{s}}+(1-\varepsilon_{\mathrm{s}})\rho_{\mathrm{g}}]g\\ [\beta(U_{\mathrm{g}}-U_{\mathrm{s}})/\varepsilon_{\mathrm{s}}]-\rho_{\mathrm{s}}g\end{bmatrix} \tag{4-82}$$

该矩阵中，通过颗粒流的可压缩模量 G 表达可压缩性。基于式(4-83)可得到考虑气相贡献的临界颗粒速度

$$U_{\mathrm{s}}^2=\frac{G}{\rho_{\mathrm{s}}}+\frac{\varepsilon_{\mathrm{s}}\rho_{\mathrm{g}}U_{\mathrm{g}}^2}{(1-\varepsilon_{\mathrm{s}})\rho_{\mathrm{s}}[(U_{\mathrm{g}}^2/a_{\mathrm{g}}^2)-1]} \tag{4-83}$$

根据式(4-83)可知，有两种极限情况可简化讨论：

不考虑气相的动量，即 $U_{\mathrm{g}}=0$ 或 $\rho_{\mathrm{g}}=0$，那么式(4-83)可简化为上述推导的纯颗粒流临界噎塞流速：

$$U_{\mathrm{s}}=\sqrt{G/\rho_{\mathrm{s}}} \tag{4-84}$$

不考虑颗粒相的动量，即固体颗粒体积分数 $\varepsilon_{\mathrm{s}}=0$，那么式(4-83)可简化为第

3 章中可压缩气体的声速：

$$U_{\mathrm{g}} = a_{\mathrm{g}} \tag{4-85}$$

式(4-85)与可压缩气体变截面流出口噎塞条件一致，即气体流速等于其声速。

在此基础上，管道内流体发生噎塞还应满足以下兼容性条件：

$$\begin{bmatrix} 0 & (1-\varepsilon_{\mathrm{s}})U_{\mathrm{g}}/a_{\mathrm{g}}^2 & (1-\varepsilon_{\mathrm{s}})\rho_{\mathrm{g}} & 0 \\ 0 & 0 & 0 & \varepsilon_{\mathrm{s}}\rho_{\mathrm{s}} \\ -[\rho_{\mathrm{s}}\varepsilon_{\mathrm{s}}+(1-\varepsilon_{\mathrm{s}})\rho_{\mathrm{g}}]g & 1 & (1-\varepsilon_{\mathrm{s}})\rho_{\mathrm{g}}U_{\mathrm{g}} & \varepsilon_{\mathrm{s}}\rho_{\mathrm{s}}U_{\mathrm{s}} \\ [\beta(U_{\mathrm{g}}-U_{\mathrm{s}})/\varepsilon_{\mathrm{s}}]-\rho_{\mathrm{s}}g & 1 & 0 & \rho_{\mathrm{s}}U_{\mathrm{s}} \end{bmatrix} = 0 \tag{4-86}$$

对矩阵(4-86)进行简化，可得

$$\beta(U_{\mathrm{g}}-U_{\mathrm{s}})\left[1-(1-\varepsilon_{\mathrm{s}})\frac{U_{\mathrm{g}}^2}{a_{\mathrm{g}}^2}\right] = (1-\varepsilon_{\mathrm{s}})\varepsilon_{\mathrm{s}}\rho_{\mathrm{s}}g\left(1-\frac{U_{\mathrm{g}}^2}{a_{\mathrm{g}}^2}\right) \tag{4-87}$$

从式(4-87)可看出，系统可分为两种极端情况：当系统远离临界状态时，即 $U_{\mathrm{g}} \ll a_{\mathrm{g}}$，兼容性条件式(4-87)类似于最小流化状态，此时气固滑移显著；当系统在临界状态附近时，即 $U_{\mathrm{g}} \approx a_{\mathrm{g}}$，兼容性条件式(4-87)退化为

$$U_{\mathrm{g}} = U_{\mathrm{s}} \tag{4-88}$$

即拟均相条件，此时可忽略气固滑移。

在上述分析的基础上，讨论考虑气相贡献的颗粒流过孔流量。首先，从最简单的气固无滑移出发考虑，此时均匀分散于颗粒流的气相具有与颗粒流相同的速度。基于该假设，气固两相流一维稳态能量平衡与单一组分的一维稳态能量平衡相同，其性质可通过气固两相性质的线性平均获得：

$$\frac{\mathrm{d}}{\mathrm{d}x}(h_{\mathrm{M}} + U_{\mathrm{M}}^2/2 + gz) = \dot{Q} - \dot{W} \tag{4-89}$$

其中，z 是空间坐标，h_{M} 是气固混合焓，U_{M} 是气固平均速度，g 是重力，Q 是系统的热效应，W 是系统做功。在不考虑重力势能，且认为供给系统的热量均在气固两相流中耗散完全。那么，式(4-89)可简化为

$$\mathrm{d}\,h_{\mathrm{M}} + \mathrm{d}(U_{\mathrm{M}}^2/2) = 0 \tag{4-90}$$

对于气固无滑移边界条件，式(4-90)变为

$$(h_{\mathrm{M}} - h_{\mathrm{M}i}) + \left(\frac{U_{\mathrm{M}}^2}{2} - \frac{U_{\mathrm{M}i}^2}{2}\right) = 0 \tag{4-91}$$

若边界处速度较小，即 $U_{\mathrm{M}i} \ll U_{\mathrm{M}}$，则基于式(4-91)可给出在任一空间位置处的速度，

$$U_{\mathrm{M}} = \sqrt{2(h_{\mathrm{M}} - h_{\mathrm{M}i})} \tag{4-92}$$

其中，气固两相流中气相为理想气体，颗粒相为不可压缩固体颗粒。因此，气固两相流混合焓仅是温度的函数。对于恒定的比热，式(4-92)变为

$$U_{\mathrm{M}}=\sqrt{2c_{p\mathrm{M}}(T_i-T)} \tag{4-93}$$

那么，单位面积的气固两相流质量流量 $F=\rho_{\mathrm{M}}U_{\mathrm{M}}$ 可以表示为

$$F=\rho_{\mathrm{M}}U_{\mathrm{M}}=\frac{P_i}{RT_i}\sqrt{2c_{p\mathrm{M}}T_i\left(r^{\frac{2R}{c_{p\mathrm{M}}}+2}-r^{\frac{R}{c_{p\mathrm{M}}}+2}\right)} \tag{4-94}$$

其中，ρ_{M} 是气固两相流混合密度，R 是混合相压力与边界压力之比 $R=P/P_i$。那么，对式(4-94)求导，该导数为零时体系获得最大质量流量 F_{c}：

$$F_{\mathrm{c}}=\frac{P_i}{\sqrt{T_i}}\sqrt{\frac{\Gamma}{R}\left(\frac{2}{\Gamma+1}\right)^{\frac{\Gamma+1}{\Gamma-1}}} \tag{4-95}$$

其中，Γ 是恒压相对于恒体积的比热比。

进一步地，考虑气固滑移过程即考虑气固相对速度对气固密相临界流量的影响。首先，定义气固相对速度：

$$\hat{U}=\frac{U_iU_jU_{\mathrm{M}}}{a_{\mathrm{M}}^2} \tag{4-96}$$

其中，

$$\begin{aligned}\hat{U}&=\varepsilon_iU_j+\varepsilon_jU_i\\U_{\mathrm{M}}&=(\varepsilon_i\rho_iU_i+\varepsilon_j\rho_jU_j)/\rho_{\mathrm{M}}\end{aligned} \tag{4-97}$$

对于气固拟均相流，$U_i=U_j=U_{\mathrm{M}}$；因此，基于式(4-83)可得临界条件为 ${U_{\mathrm{M}}}^2={a_{\mathrm{M}}}^2$，那么 a_{M} 为

$$\frac{1}{\rho_{\mathrm{M}}a_{\mathrm{M}}^2}=\frac{\varepsilon_i}{\rho_ia_i^2}+\frac{\varepsilon_j}{\rho_ja_j^2} \tag{4-98}$$

在此基础上，进行滑移的修正，我们定义滑移系数

$$s=\frac{U_j}{U_i} \tag{4-99}$$

基于滑移系数的定义，通过式(4-86)可得临界条件为

$$U_i=a_{\mathrm{M}}\sqrt{\frac{\varepsilon_is+\varepsilon_j}{\phi_i+\phi_js}} \tag{4-100}$$

式(4-100)说明当存在气固滑移时，其与气固拟均相平衡流动的临界条件有所不同，需经过滑移在质量分配上进行修正。

4.4.3 密相颗粒流数学框架的稳定性分析

正如第 3 章超可压缩流数学框架的稳定性分析，这里着重阐述密相颗粒流数学框架的适定性以及数值计算的稳定性问题。将微分方程进行特征值分析，当特征值为实数时可以获得稳定的数值计算结果；除此之外，还需关注相压力的本构关系以防止气固两相流内固体颗粒体积分数达到不可能的数值进而出现非物理的结果，例如在稀相区顶部出现密相流态化或在密相流化床内出现固体颗粒消失的现象。一般地，这种非物理行为是由虚数特征值引起的数值计算发散即不稳定性造成的。因此，必须谨慎使用上述模型进行瞬时流动。

以下对数值求解过程的稳定性进行分析，以避免产生非物理结果。首先，将系统的质量与动量方程写为拟线性一阶偏微分方程：

$$\frac{\partial U}{\partial t}+\sum_{j=1}^{3}\boldsymbol{A}_j\frac{\partial U}{\partial x_j}=b \tag{4-101}$$

该矩阵可通过变换获得单位矩阵，那么初值问题就变为在以下定义域内寻找可行解：

$$a_i\leqslant x_i\leqslant b_i\ (1\leqslant i\leqslant 3),\ t\geqslant 0 \tag{4-102}$$

这里将弹性模量 G 作为关键变量，则认为初始状态可由下式表达

$$U(0,x)=G(x) \tag{4-103}$$

其中，U 的取值在边界确定。

当对于所有微分初值 $G(x)$ 微分方程(4-101)都有唯一解，此时称初值问题是适定的。基于 Lax-Pal 等价定理，当且仅当$\sum \boldsymbol{A}_j\mu_j$ 的所有线性组合实系数 μ_j 的系数矩阵 $\boldsymbol{A}_j$ 仅具有实特征值时，初值问题是适定的。对于由两个一阶微分方程组成的方程组(4-101)，在其定义域(4-102)内特征值是$\pm(G)^{1/2}$。在微分方程中，具有良好适定性的微分方程是双曲型的，而椭圆型方程不具备适定性。正如系统(4-101)诸如波动方程以及包含可压缩性的流动方程都是典型的双曲型微分方程。如果对于各个实数 μ_j 的系数矩阵，其所有线性组合$\sum \boldsymbol{A}_j\mu_j$ 仅具有实特征值 $\lambda_1, \lambda_2, \lambda_3,\cdots,\lambda_n$ 和 n 个线性独立的特征向量，则非奇异矩阵 $\boldsymbol{T}(\mu)$ 存在且可转换为单位对角矩阵：

$$\boldsymbol{T}\left(\sum \boldsymbol{A}_j\mu_j\right)\boldsymbol{T}^{-1}=\boldsymbol{\Lambda}=\begin{bmatrix}\lambda_1 & 0 & 0\\ 0 & \ddots & 0\\ 0 & 0 & \lambda_n\end{bmatrix} \tag{4-104}$$

式(4-104)显示矩阵是对称的，且 $\boldsymbol{T}$ 取决于实数 μ。需注意的是，如果系统不是完全双曲的，则无法获得如(4-102)的对称形式，意味着系统的解存在不适定的可能。

对于数值计算，其作为初值问题求解时的稳定性与偏微分方程的性质密切相关。因此，对微分方程的特征分析是非常重要的。Lax-Pal 等价定理给出了数值计

算中有限差分格式的稳定性与其近似偏微分方程之间的基本联系。该定理指出：如果一个微分方程的线性近似是具有初值适定性，那么其对应微分方程的解是稳定收敛的。与此相对应，当微分方程的特征矩阵不是完全双曲的，则其不是一个适定的系统，将导致其线性近似解的失稳，即其 Von Neumann 分析中其误差是指数增长的，必然导致数值计算的发散。

对于一维气固两相流，其质量和动量守恒关系如式(4-61)所表达，本构方程可通过式(4-62)表示。定义 a_s 是在等熵过程中微小压力波动在气固两相流中传播的速度，即声速；与此相对应，G 是固体颗粒相的弹性模量。在此基础上，气体和固体颗粒相的质量和动量守恒方程可写成以下矩阵形式

$$\bar{\boldsymbol{A}}\begin{pmatrix}\partial(1-\varepsilon_s)/\partial t \\ \partial G/\partial t \\ \partial U_g/\partial t \\ \partial U_s/\partial t\end{pmatrix}+\bar{\boldsymbol{B}}\begin{pmatrix}\partial(1-\varepsilon_s)/\partial s \\ \partial G/\partial x \\ \partial U_g/\partial x \\ \partial U_s/\partial x\end{pmatrix}=\bar{\boldsymbol{C}} \tag{4-105}$$

其中

$$\bar{\boldsymbol{A}}=\begin{pmatrix}\rho_g & (1-\varepsilon_s)/a_s^2 & 0 & 0 \\ \rho_s & 0 & 0 & 0 \\ 0 & 0 & \rho_g(1-\varepsilon_s) & 0 \\ 0 & 0 & 0 & \rho_s\varepsilon_s\end{pmatrix}$$

$$\bar{\boldsymbol{B}}=\begin{pmatrix}\rho_g U_g & (1-\varepsilon_s)U_g/a_s^2 & \rho_g(1-\varepsilon_s) & 0 \\ \rho_s U_s & 0 & 0 & \rho_s\varepsilon_s \\ 0 & 1 & \rho_g(1-\varepsilon_s)U_g & 0 \\ -G & 0 & 0 & \rho_s\varepsilon_s\end{pmatrix}$$

$$\bar{\boldsymbol{C}}=\begin{pmatrix}0 \\ 0 \\ \beta_B(U_s-U_g)-4\tau_{wg}/D_t-\rho_g g \\ -\beta_B(U_s-U_g)-4\tau_{wg}/D_t-\varepsilon_s\Delta\rho_s g\end{pmatrix} \tag{4-106}$$

其中，

$$a_s=\sqrt{\left(\partial G/\partial\rho_g\right)_T} \tag{4-107}$$

可得其特征行列式：

$$
\begin{vmatrix}
U_s-\lambda & 0 & 0 & -\varepsilon_s \\
\dfrac{\rho_g a_s^2}{(1-\varepsilon_s)}(U_g-U_s) & U_g-\lambda & \rho_g a_s^2 & \dfrac{\rho_g a_s^2}{(1-\varepsilon_s)} \\
0 & \dfrac{1}{\rho_g(1-\varepsilon_s)} & U_g-\lambda & 0 \\
-\dfrac{G}{\varepsilon_s\rho_s} & 0 & 0 & U_s-\lambda
\end{vmatrix} \tag{4-108}
$$

行列式(4-108)的特征根 λ_i 为

$$
\begin{gathered}
\lambda_{1,2}=U_g\pm\sqrt{a_s^2/(1-\varepsilon_s)} \\
\lambda_{3,4}=U_s\pm\sqrt{G/\rho_s}
\end{gathered} \tag{4-109}
$$

由于

$$
\begin{gathered}
a_s^2/(1-\varepsilon_s)>0 \\
G/\rho_s>0
\end{gathered} \tag{4-110}
$$

因此，行列式(4-108)具有实根，则微分方程为双曲型，该初值问题是适定的。此外，特征向量还要求具备初值适定性的体系必须规定相应的边界条件。式(4-109)说明，由于气相中微小波动的传播速度 a_g 值较大，其特征向量的方向可为正或负。因此，必须同时在体系的入口和出口处给定边界条件。与此相对应，虽然式(4-109)两组根的形式相似，但是 G/ρ_s 值即微小压力波动在颗粒流中传播速度很小。因此，固体颗粒流的特征方向通常都是正的，这是与气相的数学表达完全不同的概念，这也是强可压缩性的显著体现。对于较小固体颗粒相压力，固体颗粒流中压力波动是无法从下游传递至上游的。

上述分析中，我们考虑相压力 G 对颗粒相体积的影响，进而获得不考虑气相的纯颗粒流强可压缩性的分析框架。进一步地，其特征可有效推广到非稀疏两相流情况。对于分散相 k 的质量与动量守恒方程，其特征值为

$$
\lambda_k=U_k\pm\left[\left(\frac{\partial G_k}{\partial\varepsilon_k}/\rho_k\right)\right]^{1/2}\quad k=1,2,3,\cdots,m \tag{4-111}
$$

由于考虑了强可压缩性，即颗粒相压力与固体颗粒体积分数的关系，式(4-111)的初值问题为适定的。此处需注意的是，由于固体颗粒真密度认为是不变的，因此与颗粒相压力作微分的是固体颗粒体积分数。相应的特征速度可表示为

$$
a_s=\left[\frac{1}{(\rho_g/1-\varepsilon_s)+(\rho_s/\varepsilon_s)}\right]^{1/2}\left[\frac{-(U_g-U_s)^2}{(1-\varepsilon_s/\rho_g)+(\varepsilon_s/\rho_s)}+\frac{G(\varepsilon_s)}{\varepsilon_s}\right]^{1/2} \tag{4-112}
$$

从式(4-112)可看出，当 G 为零时，即不考虑可压缩性的情况，微分方程组(4-111)

的初值问题是不适定的。

4.5　密相过孔相分离的应用：多段流化床

流化床内气固混合一方面使得流化床反应器具有优良的传质和传热效果，可获得均匀浓度场和温度场，避免局部过热；但另一方面也导致无法建立浓度和温度梯度，既有可能降低反应物的转化率，也可能导致中间产物进行不必要的深度转化，使目标产物的收率下降[6]。由第 2 章可知，气固相结构对混合起到关键作用，因此基于相结构的调控既保证流化床的传热性能，又避免返混的不利影响，具有重要的科学意义与工业应用前景。

气固流态化的基本概念是，固体颗粒悬浮在逆重力向上的气流中。其始于最小流化速度 U_{mf} 是随着表观气速的增加经历鼓泡、湍动并最终达到快速流化状态。气体和固体的混合行为分别由气体和固体扩散系数定量表达，在湍流化态中气固的传递能力达到峰值(U_c 是从鼓泡到湍流化态的转变速度)。与鼓泡和快速流化状态相比，湍动流化状态提供了独特的优势，例如优异的气固传递能力，气固均匀分布以及良好的流动性。因此，许多工业气固流化床反应器，例如流化催化裂化(FCC)再生、甲苯的氨氧化、甲醇-丙烯(MTP)和异戊烯氧化脱氢，通常在湍流流化状态下操作。然而，湍动流化状态也有其自身缺点，例如显著的气固返混及其引起的较宽停留时间分布。

因此，基于对气固返混的理解，本课题组开发出如图 4-10 所示的多段流化床，其核心优势在于：段内维持气固湍动流化状态，具有高效的气固混合能力；段与段之间通过多孔板的设计抑制气固返混；气固多级逆流提高反应器的传质和传热整体推动力；可在不同段内建立不同的反应氛围，高选择性制备目标产物。一般地，有两种类型的多段流化床形式：一类是多个流化床反应器进行串联；另一类是在一个流化床反应器内形成类似精馏塔的轴向串联分区。第二种情况可以最大程度减小反应器占地同时获得气固多级逆流的优势。对于第二种多段流化床又可分为：固体颗粒直接穿过多孔板；固体从溢流管通过而气体从多孔板通过。

多孔板最先是作为破碎气泡的构件加入气固流化床中；中国科学院过程工程研究所郭慕孙院士提出使用多孔板建立多段流化床形成多级逆流过程增大传递推动力；清华大学金涌院士报道在湍动流态化中多孔板下方会出现明显的“气垫”即相分离的现象可有效抑制气固返混。在气固二维床中使用 X 光观察到气固流化床中气泡经过多孔板时其自身相密度会发生改变；中国石油大学卢春喜课题组[7]提出特殊设计的百叶窗式多孔板内构件，并与毕晓涛课题组合作[8]系统研究了该内构件对气固返混的影响，认为多孔板下方产生“气垫”的厚度是其抑制气体返混的指标；中国石油大学高金森课题组[9]通过数值模拟发现环状构件抑制 FCC 汽提器内气固返混，获得更高的汽提效率；中国科学院过程工程研究所朱庆山课题组[10]通过实验和数值模拟的方法系统研究了多孔构件流化床内气固流动的性质，发现构件处的气固相密度显著下降并可有效抑制返混。

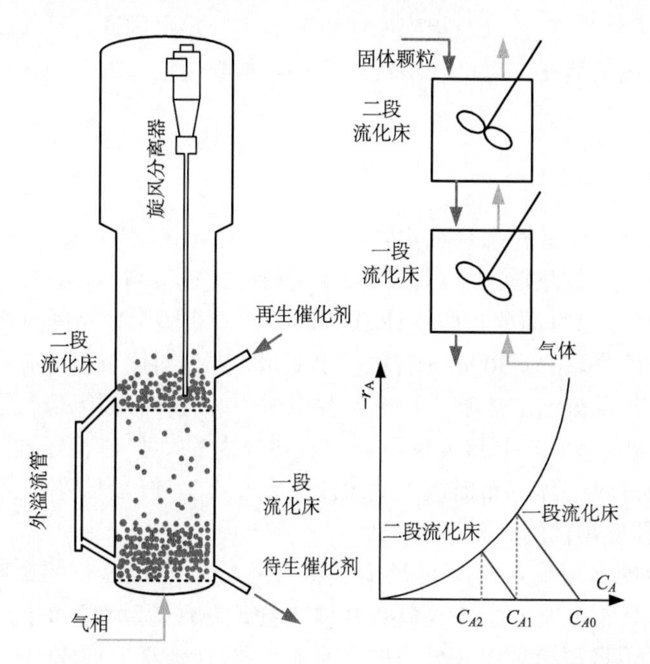

图 4-10　多段流化床(multi-stage fluidized bed, MSFB)的概念

无论从实验测量、数值模拟还是工业实践均证明通过添加多孔板构件或建立多段流化床可有效抑制气固返混，获得窄停留时间分布；其抑制气固返混的核心是气固两相流过孔相分离。然而，目前对气固两相流过孔相分离物理机制的研究并不充分。因此，本节针对获得具有类平推流的流化床反应器这一需求瓶颈，拟围绕气固两相流过孔相分离的机制展开讨论。

4.5.1　多孔板对 RTD 的调变

基于第 2 章的实验和讨论，我们知道流化床内的气固相结构显著影响气固返混，即停留时间分布(RTD)。一般地，当固体颗粒体积分数减小，从气固密相到稀相佩克莱数显著增加，通常气固稀相中的佩克莱数可比气固密相高至少一个数量级。因此，为有效抑制气固密相流化床内的返混，就需在气固密相中通过相结构的调变建立相对稀相区。本节基于上文阐述的气固两相流过孔相分离规律，设计多孔板构件建立多段床反应器，从而在气固密相床层中建立稳定的稀相空间，可有效抑制气固返混。在此基础上，通过对多孔板结构参数(开孔率)的调整对相对稀相区的固体颗粒体积分数以及分相程度进行控制，最终实现对流化床气相停留时间分布进行调变。本节首先在直径为 300 mm 的冷态流化床中通过 H_2 瞬态和稳态示踪实验，对比分析有无多孔板构件对示踪气体停留时间分布(RTD)的影响，并通过 RTD 曲线方差 σ^2 以及相应的佩克莱数进行定量描述，系统探究多孔板构件对气固相分离的调变，为进一步优化构件结构与进行热态多段流化床实验研究提供基础。

1. H_2 脉冲示踪实验

不同于第 2 章中的稳态示踪实验，脉冲示踪实验中示踪气体 H_2 以脉冲形式从流化床底部注入固体颗粒床层，在颗粒床层料面位置检测 H_2 浓度随时间的变化，从而得到 H_2 的停留时间分布曲线(RTD 曲线)。本实验中使用的流化床与第 2 章中的实验装置一样，由 Φ300mm 有机玻璃制成，方便对比分析多孔板构件对气固流动以及反应产品分布的影响。冷态实验中所用的固体颗粒为催化裂化催化剂，具有 Geldart A 类颗粒的粒度和密度。主流化气为 N_2，经过稳压阀和转子流量计调节后从底部通过气体分布器进入气固流化床。实验过程表观流化气速为 0.06～0.28 m/s，多孔板构件的开孔率为 33%。

实验使用的示踪气为 H_2，此处需注意的是 H_2 由于其较低的密度和较弱的吸附能力，相比第 2 章中示踪气体 LPG 可更干净地体现流动对返混的影响。由于示踪气体是经过流量调节后注入分布板之前的位置，在数学上形成了一个闭-闭式的边界条件，通过自动开关截止阀实现脉冲进样，误差不超过 0.1s。示踪气体 H_2 注入体积小于主流化气体积的 0.3%，可忽略其对流动的影响。瞬态脉冲需要极短的响应时间且极低的检测限，如第 2 章稳态示踪实验中使用的气相色谱就无法满足上述要求，首先色谱 TCD 检测器的响应时间至少需要 20 s，其 RTD 曲线的拖尾更是高达 2 min，其不具备检测灵敏度；更为核心的是色谱 TCD 是分子扩散型的，TCD 自身就会引起很宽的停留时间分布，其噪声会掩盖气固返混对停留时间分布曲线的影响。因此，色谱测量不宜作为 H_2 脉冲示踪的检测装备。相比之下，质谱因其比传统的气相色谱更快的响应速度与更高的灵敏度可用于瞬态 RTD 的测量。这里，由仪器自身原因产生的停留时间分布曲线拖尾现象几乎可忽略，且对于 H_2 的灵敏度比气相色谱的 TCD 还高。综上所述，本实验将质谱探头插入流化床的密相床层中，保证其在流化过程中在固体颗粒料面以下，通过示踪气体 H_2 随时间的浓度分布获得 RTD 曲线。基于第 1 章所述的停留时间分布模型，当气固流化床内的气固返混行为越剧烈，示踪气体 H_2 随时间的分布就越偏离平推流，即容易产生严重拖尾现象。在数学上，通过对比有无多孔板构件 RTD 曲线的数学期望和方差，就可以定量对比二者的返混程度。对已知 C_i-t_i 数据，平均停留时间 τ 和方差 σ^2 的计算方法如下：

$$\tau = \frac{\sum c_i t_i}{\sum c_i}$$

$$\sigma^2 = \frac{\sum c_i {t_i}^2}{\sum c_i} - \tau^2 \tag{4-113}$$

进一步通过扩散方程拟合可计算出停留时间分布对应的佩克莱数，这是定量表达返混的关键参数。此外，需强调的是由于空床本身与质谱探头以及管路均会有一定的停留时间分布，因此，在实验前需使用质谱对空床进行 RTD 的测量并作为实验空白在后续实验过程中进行扣除。

图 4-11 为不同表观气速下空床、无构件单段流化床与多孔板构件两段流化床中示踪气体 H_2 停留时间分布曲线。若是忽略气体湍动以及边壁效应的影响，空白的 RTD 曲线可以视为平推流的过程；在此基础上，无构件的单段气固流化床中由于气固的强烈返混，其示踪气体 H_2 停留时间分布主峰位置大幅后移且半峰宽显著变宽，其拖尾现象也非常显著。相比而言，当在单段流化床中加入多孔板构件形成两段床，此时示踪气体 H_2 停留时间分布处于空白和单段流化床之间，即主峰位置相比空床后移、相比单段流化床大幅提前，且半峰宽也明显收窄；与此同时，其拖尾现象也获得显著改善，因此可以推断出多孔板构件对催化剂颗粒返混具有明显的抑制作用。相比 0.06m/s 的低气速，高表观气速 0.28m/s 下无论单段还是多段流化床，其 RTD 主峰的位置和半峰宽均获得了明显的改善，再次说明返混程度对固体颗粒体积分数的依赖关系。表 4-3 列出了表观气速从 0.06～0.28m/s 范围 RTD 曲线的平均停留时间和方差，对比分析可定量描述多孔板构件的加入对气固返混的抑制程度。具体地，在单段流化床内设置 33%开孔率的多孔板构件后，低表观气速(0.06～0.14 m/s)区域，示踪气体 H_2 停留时间分布的数学期望约比无构

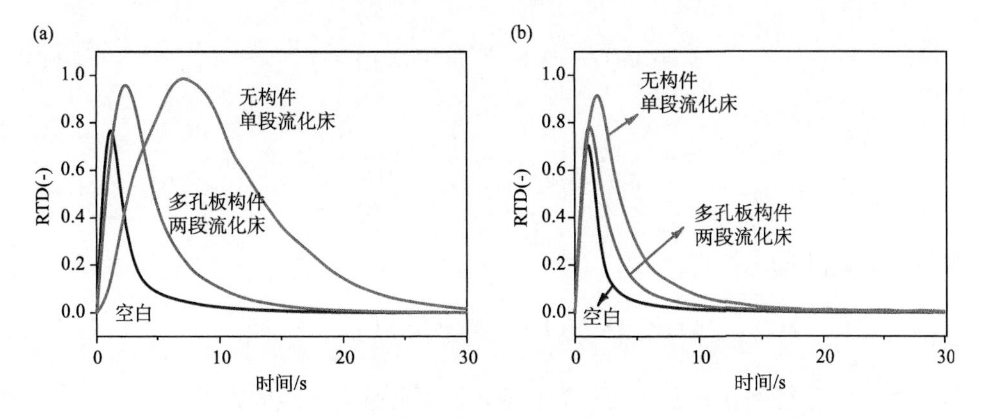

图 4-11 空床、无构件单段流化床与多孔板构件两段流化床中示踪气体 H_2 停留时间分布曲线

(a) 表观气速 0.06 m/s；(b) 表观气速 0.28 m/s

表 4-3　各操作条件下 H_2 平均停留时间对比

表观气速 /(m/s)	空床		无构件单段流化床		多孔板构件两段流化床	
	期望	方差	期望	方差	期望	方差
0.06	2.59	5.93	9.83	29.92	4.4	11.15
0.14	2.15	4.2	6.01	14.4	3.61	9.32
0.21	2.3	4.83	4.77	12.66	2.99	6.76
0.28	2.04	3.87	4.22	16.32	2.93	7.4

件时小 40%～50%，相比之下在高表观气速(0.21～0.28 m/s)区域，仅比无构件时小 30%～40%；对于示踪气体 H_2 的停留时间分布的数学方差而言，带多孔板构件的两段流化床所得 RTD 的方差也小得多。因此，上述实验均说明了多孔板构件可有效抑制流化床内的气固返混，尤其在固体颗粒浓度较高的体系中抑制返混更为有效。那么对于包含反应的流化床反应器来说，使用多孔板构件在保证级内反应器空间尺度温度均匀的同时，级间也可有效建立起较大的浓度推动力，使得以反应中间产物为目标的过程选择性显著提高。

与第 2 章类似，我们可对上述测量得到的示踪气体停留时间分布进一步数学处理，获得不同表观气速和多孔板构件对气体轴向佩克莱数的影响。与第 2 章稳态示踪处理方法不同，基于瞬态脉冲得到的 RTD 曲线处理方法为：在离散数据下，令在空床中获得的示踪气体停留时间分布信号为 $b(c)$，在气固流化状态下有/无多孔板构件测得的信号为 $r(c)$。在此基础上，将 $r(c)$ 通过反卷积方法扣除背景信号 $b(c)$，得到的 $h(c)$ 信号就是气固流化床内的实际停留时间分布：

$$r(c)=\sum_{i=1}^{c}h(i)b(c+1-i) \tag{4-114}$$

$$h(c)b(1)=r(c)-\sum_{i=1}^{c-1}h(i)b(c+1-i) \tag{4-115}$$

因此，设

$$\overline{b}(k)=\frac{b(k)}{b(1)},\quad \overline{r}(c)=\frac{r(c)}{r(1)} \tag{4-116}$$

则得到反卷积关系：

$$h(c)=\overline{r}(c)-\sum_{i=1}^{c-1}h(i)\overline{b}(c+1-i) \tag{4-117}$$

基于式(4-117)得到 $h(c)$ 后，可得到相应停留时间分布曲线的方差：

$$\tau = \frac{\sum h_i t_i}{\sum h_i}$$

$$\sigma_t^2 = \frac{\sum h_i t_i^2}{\sum h_i} - \tau^2 \tag{4-118}$$

对式(4-118)中统计期望和方差进行无因次化：

$$\sigma_\theta^2 = \frac{\sigma_t^2}{\overline{t}^2} \tag{4-119}$$

其中，

$$\overline{t} = \frac{V}{v} \tag{4-120}$$

在闭-闭式边界条件下的一维轴向扩散模型，可得到相应佩克莱数：

$$\sigma_\theta^2 = \frac{2}{Pe} - \frac{2}{Pe^2}(1 - \mathrm{e}^{-Pe}) \tag{4-121}$$

本节实验分别基于瞬态示踪方法测量了空床、单段流化床以及带 33%开孔率多孔板构件的两段流化床中 H_2 停留时间分布。基于式(4-114)～(4-121)可得到如图 4-12 所示的不同表观气速下有/无多孔板构件时气固流化床内示踪气体的实际停留时间分布 $h(c)$。在不同表观气速下，带多孔板构件两段流化床的 RTD 相比单段流化床，其更近乎推流的高峰窄分布特点，说明多孔板构件引起可建立相对稀相区进而有效抑制返混。另外，在低表观气速时，根据第 2 章的讨论，由于更高的固体颗粒体积分数会使得气体返混过程所需越过的能垒大幅下降，进而相比高气速下呈现更为明显的返混。

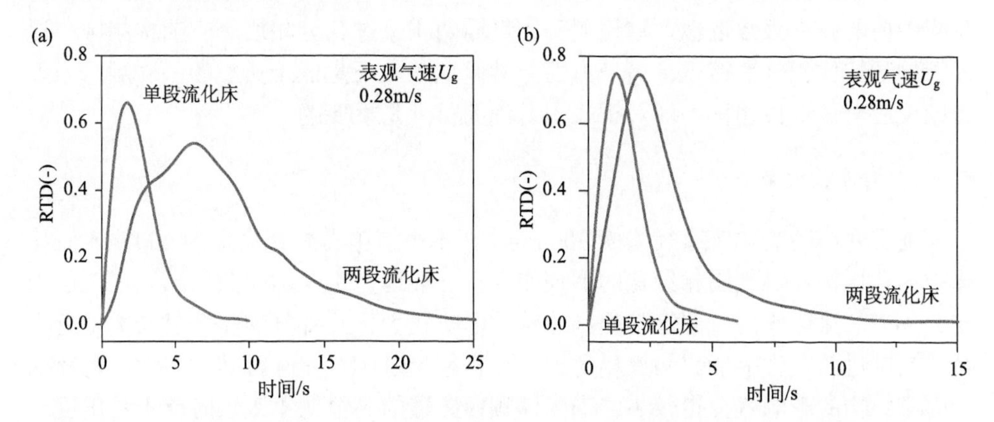

图 4-12　单段流化床与 33%开孔率多孔板构件的两段流化床停留时间分布(RTD)的对比

(a) 表观气速 0.06 m/s；(b) 表观气速 0.28 m/s

表 4-4 为基于式(4-114)～(4-121)计算得到的佩克莱数，这里需强调的是使用 H_2 示踪实验得到的佩克莱数要显著高于第 2 章中使用裂化石油气(LPG)作为示踪气体得到的佩克莱数，其核心在于 FCC 催化剂对于 LPG 中低碳烯烃具有较强吸附性，进而使得其返混更为严重；相对而言，使用 LPG 作为示踪气体能更好地模拟实际体系但返混不都是由于流动带来的，而以 H_2 作为示踪气体更干净地体现流动对返混的影响。在表观气速在 0.06～0.28m/s 范围内，即气固密相流化状态，无论气固流化床内是否存在多孔板构件，其佩克莱数均随着表观气速的增加而持续增大，说明随着固体颗粒体积分数的减小，相应降低了气固两相流的表观黏度进而使得返混受到了显著抑制。相比而言，当气固流化床内添加开孔率为 33% 的多孔板构件后，可有效提高示踪气体佩克莱数约 5 倍(表观气速 0.21～0.28 m/s)，甚至 10～20 倍(表观气速 0.06～0.14 m/s)，体现了多孔板构件对于抑制气体返混的能力。这里值得强调的是，实验也有效验证对于颗粒体积分数较大的密相区，其颗粒声速更低也即其可压缩性更为显著，进而导致在过孔时分相更为明显。

表 4-4 不同表观气速下单段与两段流化床内的佩克莱数对比

气速/(m/s)	两段流化床	单段流化床
0.06	7.6	0.4
0.14	30.4	2.7
0.21	34.4	5.4
0.28	142.6	16.7

对于带多孔板构件的两段流化床，其佩克莱数已经与气固并流上行的提升管反应器内的佩克莱数近似，这说明密相气固两相流过孔分相所产生的稀相区与提升管的颗粒体积分数接近；另一方面，其佩克莱数还是低于典型的气固顺重力下行床反应器，这说明重力场对于气固返混的贡献是重要的。

2. 构件放大效应

前文介绍的流化床直径均为 300 mm，在本小节中考察在直径为 600 mm 流化床中多孔板构件对气固相结构的调控作用。一般地，由于边壁效应的存在，小于 300 mm 的流化床内气固流动受到边壁的影响较大，此外气泡相容易长大至近床径的尺度进而发生节涌。与此相对应，当直径超过 300 mm 时其边壁效应对径向气固相结构的影响就变得较小，当固体颗粒床层的高径比不太大时就不易出现节涌。因此，一般都选择如图 4-13 所示直径为 300 mm 的冷态流化床进行实验。本小节中为验证本多孔板构件基本不受空间尺度放大效应的影响，在原先两倍直径的基础上考察多孔板构件对气固两相流体力学行为的影响，从而为多孔板构件的实际工业应用提供基础。

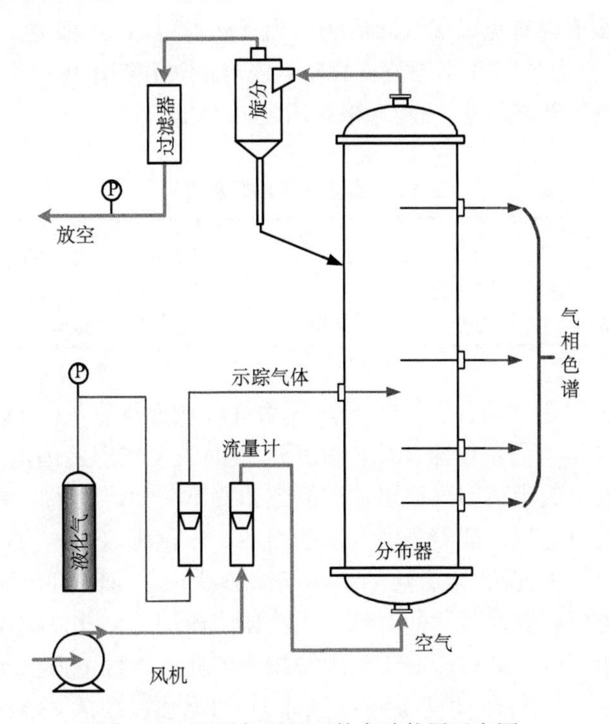

图 4-13　测量气固返混的实验装置示意图

放大实验与第 2 章中实验装置类似，主体由有机玻璃筒体(外径 600mm，高 7m)和外置旋风分离器组成。其中，使用带有 30 个不锈钢管(内径 5.6mm)的管状分配器来确保气固均匀性，开孔率为 0.68%。与之前实验相同，固体颗粒为 FCC 催化剂其具体性质如表 4-5 所示；流化气体为氮气，表观气速在 0.06～0.21 m/s 之间变化。内径为 6mm 采样管的位置离分布器自 119～1884mm，金属过滤器固定在采样管的顶部以防止微粒跑损。由于大装置所处的露天环境易造成质谱装置损坏，这里采用第 2 章中的稳态 H_2 示踪技术检测气固流化床内的气体返混。相比瞬态气体示踪技术，这里示踪气体 H_2 不是从气固流化床底部以脉冲的形式注入，而是在固体颗粒床层的中间持续注入。理论上，当流化床内的气体流动为平推流时，示踪气体 H_2 不会出现在注入位置的上游；当气固流化床内存在返混时，固体颗粒的返混会将示踪气体 H_2 夹带到上游，这时可以在注入点的上游持续检测到 H_2。H_2 示踪剂的流量为 1.5 mL/min，通过上述内径 6 mm 的采样管连续注入流化床中心。示踪剂在分布器上方 790 mm 处注入，并在示踪剂注入上游 100mm 处检测 H_2 浓度记为 C_1，之后每隔 50mm 设置一个示踪气体采样点，测量得到的 H_2 浓度分别记为 C_2-C_5；气固流化床出口处也设置一个采样点作为无因次化的基准，

示踪气体 H_2 浓度记为 C_0。示踪气体 H_2 的流量也保持在流化空气流量的 0.1%以下，该速度足够小以避免干扰气固流场。为了获得可靠实验数据，应确保稳定的流化约 10min，并且同时在不同位置收集气态样品，并使用出口浓度 C_0 对每个位置的浓度无量纲化即采样点 i 的 H_2 相对浓度为 C_i/C_0。

表 4-5　实验使用的颗粒性质

	直径	密度	堆密度	U_t	U_{mf}	U_c	U_{tr}
单位	μm	kg/m³	kg/m³	m/s	m/s	m/s	m/s
数值	66	1398	962	0.356	0.002	0.502	1.625

表 4-6 列出了在不同表观气速下有/无多孔板构件示踪气体 H_2 在注入点上游的浓度分布：对于气固单段流化床，在所考察的表观气速范围内，示踪气体 H_2 的浓度随离注入点的距离增大而迅速下降但始终不为零，这说明单段气固流化床中存在稳定的气体返混。随着表观气速的增加，流化床内固体颗粒的返混加剧，其夹带到示踪气体 H_2 注入点上游的示踪气体 H_2 增多，但应注意混合与返混程度并不一致，需考虑到表观气速的贡献。当流化床内加入多孔板构件，其下游示踪气体的浓度大幅下降，其核心在于气固密相在多孔板构件下方出现了显著的稀相区，可有效抑制气固返混，其上游示踪气体 H_2 的无法被颗粒裹挟返混至上游而直接向上逸出。值得注意的是，虽然示踪气体 H_2 注入点上游的浓度低，但上游各个检测点仍存在少量的示踪气体 H_2，这也说明完全消除气体的返混是不容易的，对比下行床内的气固流动特征其核心还是固体颗粒顺重力的缘故，使得部分颗粒还是会夹带气体从多孔构件下落。

表 4-6　各气速下不同采样点的 H_2 相对浓度对比

无因次	0.06m/s		0.14 m/s		0.21 m/s	
浓度	无构件	含构件	无构件	含构件	无构件	含构件
C_1/C_0	38.16%	0.74%	70.24%	0.67%	71.29%	0.42%
C_2/C_0	2.64%	0.70%	27.96%	0.46%	44.91%	0.37%
C_3/C_0	1.21%	0.54%	5.50%	0.43%	10.59%	0.31%
C_4/C_0	0.62%	0.43%	2.14%	0.35%	5.41%	0.21%
C_5/C_0	0.29%	0.39%	0.39%	0.25%	0.80%	0.01%

进一步提高表观气速(0.28～0.35 m/s)，此时示踪气体注入点的上游各采样点几乎检测不到示踪气体 H_2，这与无构件的单段流化床变化规律截然相反。其核心

在于进一步提高气速后，其过孔的相密度也相应下降，当相密度接近气穴相的相密度时，实质上已经形成了直径与多孔板构件相当的节涌。一旦稳定的节涌形成，其抑制气固返混的能力极大增强，但是需注意的是这对流化床稳定操作带来极大的隐患，因此建议尽量避免该操作域[11]。

4.5.2　多段流化床甲醇制芳烃

甲醇制芳烃(methanol to aromatics, MTA)可作为煤基甲醇化工与石油化工的桥梁，这对中国的能源禀赋来说极为重要。与石油中芳烃的生产相比，使用特殊孔道结构和改性的 ZSM-5 催化剂，可获得近 100%的甲醇转化率以及超过 90%芳烃产率。由于甲醇制芳烃是强放热反应(33 kJ/mol)，并且由于反应过程会产生焦炭，催化剂应每 3～6 h 需再生一次。因此，本课题组采用了气固流化床作为主反应器。但是，既要进行深度转化又以反应中间体芳烃为目标产物，这对于单段湍动流化床来说也是一个挑战。因此，本课题组提出了如图 4-14 所示的流化甲醇制芳烃工艺(FMTA)。然而，甲醇制芳烃过程中芳烃是反应的中间产物，那么流化床内强烈的气固返混会严重降低反应芳烃收率。本小节将研究多孔板构件对流化床内目标产物芳烃选择性的影响。在上述冷态实验工作的基础上，本小节仔细对比分析甲醇制芳烃反应在近平推流的固定床微反、近全混釜的无构件单级流化床以及有效抑制返混的带多孔板构件两段流化床中的反应行为。

1. 甲醇制芳烃(MTA)热态流化床实验装置

甲醇转化为芳烃的反应在一个直径为 50mm 流化床中进行，流化床的筒体高 800mm，在筒体上方接一直径 100mm、高 100mm 的扩大段用以沉降催化剂颗粒，在扩大段顶部设置金属过滤器用以防止催化剂颗粒被气相产物夹带进入后续分离系统。对于热态装置的进料，由于纯甲醇进料在反应初期放热剧烈且小直径流化床内不设置换热器，因此纯甲醇进料时流化床内反应温度不好控制。在本系统中，原料甲醇中加入 25 wt%的水用以稳定控制流化床内反应温度，用双柱塞流量泵将上述甲醇与去离子水混合物通入流化床中。甲醇与水的混合物在进入流化床反应器前需先经预热，其目的是把甲醇和水的混合物气化，防止液相进入流化床反应器后将催化剂颗粒浸湿而恶化反应器内的气固流化状态。甲醇与水混合物的流量约为 200 mL/min，甲醇制芳烃的反应温度一般控制在 485℃附近，在该温度下折合反应器内的表观气速为 0.05 m/s。对于甲醇制芳烃的反应，其产物分布包含了 C_{1-9+}的烃类物质，可分为 H_2、CO、CO_2 和 C_{1-2} 的干气，C_{3-5} 的裂化石油气(LPG)以及如苯、甲苯、乙苯、二甲苯等 C_{6+}液相产物，此外一部分烃类会以催化剂内的积碳形式存在。反应产物以气相离开流化床后分别经过两段水冷和一段冷冻液冷凝单元，可保证产物中的液相芳烃完全收集于产品罐中；反应产物中的干气与

LPG 则以气相通过流量计进行测量，其中在物料平衡刚开始和快结束时采集气体样品进行色谱分析，最终计算整个物料的 C/H 平衡以及产品分布。

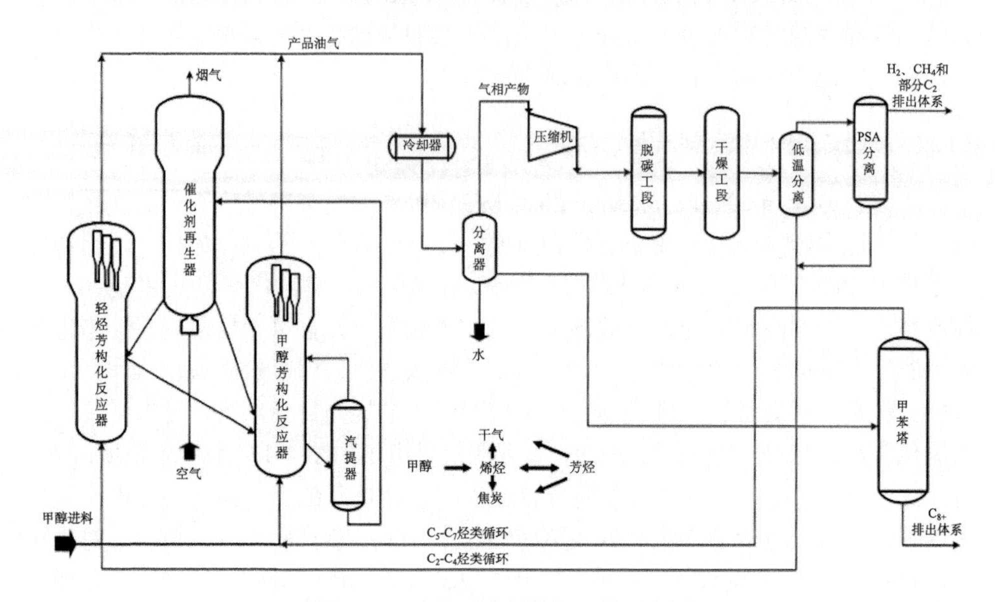

图 4-14　流化甲醇制芳烃工艺示意图

正如前述气固密相过孔相分离的机制，由于颗粒流的强可压缩性使得气固密相流处于高马赫数状态，由于高马赫数流过窄孔时有最大通量的限制，其相密度会自发调整进而在多孔板构件下方形成一稳定的稀相区，显著抑制气固返混。和上述气体示踪实验类似，这里将甲醇制芳烃反应视为一个示踪反应，其产品分布可作为表征其返混程度的指标。此外，我们可通过改变孔道截面即多孔板构件开孔率完成对稀相区体积的精准调控。在本节实验中，首先对比近平推流的固定床微反和近全混釜的单段流化床内甲醇制芳烃产品分布，在此基础上以甲醇制芳烃作为示踪反应定量表征不同开孔率的多孔板构件对气固流化床内返混的抑制作用。

2. 固定床微反与单段流化床的对比

对于甲醇制芳烃过程，反应物甲醇的转化率接近 100%，那么甲醇如此之高的转化率说明即使甲醇未有效反应转化成目标产物芳烃，其也必将会通过其他反应路径生成其他诸如干气和焦炭副产物。此时，气固流化床反应器的停留时间分布对于以中间产物芳烃为目标的过程显得尤为重要，而停留时间分布与反应器内的气固相结构特征具有直接关系。正因如此，这里将甲醇制芳烃过程视为一个示踪反应，可有效定量表征流化床反应器内的返混情况。

这里首先对比分析甲醇制芳烃过程在近平推流的固定床微反以及具有全混

釜性质的单段流化床产品分布，对这个“示踪反应”的两个极端进行标定。表 4-7 和图 4-15 给出了固定床微反与单段流化床中不同反应空速下甲醇制芳烃过程的芳烃收率。在近平推流固定床微反的芳烃收率总是高于在单段流化床中的芳烃收率，且其差值随着甲醇空速的提高而增大，在甲醇空速为 0.75～1.0 h^{-1} 时，近平推流的固定床微反中芳烃总收率比近全混釜流化床中均高出 10 wt%，上述显著差异说明了反应器内气固流动对于反应产品分布的巨大影响。对于固定床微反，其中甲醇制芳烃过程的最优空速在 0.75 h^{-1} 左右：当空速高于该最优空速时，反应产物中部分低碳烯烃还未来得及进行芳构化就逸出反应器；而当空速低于该最优空速时，部分目标芳烃产物由于处于反应器内停留时间分布的长尾上而转化成了焦炭。对单段流化床而言，由于在大空速下极易产生节涌而短路，因此很难实现高空速的操作条件。

表 4-7　近平推流固定床微反和近全混釜单段流化床甲醇芳构化的芳烃收率

质量空速/h^{-1}	固定床微反/wt%	单段流化床/wt%
0.5	58.18	57.44
0.75	67.48	57.15
1	64.30	53.06
2	53.33	—
4	47.50	—

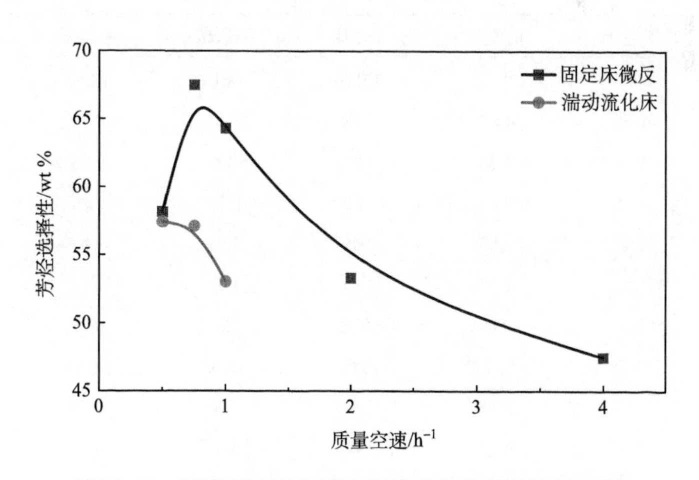

图 4-15　固定床和流化床内甲醇芳构化的芳烃总对比

3. 单段与两段流化床的对比

进一步，在上述单段流化床置入一开孔率为33%的多孔板构件，该构件位置距离分布板高度为200mm。表4-8列出了不同空速下(0.5 h^{-1}、0.75 h^{-1}和1 h^{-1})甲醇制芳烃在单段与两段流化床内的产品分布。在上述空速范围内，多孔板内构件的加入均可有效提高中间产物芳烃的收率。如图4-16(a)低空速操作范围下芳烃的收率提高更为显著，例如在空速为0.5 h^{-1}时，两段流化床反应器中芳烃收率提高了将近4 wt%，而在空速为1.0 h^{-1}时，两段流化床反应器中芳烃收率仅提高不到1 wt%。这与上述固体颗粒可压缩性分析以及冷态实验的结果一致，即固体颗粒体积分数越大则体系的颗粒相声速越小，其过孔相分离的程度越大。仔细比较产品分布可知，上述芳烃收率的提高主要是由于液化气尤其是其中的烯烃组分进一步芳构化造成的，烯烃是生成芳烃的重要活性前驱体。一般而言，当流化床内气固返混得到有效抑制，此时干气和焦炭的收率会显著下降，这在较高空速情况下(0.75 h^{-1}和1.00 h^{-1})得以体现；但对于较低空速0.5 h^{-1}，产品分布中的干气比例反而上升，仔细分析干气的组成，其中H_2、CO与CO_2的增量明显。这说明在这样的反应温度以及较长气固接触时间下，除了甲醇制芳烃的过程，还存在与之平行的甲醇直接分解生成CO、CO_2与H_2的副反应。如图4-16(b)所示，当加

表4-8　甲醇芳构化产物收率对比(wt%)

质量空速	1.0h^{-1}		0.75h^{-1}		0.5h^{-1}	
产品分布	单段床	两段床	单段床	两段床	单段床	两段床
干气	20.39	20.28	22.37	18.15	13.63	17.01
CO	1.26	1.63	1.73	1.44	0.70	1.39
CO_2	1.61	1.26	1.31	1.02	0.58	1.10
H_2	3.75	3.63	4.32	3.75	2.69	4.02
CH_4	2.60	2.62	3.08	2.61	1.88	2.58
C_2H_6	1.55	1.55	1.93	1.71	1.58	1.71
C_2H_4	9.62	9.60	10.01	7.63	6.20	6.21
液化气	16.76	15.17	16.02	15.33	21.66	14.94
C_3H_8	6.17	5.85	6.59	7.20	10.97	7.75
C_3H_6	4.20	4.13	3.86	3.05	3.17	2.54
C_4H_{10}	1.96	1.87	1.93	2.18	3.91	2.13
C_4H_8	1.46	1.45	1.23	1.14	1.22	0.85
C_5^+	2.97	1.87	2.41	1.76	2.39	1.66
液相产品	53.04	53.91	57.15	59.63	58.18	61.92

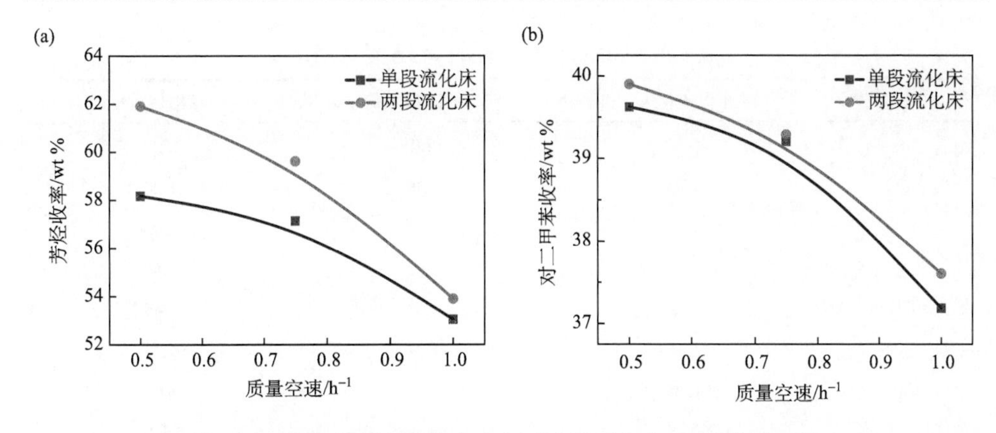

图 4-16　单段与两段流化床中(a)芳烃与(b)对二甲苯收率对比

入多孔板构件后，不同空速下中间产物总芳烃量均有所上升。其中，对二甲苯的量均有所下降，而间二甲苯的量均上升，邻二甲苯的量变化不大。这里对上述现象解释如下：实验所用催化剂为负载金属 Zn 的 ZSM-5 分子筛，由于分子筛孔道空间位阻限制，邻、间、对二甲苯的相互转化一般认为是从邻二甲苯到间二甲苯再到对二甲苯。因此，当单段流化床中增加多孔板构件后，返混的有效抑制可有效提高中间产物间二甲苯的收率，而其最终产物对二甲苯的收率反而下降了。

综上所述，多孔板构件可有效提高甲醇制芳烃选择性的主要原因包括以下 3 个方面：由于气固两相流过孔相分离，在多孔板构件下方建立稳定的稀相区，可有效抑制气固返混，提高 LPG 中低碳烯烃向芳烃转化的推动力；低返混可有效防止和降低干气和焦炭的产生；根据二甲苯中不同甲基位置的热力学稳定性，气固返混的降低会提高异构化中间体间二甲苯的收率，但会减少目标产物对二甲苯的收率。

4. 不同开孔率多孔构件对 MTA 的影响

表 4-9 和图 4-17(a)对比了单段流化床(single stage fluidized bed, SSFB)和两段流化床(multi-stage fluidized bed, MSFB)中在相同 Zn/ZSM-5 催化剂上 MTA 的产品分布：与相同工况条件下的单段流化床相比，两段流化床因其可有效抑制气固返混进而有效提高了芳烃产率。另一方面，两段流化床中的焦炭形成也受到抑制，导致催化剂的再生负荷有所下降。如 4.5.1 小节所讨论，具有较低开孔率的多孔板可有效提高气固分离程度进而获得较窄的停留时间分布，进一步提高芳烃选择性以及抑制干气和焦炭的产生。图 4-17(b)为万吨级甲醇制芳烃工业示范。

表 4-9　不同开孔率构件的 MTA 结果对比

产品分布	单段流化床	开孔率 33%	开孔率 17%
干气	13.63	17.01	16.01
CO	0.70	1.39	1.20
CO_2	0.58	1.10	1.05
H_2	2.69	4.02	3.58
CH_4	1.88	2.58	2.45
C_2H_6	1.58	1.71	1.72
C_2H_4	6.20	6.21	6.00
液化气	21.66	14.94	16.74
C_3H_8	10.97	7.75	8.70
C_3H_6	3.17	2.54	2.63
C_4H_{10}	3.91	2.13	2.47
C_4H_8	1.22	0.85	0.94
C_{5+}	2.39	1.66	2.00
液相产品	58.18	61.92	59.69
烷烃+烯烃	0.82	0.49	0.57
苯	1.00	1.78	1.58
甲苯	8.79	13.05	12.76
乙苯	0.21	0.17	0.27
对二甲苯	13.30	11.98	11.67
间二甲苯	18.28	19.63	18.62
邻二甲苯	8.04	8.29	7.86
C_{9+}	7.73	6.54	6.37

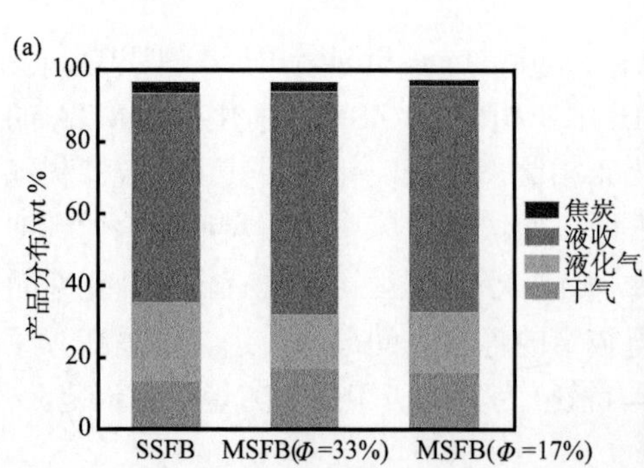

图 4-17　(a)单段流化床以及不同开孔率($\Phi = 17\%$和 33%)多级流化床甲醇制芳烃产品分布；(b)万吨级甲醇制芳烃工业示范

如前所述，气固两相流在过窄孔时会自发进行相分离，其核心是颗粒流的强可压缩性。在多孔板构件下方形成的相对稀相区可有效抑制颗粒返混及其对气体的夹带，进而有效提高中间产物的收率。定义气固两相流的平衡声速 a_e 随着固体颗粒相的引入将显著小于纯气体声速 (a_g)；对于一维可压缩气固两相流过孔问题可抽象为可压缩流变截面流，假设气固拟均相流中气体与固体颗粒的质量流量沿整个缩口截面相同，可仿照声波传播，引入平衡马赫数 $(Ma_e = U_M/a_e)$，结合连续方程可得

$$(Ma_e^2 - 1)\frac{dU_M}{U_M} = \frac{dA}{A} \tag{4-122}$$

在此基础上，可建立过孔截面与气固拟均相流的平衡马赫数 (Ma_e) 之间的定量关系。这里，流量密度 (q) 可以定义为通过单位面积流体的质量流量，是平衡马赫数 (Ma_e) 的函数：

$$q = \sqrt{\rho_M U_M}\, Ma_e \left(1 + \frac{\Gamma - 1}{2} Ma_e^2\right)^{-\frac{\Gamma+1}{2(\Gamma-1)}} \tag{4-123}$$

式(4-123)表现了相对流量密度，即 $q^* = q/(\rho_{Mc}U_{Mc})^{0.5}$，与气固拟均相流的平衡马赫数 (Ma_e) 之间的关系。

随着 Ma_e 的上升，缩口喉部的流量密度升高直到最大值，此时即气固拟均相流的噎塞点(choking point)。越过这个临界点后，纯气体还远未达到其自身声速 $(a_g = 340\ \text{m/s})$，可以进一步加速；而为了满足气固拟均相最大流量密度的限制，在噎塞点附近固体颗粒通过喉部时则会被显著分离；这就是气固拟均相流过缩口时气固分相的原因。此外，在临界点处 $(Ma_e = 1)$ 的缩口喉部面积定义为临界喉部面积 (A_c)，那么缩口面积 (A) 和临界喉部面积 (A_c) 之比是重要的缩口结构参数。从连续性方程可知，平衡马赫数 (Ma_e) 与面积比 (A/A_c) 的关系为

$$\frac{A}{A_c} = \frac{\rho_{Mc}U_{Mc}}{\rho_M U_M} = \frac{1}{Ma_e}\left(\frac{2}{\Gamma+1} + \frac{\Gamma-1}{\Gamma+1} Ma_e^2\right)^{\frac{\Gamma+1}{2(\Gamma-1)}} \tag{4-124}$$

因此，将密相气固两相流视为高马赫数流，在过孔过程中平衡马赫数随着截面减小而降低，意味着气固拟均相流的平衡声速增大即相密度减小。这就从物理机制上证明由于气固两相流的可压缩性，使得在过孔过程中相密度会自发调整进而形成稀相区。在气固拟均相流假设的基础上，可进一步考虑气固两相的滑移以及过孔过程中摩擦对气固两相流过孔相分离的影响，使得物理模型更贴近实际情况。本小节中的构件形式会在其下部形成一定厚度的气垫，也就是稀相区，同时构件上部的开孔处气速也高出表观气速 3 倍，这两者都对抑制催化剂返混产生了贡献。可以预期的是，当构件的开孔率降低时(即<33%)，构件下部的气垫会增厚，同时

上部射流会加剧，对返混的抑制效果应该会更为显著。因此尝试了更低开孔率(17%)构件的热态实验验证。图 4-18 和表 4-9 为开孔率为 17%与 33%开孔率的构件甲醇芳构化的产品分布。在空速为 0.5 h^{-1} 的条件下，不加构件的流化床中芳烃收率为 58.18%，使用开孔率为 33%的构件时，芳烃收率可达 61.92%，而加入 17%开孔率的构件后，芳烃收率反而下降至 59.69%而裂化气(LPG)的含量有所增加，这也说明节涌的产生需格外小心，防止反应物未与催化剂颗粒完全接触就逸出反应器。

4.5.3 其他工业应用

1. 丙烷芳构化过程

实际上，几乎所有催化反应过程的转化行为在工业化过程中均受反应器内流体力学状态的影响。本小节研究流化床反应器气固流体力学行为对丙烷芳构化产品分布的影响。这个反应中生成芳烃与氢气的总过程为增分子反应。返混的氢气会稀释丙烷的浓度，抑制过程向脱氢的正反应方向进行。

实验条件为 580℃，1atm，丙烷空速为 0.45 h^{-1}。从表 4-10 可以看出，加入开孔率为33%的构件后，丙烷转化率提高约 1.4 wt%，芳烃的收率增加约 0.7 wt%，同时乙烯、丙烯和丁烯都有所减少。以上结果说明丙烷先进行催化脱氢后，所生成的乙烯与丙烯等小分子产物会在酸性分子筛的作用下生成芳烃产物。而在生成的芳烃中，甲苯的增量最明显，而二甲苯与三甲苯的增量不大。这是由于在较高的反应温度下，存在二甲苯和三甲苯脱甲基与苯的甲基加成两者的平衡。但由于高温下脱甲基效果明显，所以体系中所生成的甲烷增长，抵消了部分由于抑制返混导致的转化效果。

表 4-10　丙烷芳构化产物收率对比(wt%)

产物	无构件	33%开孔率构件
CH_4	11.91	12.40
C_2H_6	8.35	8.61
C_2H_4	3.97	3.40
C_3H_8	29.72	28.40
C_3H_6	4.74	2.03
C_4H_{10}	0.20	0.35
C_4H_8	0.49	0.46
C_5^+(气相)	2.93	6.49
C_5^+(液相)	0.14	0.156
苯	5.89	5.44

续表

产物	无构件	33%开孔率构件
甲苯	9.02	9.58
乙苯	0.54	0.60
对二甲苯	0.97	0.99
间二甲苯	1.50	1.74
邻二甲苯	0.69	0.81
C_{9+}	0.56	0.60
芳烃总收率	19.29	19.91

2. FCC 的多段再生

在现代石油炼制中，流化催化裂化(FCC)是将重质原油转化为轻质馏分，例如汽油、柴油和轻质烯烃的有效手段。现代 FCC 单元由提升管反应器和再生器组成。再生烟气排放的 NO_x 浓度在 50～500 ppm，主要取决于进料质量、运行条件和 CO 促进剂。在我国，FCC 装置正在处理含更多含氮化合物的重质原料油，因此 FCC 再生器中 NO_x 排放量的增加成为一个重大的环境问题。

通常，同时完成 NO_x 脱除和催化剂完全再生(焦炭燃烧)是一个挑战，这是因为在还原条件下 NO_x 的还原效果更好，而在氧化性更高的环境中再生效果才好。在这种情况下，如图 4-18(a)所示，提供了一种新颖的 NO_x 还原技术，即多段氧化还原再生器，不同段间可改变相对氧化/还原气氛；图 4-18(b)表明在典型 FCC 再生条件下多段氧化还原再生器优于单段再生，在较低的 CO 浓度下运行的多级再生器比单级再生器具有更好的性能(高达 80%的 NO 转化率)；在图 4-18(c)中，与单段再生相比，两段再生器获得较低的出口 O_2 浓度；图 4-18(d)证明了注入氧气后 NO 达到最大值(185 ppm)，而在相同的反应条件下，MSFB 中的最大 NO 排放可以进一步降低至 43 ppm。当与 O_2 同时注入 2%的 CO 时，最大 NO 浓度在 SSFB 中降低到约 90 ppm，而在 MSFB 中降低到约 20 ppm。当注入 4%的 CO 时，NO 含量低于 20 ppm，但大多数 O_2 被 CO 消耗，在这种情况下焦化的 FCC 催化剂无法完全再生。

此外，中国石油大港石化公司已经采用了多段氧化还原再生器的概念，表 4-11 列出了工业规模再生器的再生条件和反应性能。多段氧化还原克服了 O_2 对 NO 转化的负面影响(O_2 / CO = 0.044)，显示出良好的 NO 还原效率(烟气中约为 1ppm)。此外，再生催化剂的焦炭从 1.35wt%降低至<0.1wt%。特别地，在氧化还原催化剂的存在下，通过仅向烟气中添加 CO 来降低烟道气中 NO 浓度的方法，该氧化

还原催化剂可增强第一步中的 $CO + O_2$ 反应，并催化烟气中的 CO + NO 反应。

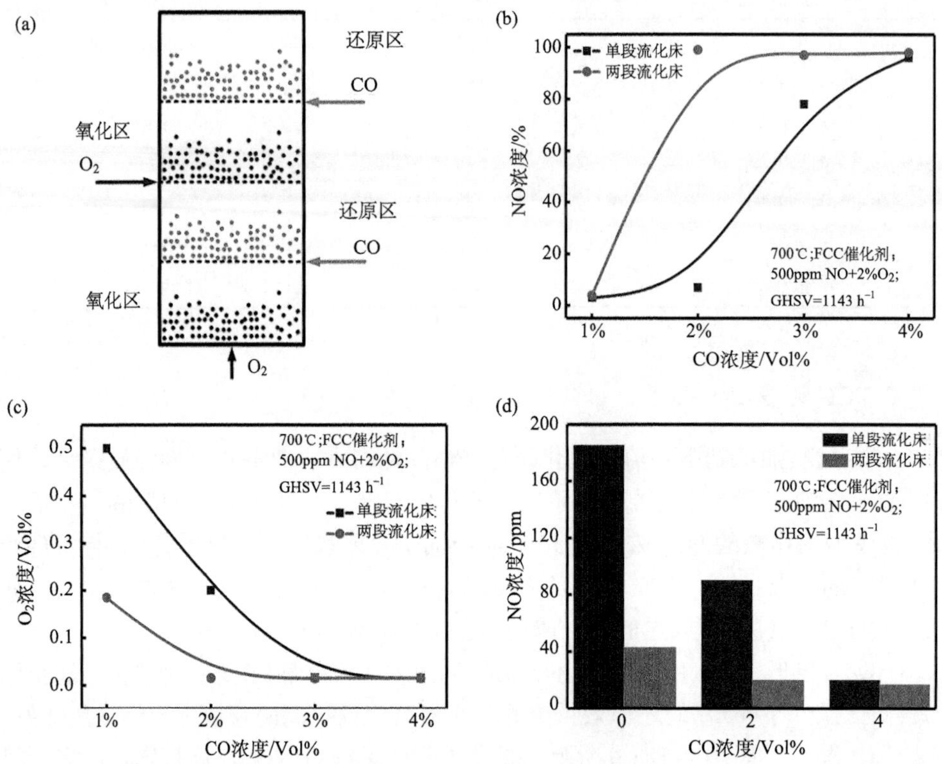

图 4-18　(a)多段氧化-还原再生器概念；CO 浓度对(b)NO 转化率(c)出口 O_2 浓度以及(d)NO 浓度在单段再生和多段再生器的对比(再生温度 700℃, 500 ppm NO, GHSV = 1143 h^{-1})

表 4-11　再生条件与 NO_x 排放(中国石油大港石化)[12]

再生器	反应温度/℃	反应压力/MPa	O_2/%	CO/%	NO/ppm
一级再生	675	0.27	0.4	9	0.3
二级再生	685	0.26	3.8	0	17～23
混合烟气			3	3.7	1

3. 硝基苯加氢制苯胺

苯胺(aniline, AN)作为合成染料以及橡胶化学品的重要原料，工业上通过在 Cu/ SiO_2 催化剂上对硝基苯(nitro-benzene, NB)进行气相加氢获得。由于该反应是一个强放热过程，需反应器具有优异的移热能力，流化床反应器就成为首选。但是，还应考虑另外两个要求：硝基苯的深度转化以获得高纯度的苯胺(蒸馏后苯胺中硝基苯的浓度应低于 5 ppm)；较长的催化剂寿命。因此，本课题组采用具有近平推流反应器性能的多段流化床来获得高转化率并在第二段提供较高的氢分压以减少催化剂的失活。

图 4-19(a)显示了反应温度对产物中硝基苯含量的影响，可看到在任何反应温度下，多段流化床中的硝基苯含量均低于单段流化床，表明多段流化床可有效抑制气固返混，增大反应推动力。图 4-19(b)显示了单段流化床和多段流化床在不同反应阶段中催化剂焦炭量随反应时间的变化。单段流化床反应器中的焦炭量在 30 min 后就有显著增加，在此期间硝基苯转化率急剧下降。同样，在多段流化床的下部，焦炭量几乎随反应时间线性增加，下部出口的苯胺中硝基苯浓度约为 0.84%，甚至比单段流化床反应器出口的硝基苯浓度(200 ppm)还要高。但是，多段流化床反应器第二段中催化剂上的焦炭非常小(即使在 60min 仍低于 0.8 wt%)，表明催化剂仍具有很高活性和稳定性。相应地，尽管在第一段中催化剂严重失活，但在反应器的第二段中较高活性的催化剂可确保未转化的硝基苯进一步转化。硝基苯的最终浓度可以有效降低至 20～30 ppm。由于完全抑制了多段流化床反应器两段间的气体返混，第二段氢与硝基苯的局部物质的量比(～50)远高于第一段的

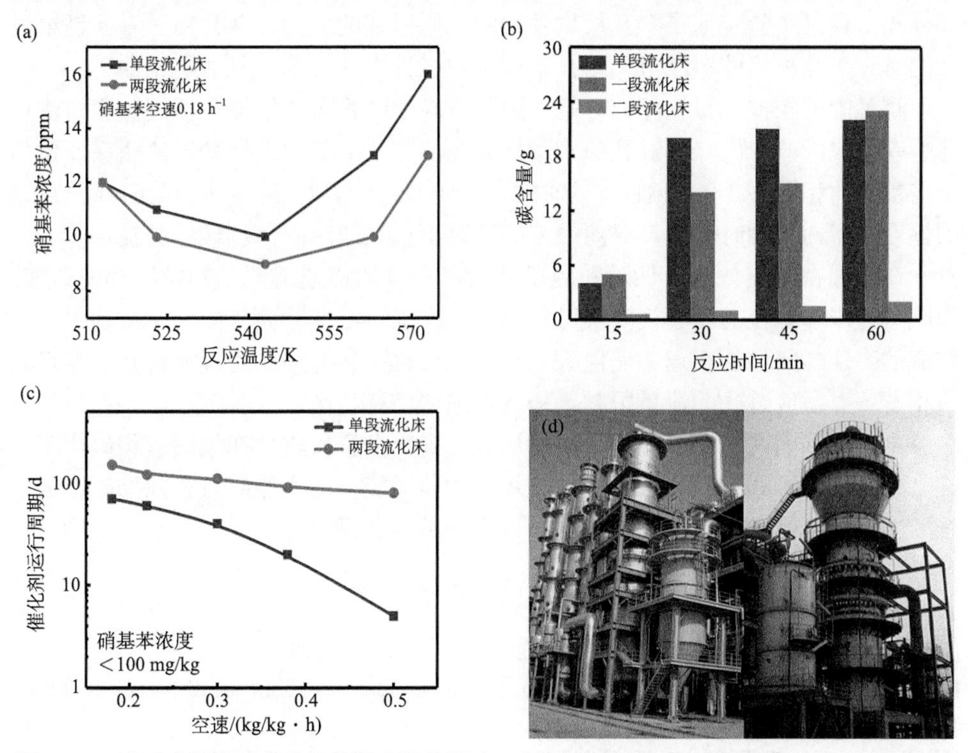

图 4-19　(a)反应温度对产品硝基苯含量的影响；(b)焦炭量随反应时间的变化；(c)单段与多段床催化剂寿命的比较；(d)流化硝基苯加氢工业装置

局部物质的量比(～3.5)。显著升高的氢气分压可有效抑制多段流化床第二段中焦炭的产生。因此，如图 4-19(c)所示，在工业示范中高纯度苯胺产品的生产周期可以大大延长，并且多段流化床中催化剂的再生变得相对简单和灵活。由于 MSFB 反应器可以用低成本的苯胺大规模生产高纯度并延长催化剂的稳定寿命，如图 4-19(d)所示，其已在我国许多工业应用中使用。

4.6 本章小结

本章抓住气固两相流可压缩性的特征，围绕气固过孔相分离展开论述：首先建立描述气固稀相准一维变截面流的理论框架，分析了其在过窄孔时产生局部密相区的原因；在上述气固稀相准一维变截面流理论框架的基础上，构建了具有缩口结构的旋风分离器，通过实验验证了其具备高气固分离效率与低固体颗粒磨耗的性质；着重阐述气固密相准一维变截面流的理论框架，分析了其在过窄孔时产生局部稀相区的原因，在其强可压缩性与强双曲型数学表达两个方面展开讨论；在上述气固密相变截面流的理论框架基础上，使用多孔板构件调控流化床停留时间分布，通过实验验证了多孔板构件抑制气固返混的能力，并介绍了本课题组设计的具有多孔板构件多段流化床在不同工业过程中的应用。具体结论如下：

将气固稀相视为拟均相流，基于固体颗粒相的强可压缩性分析固体颗粒流过孔噎塞的成因，给出计算过孔最大颗粒通量的方法，获得调控颗粒流噎塞操作与结构参数的相图；在此基础上，选择缩口结构预分离和大升气管直径旋风分离器的耦合体系，可同时获得高分离效率的同时降低系统对固体颗粒的磨耗。

在气固密相流化中，低颗粒温度使得其自身的声速远低于颗粒流动的速度，因此可将固体颗粒的流动视为强可压缩流；在准一维变截面气固两相流动中，颗粒流的声速与气体的声速相差巨大，在过孔过程中强滑移的出现使得其自身将调节相密度以适应过孔的流量限制，最终形成局部稀相区。

基于对气固两相流过孔相分离的认识，提出多孔板构件在气固密相流化床中建立两段逆流形式，实现级内保持高效气固传递能力而在级间可有效抑制返混，在多个反应体系中应用，极大提高了目标产品的选择性。

参考文献

[1] 张兆顺, 崔桂香. 流体力学.第 3 版. 北京: 清华大学出版社, 2015.

[2] Zhang C, Wang Q, Jia Z, et al. Design of parallel cyclones based on stability analysis. AIChE Journal, 2016, 62(12): 4251-4258.

[3] Reppenhagen J, Werther J. Catalyst attrition in cyclones. Powder Technology, 2000, 113(1-2): 55-69.

[4] Jaeger H M, Nagel S R, Behringer R P. Granular solids, liquids, and gases. Reviews of Modern Physics, 1996, 68(4): 1259-1273.

[5] Gidaspow D. Hydrodynamics of fluidization and heat transfer: supercomputer modeling. Applied Mechanics Reviews, 1986, 39(1): 1-23.

[6] Zhang C, Qian W, Wang Y, et al. Heterogeneous catalysis in multi-stage fluidized bed reactors: from fundamental study to industrial application. Canadian Journal of Chemical Engineering, 2019, 97(3): 636-644.

[7] Gao Y, Muzzio F J, Ierapetritou M G. A review of the residence time distribution (RTD) applications in solid unit operations. Powder Technology, 2012, 228: 416-423.

[8] Zhang Y, Grace J R, Bi X, et al. Effect of louver baffles on hydrodynamics and gas mixing in a fluidized bed of FCC particles. Chemical Engineering Science, 2009, 64(14): 3270-3281.

[9] Liu Y, Lan X, Xu C, et al. CFD simulation of gas and solids mixing in FCC strippers. AIChE Journal, 2012, 58(4): 1119-1132.

[10] Yang S, Li H, Zhu Q. Experimental study and numerical simulation of baffled bubbling fluidized beds with Geldart A particles in three dimensions. Chemical Engineering Journal, 2015, 259: 338-347.

[11] Zhang C, Li P, Lei C, et al. Experimental study of non-uniform bubble growth in deep fluidized beds. Chemical Engineering Science, 2018, 176: 515-523.

[12] Li J, Luo G, Wei F. A multistage NO_x reduction process for a FCC regenerator. Chemical Engineering Journal, 2011, 173(2): 296-302.

第5章　二维气固两相可压缩流

5.1　引　言

在第2章中，我们构建考虑颗粒相压力(耗散)的类范德瓦耳斯方程用以从热力学角度描述亚稳态的气固拟均相流会自发分相形成固体颗粒体积分数较小的气穴相和固体颗粒体积分数较大的颗粒聚团。然而，从热力学角度仅能获得气固分相的方向与限度，如第2章基于实验的测量可知气穴中的固体颗粒体积分数仅在0.001～0.01范围内，其周围颗粒聚团的固体颗粒体积分数均在0.4以上。但在几乎没有表面张力且又在极大颗粒浓度梯度下气泡稳定存在与演化的规律还需从动力学角度出发解释。

在第3章详细讨论了气固密相流态化中气泡与激波在物性特征与数学表达上的相似性，这里气泡可视为气穴相在颗粒聚团中抵达“音障”进而产生压力、密

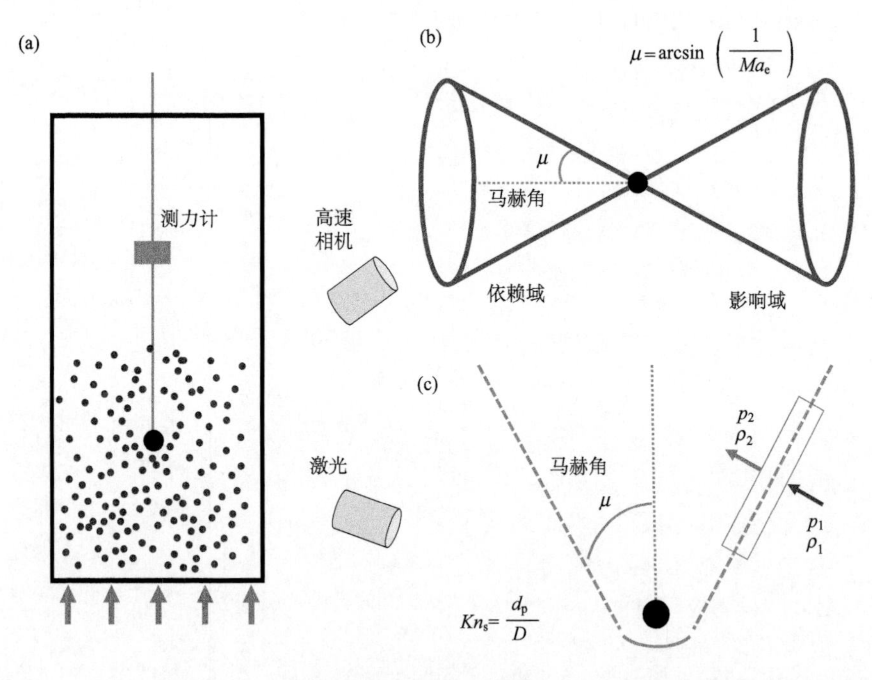

图5-1　(a)二维气固密相流化中圆柱绕流示意图；(b)强可压缩流的依赖域与影响域；(c)脱体激波的几何与物性特性

度等物理性质的间断，阻止了在气泡边界即激波面处气固的交换。另一方面，受到气泡类激波性质的启发，我们意识到在密相流态化中过圆柱绕流会产生如图 5-1(a)所示典型的脱体激波，如图 5-1(b)和(c)所示类脱体激波的结构与激波面前后的压力、密度等物性关系则是可通过障碍物结构设计进行调控的。

因此，本章抓住气泡与激波结构的相似性，在 5.2 节中，借鉴可压缩流体力学中激波的数学表达，建立二维气固密相流态化中气泡形成机制的数学框架；在 5.3 节中，围绕特殊稳定气泡的形式“节涌”，通过压力频谱分析对气泡的产生机制进行实验验证；在 5.4 节中，提出带伞型构件的多级喷动流化床，首次在喷动床中实现了多级气固流动结构的设计，并通过 CFD-DEM 进行数值模拟计算，5.4 节的工作是博士后期间与澳大利亚新南威尔士大学的 Yansong Shen 课题组合作完成。

5.2　气固两相流的类激波结构

本节首先回顾第 3 章中有关可压缩性流体与激波的数学表达，在此基础上将第 3 章中超可压缩流的理论框架扩展至二维体系，引入势能梯度的概念在二维框架下表达第 3 章提出的基态与激发态，并通过拉普拉斯方程建立描述气固两相流类激波性质的数学框架。

5.2.1　强可压缩性与激波

处于定常流动状态下的气固两相流，在空间尺度某一点状态参数的变化是以波动形式传输到空间另外一点，而波动必带来状态的自调节以把流动从原有状态调节到已变化的状态。因为波动以有限速度运行，对于流动的调节不可能瞬时完成，所以压强波在气固两相流中的传播特性及其对气固两相流的影响是重要课题。这里先回顾第 2 章阐述的压力波性质：在流体介质中的波动方程一般均具有一个意义明确的波速 a_g；和波的运动相比，物质运动的振幅是小的并适用叠加原理，因此可用线性方程描述。波动方程是声学的基本方程，它是以无黏性与非定常导数相比迁移导数可忽略这两个重要假设为前提的。这里假设气体介质初始状态为具有均匀参数 ρ_0，p_0 和 $U_0 = 0$ 的静止状态；波动使得均匀状态发生偏差，这就是所谓的压力小扰动；那么，瞬时的局部密度 ρ 为

$$\rho = \rho_0 + \Delta\rho \tag{5-1}$$

其中，小扰动 $\Delta\rho << \rho_0$；相应瞬时速度可写为

$$U = 0 + \Delta U \tag{5-2}$$

基于上述等熵过程，比熵在空间和时间尺度上均为定值 $S = S_0$；这意味着热

力学状态仅有一个热力学自由度，具体来说，$p=f(\rho)$；这里压强扰动 p 由泰勒展开为

$$p=\left(\frac{\partial p}{\partial \rho}\right)_s(\rho-\rho_0)+\frac{1}{2}\left(\frac{\partial^2 p}{\partial \rho^2}\right)_s(\rho-\rho_0)^2+\cdots \tag{5-3}$$

通过能量方程可对声波的能量传递过程做更为普遍的表述，在任一瞬间每单位流体质量的能量是 $e+U^2/2$。基于 $e(U,S)$ 的泰勒展开计算内能 e：

$$e_g-e_{g0}=\left(\frac{\partial e}{\partial U}\right)_S(U-U_0)+\frac{1}{2}\left(\frac{\partial e}{\partial U}\right)(U-U_0)^2+\cdots \tag{5-4}$$

由于 $\left(\frac{\partial e}{\partial U}\right)_S=-p$ 和 $U-U_0=\left(\frac{\partial U}{\partial p}\right)_S p+\cdots$ 则可得到单位流体的能量为

$$e+\frac{U^2}{2}=e_0-p_0(U-U_0)\frac{p^2}{2\rho_0^2a_0^2}+\frac{U^2}{2}+O(p^3) \tag{5-5}$$

仅保留至二阶项，此时无黏性运动的能量方程为

$$\rho\frac{\mathrm{D}}{\mathrm{D}t}[e_{\mathrm{g}0}-p_0(U-U_0)+\frac{p^2}{2\rho_0^2a_0^2}+\frac{U^2}{2}]=-\nabla\cdot(p\boldsymbol{U}) \tag{5-6}$$

联立连续方程可得

$$\rho\frac{\mathrm{D}}{\mathrm{D}t}\left(\frac{p^2}{2\rho_0^2a_0^2}+\frac{U^2}{2}\right)=-\nabla\cdot(p\boldsymbol{U}) \tag{5-7}$$

借助于传递导数在声学中的近似，可得到声能方程[1]

$$\frac{\partial}{\partial t}\left(\frac{p^2}{2\rho_0a_0^2}+\frac{\rho_0U^2}{2}\right)+\nabla\cdot(p\boldsymbol{U})=0 \tag{5-8}$$

连续方程也可写成类似的形式：

$$\frac{\partial \rho}{\partial t}+\nabla\cdot(\rho\boldsymbol{U})=0 \tag{5-9}$$

其中，ρ 为单位容积的质量而 $\rho\boldsymbol{U}$ 为质量的通量；此守恒方程表明在单位体积中质量的累积必须由质量通量的减少来平衡。同样，定义参数

$$E\equiv\frac{p^2}{2\rho_0a_0^2}+\frac{\partial\rho_0U^2}{2} \tag{5-10}$$

表示单位容积瞬时声能而 $p\boldsymbol{U}$ 表示瞬时声能通量。考虑接近于一维的简单波，扰动压强 p 和速度 $\boldsymbol{U}$ 有一个简单关系

$$p=\rho_0c_0^2S^2；\quad \boldsymbol{U}=\boldsymbol{e}a_0S \tag{5-11}$$

定义声能密度为

$$E_{\mathrm{g}}=\rho_{\mathrm{g}0}a_{\mathrm{g}0}^{2}\frac{S_{\mathrm{g}}^{2}}{2}+\rho_{\mathrm{g}0}a_{\mathrm{g}0}^{2}\frac{S_{\mathrm{g}}^{2}}{2}=\rho_{\mathrm{g}0}a_{\mathrm{g}0}^{2}S_{\mathrm{g}}^{2} \tag{5-12}$$

由于内能与动能的贡献是相等的，即能量是平均分配的，那么能量通量变为

$$p\boldsymbol{U}=\boldsymbol{e}\rho_{0}a_{0}^{3}S^{2}=\boldsymbol{e}a_{0}E \tag{5-13}$$

与时间平均的方程一致，则能量方程为

$$\frac{\partial E}{\partial t}+\nabla\cdot(E\boldsymbol{e}a_{0})=0 \tag{5-14}$$

式(5-14)说明声能是以波速 a_0 传播的，这是波动过程的显著特征。在第 3 章和第 4 章的微分方程适定性分析可知，波动方程具有强双曲性即其初值问题是适定的。我们知道由于考虑了强可压缩性的气固两相流模型符合式(5-14)的基本形式，因此在“超可压缩流”中其具有第二声即能量的传播与傅里叶热传导不同，存在可辨认的能量传播速度。

5.2.2　流体中的激波现象

流体受到急剧压缩时，压强和密度突然显著增加，此时所产生的压力扰动将以比声速大得多的速度传播。波阵面所到之处气流的各参数都将发生突然且显著的变化，即产生突跃，这样一个强间断面叫做激波阵面。通过激波阵面，气流的熵也将发生变化。例如，活塞在加速过程中，所发出的压力波将依次赶上前面的压力波，在某一时刻，全部压力波叠加在一起，就形成了一个总的压力波，称为激波[1]。

激波的性质和原来的各个小压力波有很多不同，激波是以大于其前方气体中的声速来传播的，而原来的小压力波以等于其前方气体中的声速来传播。气体受原来的小压力波影响，压强等参量的变化是很小的，而气体的流动参量在通过激波时要发生突变，并且不再是等熵过程。实际的激波是一个具有一定厚度的薄层，但是这个厚度相当小，要以分子自由程来度量，差不多在 10^{-6} m 以下的量级。在这样一个薄层中，气流的物性参数从激波前的值迅速连续地变到激波后的值，该过程梯度是极大的。由于这个薄层厚度如此之小，因此严格说在激波内连续介质模型已经不再适用，气体需当做稀薄气体来处理。然而我们实际关心的是气流通过激波后流动参量是如何变化的，对激波内的流动状态并不关心，因此在处理激波问题时常采用以下简化条件：忽略激波厚度；激波前后气体是理想绝热完全气体，比热不变；激波前后气体满足基本物理规律。激波可分为正激波和斜激波两类，另外当超声速气流绕过一个钝体时，离开物体一定距离处有一道激波，叫做脱体激波；如图 5-2 所示，在中间近头部是一段正激波，其余部分激波与气流方向斜交，是斜激波。

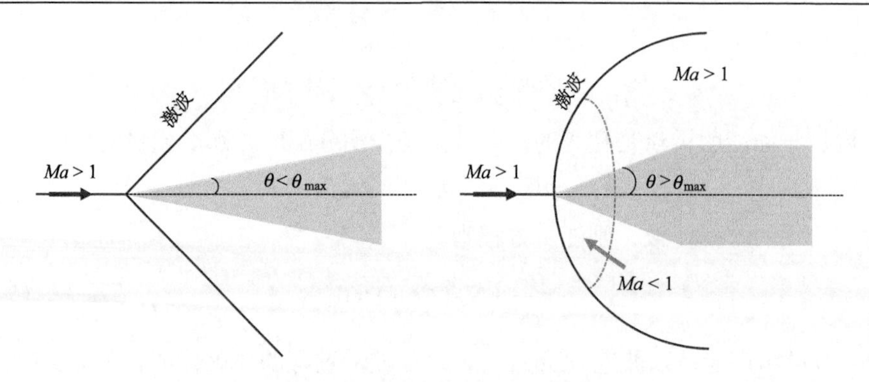

图 5-2　脱体激波示意图

从最简单的正激波出发：激波前后流场是均匀的且气流方向和激波阵面相垂直。取平行于激波两个侧面而又无限接近的两个面作为控制面，由于其宽度是分子自由程量级，可认为控制体的体积趋于零，因此方程中所有与体积的积分有关的项忽略不计，即略去非惯性效应。控制体考虑质量、动量和能量守恒，可得到以下方程组

$$\rho_0(U_0-a)=\rho(U-a)$$
$$p_0+\rho_0(U_0-a)^2=p+\rho(U-a)^2$$
$$\frac{1}{2}(U_0-a)^2+e_0+\frac{p_0}{\rho_0}=\frac{1}{2}(U-a)^2+e+\frac{p}{\rho_0} \tag{5-15}$$

式(5-15)中 a 是正激波的传播速度，角标“0”表示激波前的参数。对于静止正激波，此时激波传播速度 a 为零，则基本方程组(5-15)可简化为

$$\rho_0 U_0=\rho U$$
$$p_0+\rho_0 {U_0}^2=p_0+\rho U^2$$
$$\frac{1}{2}{U_0}^2+e_0+\frac{p_0}{\rho_0}=\frac{1}{2}U^2+e+\frac{p}{\rho_0} \tag{5-16}$$

则可得到 Rankine-Hugoniot 激波绝热关系式(R-H 关系式)

$$i_0-i=\left(e_0+\frac{p_0}{\rho_0}\right)-\left(e+\frac{p}{\rho}\right)=\frac{1}{2}\left({U_0}^2-U^2\right)=\frac{p_0-p}{2}\left(\frac{1}{\rho_0}+\frac{1}{\rho}\right) \tag{5-17}$$

对完全气体，假设 c_p 和 γ 不变，流体过静止正激波前后压力变化为

$$\frac{p}{p_0}=\frac{(\gamma+1)\dfrac{\rho}{\rho_0}-(\gamma-1)}{(\gamma+1)-(\gamma-1)\dfrac{\rho}{\rho_0}} \tag{5-18}$$

写成密度关系为

$$\frac{\rho}{\rho_0}=\frac{(\gamma+1)\frac{p}{p_0}+(\gamma-1)}{(\gamma+1)+(\gamma-1)\frac{p}{p_0}} \tag{5-19}$$

由于这不是一个等熵过程，因此定义熵变化量为

$$\Delta s=s_0-s=c_V\ln\left[\frac{p}{p_0}\left(\frac{\rho_0}{\rho}\right)^\gamma\right] \tag{5-20}$$

即

$$\frac{p}{p_0}=\left(\frac{\rho_0}{\rho}\right)^\gamma e^{\Delta s/c_V} \tag{5-21}$$

另一方面，对于同样密度比 ρ/ρ_0 的等熵过程，其压强比 p/p_0 应为

$$\left(\frac{p}{p_0}\right)_s=\left(\frac{\rho_0}{\rho}\right)^\gamma \tag{5-22}$$

式(5-22)中角标“S”代表等熵过程，这样通过静止正激波前后的压强比 p/p_0 可用等熵过程的压强比 $(p/p_0)_S$ 表示

$$\frac{p}{p_0}=\left(\frac{p}{p_0}\right)^\gamma e^{\Delta s/c_V} \tag{5-23}$$

根据熵增原理，通过静止正激波后熵改变量大于零，因此

$$\frac{p}{p_0}>\left(\frac{p}{p_0}\right)_s \tag{5-24}$$

不等式(5-24)说明，对于同样的 ρ/ρ_0，静止正激波的 p/p_0 应大于等熵过程的 $(p/p_0)_s$。因此，只有位于等熵曲线上方的激波绝热曲线才是合理的，其适用范围是 $p>p_0$，$\rho>\rho_0$ 这说明通过静止正激波后气流压强上升，密度增大。另一方面，当气流经过静止正激波后，流速要降低，热力学参量要升高。

值得强调的是，激波绝热曲线有一条渐进线

$$\frac{\rho}{\rho_0}=\frac{\gamma+1}{\gamma-1} \tag{5-25}$$

式(5-25)表示流体在通过静止正激波后，压强可以不断增强，但是它的密度却不能无限增大，密度比的增加最大不超过 $(\gamma+1)/(\gamma-1)$；同样，这也是为何气泡内的固体颗粒含量不能无限降低的核心：压缩性是有一定限度的。

由静止正激波基本方程可得出

$$a_*^2=U_0U \tag{5-26}$$

即

$$\lambda_1\lambda_2=1 \tag{5-27}$$

式(5-27)称为普朗特关系式，由于气流通过静止正激波后会减速，因此

$$\lambda_1>1,\lambda_2<1 \tag{5-28}$$

式(5-28)证明静止正激波前方来流必定是超音速，而穿过正激波后必定成为亚声速。该性质十分重要，说明了在气泡周围的气固密相均是马赫数大于1的，而在气泡内马赫数小于1；除此之外，还需考虑建立相对稀相区的核心是通过构件将马赫数降下来。这也说明对于定常流动，只有在高马赫数流中才会出现静止正激波，但需注意的是对于非定常流动来说这个结论并不一定成立。那么，静止正激波前后变动的参量关系可表达为

$$Ma^2=\left(1+\frac{\gamma-1}{2}Ma_0^2\right)\Big/\left(\gamma Ma_0^2-\frac{\gamma-1}{2}\right) \tag{5-29}$$

引入激波强度的概念，

$$\frac{p-p_0}{p_0}=\frac{2+\gamma}{1+\gamma}\left(Ma_0^2-1\right) \tag{5-30}$$

当来流马赫数 Ma_0 增大时，激波强度越大；当来流马赫数趋于1时，激波强度趋于0，激波退化为小扰动。气流通过静止正激波后熵增量为

$$\Delta s=s-s_0=-R\ln\frac{p}{p_0} \tag{5-31}$$

其中，

$$\frac{p}{p_0}=\left(\frac{\gamma+1}{2}\right)^{\frac{\gamma+1}{\gamma-1}}Ma_0^{\frac{2\gamma}{\gamma-1}}\left(1+\frac{\gamma-1}{2}Ma_0^2\right)^{-\frac{\gamma}{\gamma-1}}\left(\gamma Ma_0^2-\frac{\gamma-1}{2}\right)^{-\frac{1}{\lambda-1}} \tag{5-32}$$

当 Ma_0 很大时，

$$\frac{\Delta s}{R}\approx\frac{2}{\gamma-1}\ln Ma_0 \tag{5-33}$$

当 Ma_0 趋近于1时，

$$\frac{\Delta s}{R}\approx\frac{2\gamma}{(\gamma+1)^2}\frac{\left(Ma_0^2-1\right)^3}{3} \tag{5-34}$$

可见小强度激波只引起小熵增，特别在二阶及以上近似内可以认为熵是不变的。然而，当类似密相气固流化体系中，其马赫数非常高；如式(5-34)所示，熵增与马赫数的六次方正相关，因此气泡上升的过程是一个非常强的熵耗散过程。

5.2.3　气固拟均相流的激波现象

在气固流化体系中，压强波可分为两类：正激波和斜激波。这类压强波产生由一个流动状态向另一个具有较高压强状态的转折。一般来说，这类压强波的本质都有一个实际不连续的压强增高阵面，在这个阵面后跟随着一个扩张的松弛区。这类压强波是具有小振幅和固定频率的周期性扰动。对于激波，我们先考虑在忽略颗粒容积情况下的正激波：在气固两相拟均相流中，激波可与在颗粒自由气体中相同的方式发生。首先研究可以将颗粒体积忽略的平衡气固体系，将坐标置于激波面上，流动是定常的。单位面积气体及固体颗粒连续方程为

$$\frac{\mathrm{d}m_{\mathrm{g}}}{\mathrm{d}t}=\rho_{\mathrm{g}}U_{\mathrm{g}}=\rho_{\mathrm{g0}}U_{\mathrm{g0}} \tag{5-35}$$

和

$$\frac{\mathrm{d}m_{\mathrm{s}}}{\mathrm{d}t}=\rho_{\mathrm{s}}U_{\mathrm{s}}=\rho_{\mathrm{s0}}U_{\mathrm{s0}} \tag{5-36}$$

其中，下标 0 为激波前的状态。将气固混合物的动量方程积分，得到

$$\frac{\mathrm{d}m_{\mathrm{g}}}{\mathrm{d}t}+\frac{\mathrm{d}m_{\mathrm{g}}}{\mathrm{d}t}U_{\mathrm{s}}+p=\frac{\mathrm{d}m_{\mathrm{g}}}{\mathrm{d}t}U_{\mathrm{g0}}+p_0 \tag{5-37}$$

相应的能量方程是

$$\frac{U_{\mathrm{g}}^2}{2}+c_pT+\frac{U_{\mathrm{s}}^2}{2}+c_p\delta T_{\mathrm{s}}=\frac{U_{\mathrm{g0}}^2}{2}+c_p\left(1+\delta\right)T_0 \tag{5-38}$$

由于在方程中出现压强、气体温度和气体密度，也需要有状态方程

$$p=\rho RT \tag{5-39}$$

只要激波前的条件已给定，上面的方程组就足够求解，并可计算出紧接着激波面后边的物性参数。计算中，U_0 是气体进入某一静止激波的速度，或者激波以这个速度在气体-颗粒混合物中传播。激波的强度可以用平衡马赫数或冻结激波马赫数来表示。某一颗粒越过激波阵面的时间约为 D/U_0，如果把这一时间与某一颗粒的松弛时间相比，可得到

$$\frac{D}{U_0\tau_V}=\frac{18\mu}{\rho_{\mathrm{s}}DU_0} \tag{5-40}$$

U_0 为在气体中声速的数量级，由式(5-40)可得，即使在颗粒的直径小于 0.1μm 的情况，颗粒跨过激波的时间比松弛时间约小 3 个数量级。因此，颗粒跨激波阵面时，可忽略颗粒的速度变化。由于 τ_T 与 τ_V 是相同的数量级，颗粒过激波阵面时颗粒的温度不发生变化。综上所述，激波阵面的下游条件与其上游的条件相同，即如果相应的气体条件均是已知，可在守恒方程中略去与颗粒有关的项。那么，气

固两相平衡体系可退化为纯气体的质量守恒、动量守恒与能量守恒，即 Rankine-Hugoniot(R-H)方程。则此时仅需同时利用比热比和平衡的激波马赫数结合 R-H 方程进行描述。应指出的是，平衡速度 U_e 总是比紧接着激波阵面后的冻结气体速度 U_f 小

$$\frac{a_{e0}}{a_e}=\frac{1}{1+\gamma\varepsilon_s} \tag{5-41}$$

对于冻结流动，由于通过激波阵面折转的结果，突然建立非平衡条件，并且要求有一段松弛距离，能使得颗粒与气体恢复某一新的平衡状态，则 R-H 方程为

$$\frac{U_f}{U_0}=\frac{(\gamma-1)Ma_f^2+2}{1+\gamma} \tag{5-42}$$

对于平衡流动，R-H 方程为

$$\frac{U_e}{U_0}=\frac{(\varGamma-1)Ma_e^2+2}{1+\varGamma} \tag{5-43}$$

在纯气体中，只可能有压缩波，因为膨胀波意味着熵减小，违反热力学第二定律。若考虑颗粒的粒径在一定范围内，粒径较小的颗粒与气体接近平衡要比大颗粒快。若颗粒的尺寸不同，其相对速度可能引起颗粒之间的碰撞。分析结果表明，由于碰撞引起的具有两种尺寸的颗粒速度松弛曲线以及颗粒温度松弛曲线更加靠近[2]。

5.2.4 二维颗粒聚团和气穴相传播

要深刻理解多相流动现象，例如在分布器附近形成气泡，通常使用二维数学模型进行描述。在单相流体力学中可用涡度传递方程表示二维 Navier-Stokes 方程，在本小节中基于流函数与涡度的概念建立二维气固两相控制方程。对于无黏气固两相流，假设 $\varepsilon\rho_g \ll \varepsilon_s\rho_s$ 且 $P_s \ll P_g$ 则其动量方程可写为

$$\varepsilon_s\rho_s\frac{\mathrm{d}U_s}{\mathrm{d}t}=-\nabla P-\rho_m g \tag{5-44}$$

对于基态即所谓颗粒聚团，我们定义

$$\nabla P_0=-\rho_{m0}g \tag{5-45}$$

在此基础上定义激发态即所谓气穴相的动压为 P_d

$$P_d=P-P_0 \tag{5-46}$$

其中，下标“0”表示静态，从(5-44)减去(5-46)式可得气固相对浮力的动量方程，

$$\varepsilon_{s0}\rho_s\frac{\mathrm{d}U_s}{\mathrm{d}t}=-\nabla P_d-g\rho_s(\varepsilon_s-\varepsilon_{s0}) \tag{5-47}$$

假定 ε_s 保持稳态，由于固体颗粒床层孔隙率为定值，将流函数和涡度引入本框架中进行描述，其与单相流是一致的。那么，对于二维颗粒流的连续性方程

$$\frac{\partial u_s}{\partial x}+\frac{\partial U_s}{\partial y}=0 \tag{5-48}$$

在二维平面上使用 Green 公式定义固体颗粒流函数

$$u_s=\frac{\partial \Psi_s}{\partial y}$$
$$U_s=-\frac{\partial \Psi_s}{\partial x} \tag{5-49}$$

则颗粒流涡度为

$$\varsigma_s=\frac{\partial U_s}{\partial x}-\frac{\partial u_s}{\partial y}=-\nabla^2\Psi_s \tag{5-50}$$

通过对 y 的 x 分量方程和 x 的 y 分量方程微分并相减消除式(5-47)中的动压。结果是当重力沿 y 方向向下作用时，可给出涡度传递方程：

$$\frac{\partial \varsigma_s}{\partial t}+u_s\frac{\partial \varsigma_s}{\partial x}+U_s\frac{\partial \varsigma_s}{\partial y}=\frac{g}{\varepsilon_{s0}}\frac{\partial \varepsilon_s}{\partial y} \tag{5-51}$$

式(5-51)中不存在涡度的时间梯度项，即

$$d\varsigma_s/dt^s=0 \tag{5-52}$$

因此，根据式(5-51)的约束，若体系最初没有旋转则固体颗粒流将始终保持无旋转。如第 3 章所述，可以通过组合两个不可压缩的连续性方程来获得气穴传播方程：

$$\frac{\partial \varepsilon_s}{\partial t}+\hat{U}\nabla\varepsilon_s=(1-\varepsilon_s)\varepsilon_s\nabla U_r \tag{5-53}$$

其中，U_r 是相对速度，逆加权平均速度为

$$\hat{U}=\varepsilon_g U_s+\varepsilon_s U_g \tag{5-54}$$

在第 3 章，通过线性化的方法消去了气固相对速度 U_r 的梯度。在本节，我们从最简单的气固完全发展流入手，建立二维分析框架：假设气固两相流在重力方向上达到了完全发展流，即在垂直方向上流动是均匀的，那么气固滑移或相对速度等于颗粒终端速度，即

$$U_r=U_t=\frac{(1-\varepsilon_s)\varepsilon_s\Delta\rho g}{\beta_a} \tag{5-55}$$

式(5-53)的一阶微分为

$$\frac{\mathrm{d}\varepsilon_s}{\mathrm{d}t}=0 \tag{5-56}$$

那么，在二维方向上有

$$\frac{\mathrm{d}x}{U}=\frac{\mathrm{d}y}{\hat{U}-(1-\varepsilon_{\mathrm{s}})\varepsilon_{\mathrm{s}}\Delta\rho g\dfrac{\mathrm{d}}{\mathrm{d}\varepsilon_{\mathrm{s}}}\dfrac{(1-\varepsilon_{\mathrm{s}})\varepsilon_{\mathrm{s}}}{\beta_A}} \tag{5-57}$$

其中，U是气体或固体颗粒的速度，相对速度的梯度是涉及固体颗粒体积分数导数的非线性项，而这一非线性项直接决定了体系是否形成激波。式(5-57)可用于分析诸如射流影响域等问题[3]。考虑时均行为，令气泡在X和Y方向的速度分别为u_{g}和v_{g}，则

$$\frac{\mathrm{d}y}{\mathrm{d}x}=\frac{u_{\mathrm{g}}-\varepsilon_{\mathrm{s}}u_{\mathrm{t}}-(1-\varepsilon_{\mathrm{s}})\varepsilon_{\mathrm{s}}\dfrac{\mathrm{d}u_{\mathrm{t}}}{\mathrm{d}\varepsilon_{\mathrm{s}}}}{v_{\mathrm{g}}} \tag{5-58}$$

这里从流化床分布器开始考虑，当过孔射流竖直进入固体颗粒床层，那么此时v_{g}为零。令射流区域固体颗粒床层的孔隙率$\varepsilon_{\mathrm{mf}}$恒定，那么在圆柱坐标中的方程(5-53)可写为

$$\frac{\partial\varepsilon_{\mathrm{s}}}{\partial t}+\hat{U}_R\frac{\partial\varepsilon_{\mathrm{s}}}{\partial R}=0 \tag{5-59}$$

对于点源W，其体积流量为Q($\mathrm{m^3/s}$)

$$\dot{Q}=W\pi Ru_{R\mathrm{g}}=W\pi Ru_{R\mathrm{s}} \tag{5-60}$$

在气固密相流化体系中，不考虑气相的质量，固体颗粒体积分数为

$$\frac{\mathrm{d}R}{\mathrm{d}t}=\hat{u}_R=\frac{\dot{Q}}{W\pi R} \tag{5-61}$$

将式(5-61)积分可得

$$R^2=x^2+y^2=\frac{2\dot{Q}t}{W\pi} \tag{5-62}$$

式(5-62)表明在二维不考虑气相质量分数的体系，其稳态下进入固体颗粒床层的气相应呈圆形。进一步地，我们在三维空间会得到一个球形的气泡。

类似于推导涡度方程(5-51)使用拉普拉斯形式构建流函数，当仅考虑气固密相中的固体颗粒相时，动量平衡可写为

$$\nabla P=\beta(U_{\mathrm{g}}-U_{\mathrm{s}}) \tag{5-63}$$

式(5-63)本质上是达西(Darcy)定律所描述的多孔介质流动行为，通常写为

$$U_{\mathrm{g}}-U_{\mathrm{s}}=\frac{k}{\mu}\nabla P \tag{5-64}$$

其中，k是渗透率，μ是流体黏度。对于恒定的渗透率k或恒定的摩擦系数β，相应连续性方程的孔隙率变化可忽略不计，即

$$\begin{aligned} \nabla u_{\rm g} &= 0 \\ \nabla u_{\rm s} &= 0 \end{aligned} \tag{5-65}$$

将相压力写为拉普拉斯方程形式：

$$\nabla^2 P = 0 \tag{5-66}$$

本节中基于拉普拉斯的形式构建了二维气固密相流化的描述框架。其可以用来获得 $U_{\rm s}$、$U_{\rm g}$、$\varepsilon_{\rm s}$ 以及相压力 P。固体颗粒速度是根据式(5-57)的孔隙率和式(5-50)的积分形式从涡度方程(5-51)获得，表示为

$$\Psi_{\rm s} = \iint G(r;r')\varsigma_{\rm s}\,{\rm d}x\,{\rm d}y \tag{5-67}$$

其中，G 是所考虑区域的格林函数，是观察者坐标 r 和源坐标 r'的函数。同样，拉普拉斯方程(5-66)可以用 Green 函数求解，以给出相对于固体颗粒速度的气体速度。

5.3　气泡的形成与测量

5.3.1　气泡的描述

在实际气固密相流态化中，当表观气速大于起始流化速度($U_{\rm mf}$)后，气相通过两种途径穿过固体颗粒床层：气体以起始流化速度穿过颗粒之间的空隙即颗粒聚团；大部分的气体则会通过气穴相自发形成气泡通过颗粒床层。气泡中的固体颗粒体积分数大约在 0.001～0.01 之间。对于单个气泡的几何结构，其顶部呈球形，尾部略微内凹；通常气泡中的压力较周围颗粒聚团低，但是有趣的是周围的固体颗粒并不容易进入相对密度较低的气泡中。这里需强调，液体中气泡是由于表面张力引起的，但是颗粒流中并不存在类似液体的显著表面张力，此时应从强可压缩性引发激波阻止固体颗粒进入气泡的角度思考。正因如此，仅在远离激波面的尾部区域会有固体颗粒被卷吸进来，形成局部涡流称为尾涡。在气泡尾涡中存在大量颗粒，类似气穴与颗粒聚团的相变区，这些颗粒随着在气泡上升而被带离其所在区域，而该区域的气穴很快被另一部分颗粒又补充进来，这样带来了宏观床层尺度的对流，极大提高了流化床内固体颗粒的混合效率[4]。另一方面，气相通过气泡与固体颗粒的界面不断与乳相间进行质量/能量交换，即将反应组分传递到乳相中去，使之在催化剂上反应，又接收反应生成的产物并带出反应器。因此，气泡不仅是流化床高效传递能力的来源，也是气固流化床反应效果的决定因素，对气泡形成机制与特征分析是气固两相流学术研究和工程实践的关键问题。

在气固流化床内，当操作气速达到最小流化气速 $U_{\rm mf}$ 之后，固体颗粒体系会经历一个均匀膨胀的散式流化过程；当操作气速大于最小鼓泡气速 $U_{\rm mb}$ 后，固体

颗粒床层开始扰动，流化床进入鼓泡操作阶段。在鼓泡床中，扰动以分散相气泡形式出现，因此对气泡(气穴相)与乳相(颗粒聚团)的相互作用是气固鼓泡床流体力学行为的研究重点。气泡给颗粒床层带来了局部固含与局部颗粒速度、气泡速度的空间和时间不均匀性，是流化床内宏观对流的直接引入者。对气泡行为的研究主要集中于其大小、形状、流动形式以及体积含率等。在 Geldart A 类和 B 类颗粒体系中，气泡从顶部看近似球形，其后半部分呈凹状。气泡后凹部分为乳相颗粒所充满，称为尾涡，而气泡外层通常称为气晕。以下先定量描述气泡上升速度、尺寸以及其中固体颗粒粒径对气泡的影响。根据测量，单个气泡的上升速度 U_{br} 为

$$U_{br} \approx 0.711\sqrt{gd_b} \tag{5-68}$$

云层及尾涡都在气泡之外，且都伴随着气泡上升，其中所含固体颗粒浓度也与乳相中几乎相同。而在实际床层中，常常是以气泡群的形式上升，气泡群上升速度 U_b 为

$$U_b \approx U_g - U_{mf} + 0.711\sqrt{gd_b} \tag{5-69}$$

此处可看到，气泡的速度要比表观气速高。也就是说气固密相流化床中，气相会通过形成气泡用以更快冲出颗粒床层束缚。研究表明，在气泡小，气流上升速度低于乳相中气速时，乳相中的气流可穿过气泡上流。但当气泡大到其上升速度超过乳相气速时，就有部分气体穿过气泡形成环流，在泡外形成一层不与乳相气流混融的区域，这一层称为气泡云。

气泡的长大不是无限的，如果床径足够大，不致形成节涌，则当气泡长大到一定程度后就将失去稳定性而破裂。其中，有学者认为当 $U_{br} = U_t$ 时，颗粒就将被气泡夹带，并可能从其底部进入气泡，而是气泡破裂。故当 $U_{br}<U_t$ 时气泡稳定，当 $U_{br} > U_t$ 时气泡不稳定，最大稳定气泡对应的临界条件为 $U_{br} = U_t$。于是，最大稳定气泡直径 $d_{b,max}$ 为

$$d_{b,max} = \left(\frac{u_t}{0.711}\right)^2 \frac{1}{g} \tag{5-70}$$

值得注意的是，气泡的破裂常也可能是由于颗粒从气泡顶部侵入所致，因此该式的可靠性有待商榷。另一计算最大气泡直径的公式为

$$d_{b,max} = 0.652\left[S\left(U_g - U_{mf}\right)\right]^{\frac{2}{5}} \tag{5-71}$$

同时计算任意床高 l 处的气泡直径关系式如下：

$$d_b = d_{b,max} - \left(d_{b,max} - d_0\right)e^{-0.3l/D} \tag{5-72}$$

在实验室以及工业床层高径比很大的流化床，气泡的聚并常能使得固体颗粒床层

发生节涌。判断节涌与否的准则为

$$\frac{U_g - U_{mf}}{0.35\sqrt{gD}} > 0.2 \tag{5-73}$$

当气速达到使得式(5-73)左侧大于 0.2 时，除颗粒直径很小(<50μm)的情况外，床层内便出现节涌现象。节涌床层中返混较小，气固接触比较规则，但是床层压降波动很大，在实际工业应用中应注意避免。另一方面，节涌在学术上是研究气泡特性的良好状态，该部分内容会在下一小节详细阐述。

5.3.2　气泡的实验测量

通常，与表观气速(U_g)相比，固体颗粒床层高度被认为对气固流化质量的影响有限。然而，流化床内固体颗粒床层的混沌熵产生是气固密相均匀分布失稳的来源。当从分布器输入的规则负熵一定时，深层固体颗粒床层中的混乱熵产生会破坏气固均布稳定性。Sathiyamoorthy 和 Hori 通过实验验证了流化床高径比，即静床高与直径的比值对密相气固均布以及临界操作气速的影响不能忽略。Wang 等通过数值方法研究了在深层流化床中的气固分相，并且认为深层流化床内的轴向压力梯度是深层床内气固分布不均的原因。Zhang 等通过对 Geldart B 类颗粒的床层高度对流化床内压力脉动的影响进行分析，发现了深层床($H/D = 6$)中出现明显气固非均匀性。虽然 Geldart A 类颗粒相比 Geldart B 类颗粒持气量更大，气固均布应该更为稳定，但 Wells 也报道了 FCC 颗粒深层流化床(5m)中可能发生严重不均匀分布的气体流动，Wells 将这种现象归因于分布板压降相对床层压降过小。Cocco 等综述了深层流化床中气固不均匀分布的原因，并提出可以通过加入细粉来提高颗粒的持气量，进而有效抑制气固不均匀分布的发生。Karimipour 和 Pugsley 研究了 Geldart A 类颗粒的深层流化床中的压力脉动，通过压力波动频谱分析发现气体流量的均匀性在床深度大于 1m 时逐渐出现明显的下降。近来，计算流体动力学(CFD)已经成为研究复杂多相系统中 RTD 的有效工具。另外，压力传感器因其简单性已成为工业流化床中最常见表征气固流化状态的手段。通过将压力传感器放置于流化床中，分析时域和能谱中的压力脉动可深入研究流化床中气固瞬态行为；压力脉动分析与 CFD 的结合也为探究气固相互作用提供了深入分析的手段[5]。本节在内径 300 mm 冷态流化床中使用气体示踪剂法和压力脉动分析获得气泡时均和瞬态特征，验证气泡的类激波特性。

1. 实验装置与分析方法

冷态实验流化床内径 300mm，高 3.5m，如图 5-3(a)所示。整个冷态流化床中布置金属丝并接地以减小静电对气固流化状态的影响，在流化床顶部装有过滤器使得在操作期间将气流夹带的固体颗粒返回床内。实验装置的分布器开孔率为 0.2%，固体颗粒性质如图 5-3(c)所示，颗粒真密度为 2600 kg/m^3，中位粒径为 300 μm。

示踪实验是将示踪剂(H_2)以 40 mL/min 的固定流速连续注入分布器下端，当流化状态稳定后，通过内径 4mm 取样管采集气体样品，离线通过气相色谱检测示踪剂浓度。其中，采样管尖端配有 10 μm 丝网以防止固体颗粒进入。压力传感器的参考点是大气压，分别置于分布器上方 40～160 cm 之间，如图 5-3(a)所示。压力传感器与直径为 4 mm 的管子连接，管子尖端覆盖有 10μm 的丝网以防止固体颗粒进入。压力传感器分别置于中心和四个均布的径向位置(Δ*P*#0、Δ*P*#1、Δ*P*#2、Δ*P*#3 和 Δ*P*#4)以测量中心气固流化质量以及气固均布稳定性，如图 5-3(b)所示。流化床流化状态达到稳态后采集样品，采样频率为 200 Hz，采样时间为 120 s。

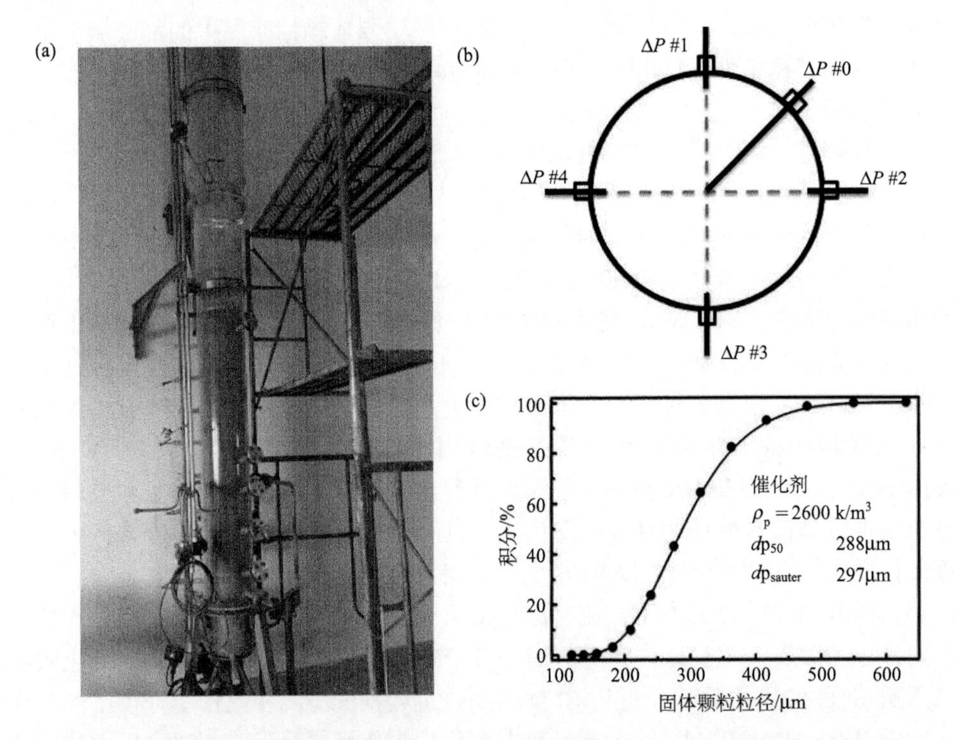

图 5-3　(a)节涌流化冷态实验装置；(b)压力探头的径向位置；(c)实验颗粒的粒度分布

自相关函数体现了信号的周期性，可以通过时间序列与自身延迟的比较来计算：

$$a(\tau)=\frac{\sum_{\tau=1}^{N-\tau}[x(t)-\overline{x}][(x(t+\tau)-\overline{x}]}{\sum_{\tau=1}^{N}[x(t)-\overline{x}]^2} \tag{5-74}$$

其中，$x(t)$是测量信号，τ是时间滞后，x是信号$x(t)$的平均值。压力脉动的频谱分析已经广泛用于分析气固相互作用的特性、流化域的转变和流化质量。其中，功率谱分布(PSD)表现不同频率能量的分布：

$$P(\tau)=\left|\frac{1}{2\pi}\int_{-\infty}^{\infty}x(t)\exp(-\mathrm{i}\omega t)\mathrm{d}t\right|^{2} \tag{5-75}$$

在本节中，所有时间序列的 PSD 函数用 Welch 的平均周期法估计，计算窗口长度为 512，并在整个时间序列上进行平均。

2. 实验结果与讨论

气固分布的均匀性是评价流化床气体分布器的主要指标，同时也是流化床反应器性能好坏的决定因素。在本节中，通过 H_2 稳态示踪以及压力脉动分析测量不同固体颗粒床层高度对气固均匀分布稳定性的影响，本实验工况下临界颗粒床层压力载荷(Φ_{Tc})即密相气固均匀分布的失稳点高径比(H/D)约为 4.5。

图 5-4(a)显示了实验 A($U_g=0.3$ m/s; $H/D=6$)和实验 B($U_g=0.3$ m/s; $H/D=4$)分布器上方 z = 40cm 处的示踪剂浓度的径向分布，其中示踪气体 H_2 浓度项用无因次化的 C/C_0 表示，以便直接比较。由于小高径比的流化床中固体颗粒非弹性能量耗散较小，即固体颗粒床层混沌熵产生较弱，因此在浅层床中(实验 B)径向浓度分布更均匀。而对于高颗粒床层体系(实验 A)，分布器来的均布气流被固体颗粒床层的强烈混乱熵产生所抵消，所以表现出不均匀的径向示踪气体浓度分布。图 5-4(b)显示了实验 A($U_g=0.3$ m/s; $H/D=6$)和实验 B($U_g=0.3$ m/s; $H/D=4$)在分布器上方 40 cm 截面四个对称径向位置处测得的 120 s 内压力脉动平均振幅。理论上，一个气固均布的流化床对称径向位置上的压力波动不应有差异。因此，图 5-4(b)中压力脉动的差异是由气泡的不均匀分布引起的。此外，图中测量位置 #2 强烈的压力波动展现了大气泡或短路流的存在，这会极大削弱流化床内的气固接触效率。对于 Geldart A 类颗粒，深层流化床中的偏流现象也在实验中被发现。

对于实验 A($U_g=0.3$ m/s; $H/D=6$)和实验 B($U_g=0.3$ m/s; $H/D=4$)，在分布器以上 40 cm 的轴向位置测量的压力脉动时间序列如图 5-5(a)所示。直观上看，高床层实验 A 的压力脉动呈现低频高幅结构，而相比之下低床层实验 B 的压力脉动是更为理想的高频低幅结构。为了定量理解压力波动的结构，所测量压力脉动的概率密度函数(PDF)如图 5-5(b)所示。其中，峰值形状和对称性的偏移可以量化为概率密度函数的偏度，即偏离正态分布的量度。当气固分布均匀时，压力脉动的概率密度应呈正态分布，其偏度值应为零。然而，深层床实验 A 的偏度显著为正，表明高颗粒床层对气固均布稳定性有很大的破坏作用。进一步地，图 5-5(c)和(d)，将测量的压力脉动进行傅里叶变换获得其自相关函数(ACF)及其在频率域

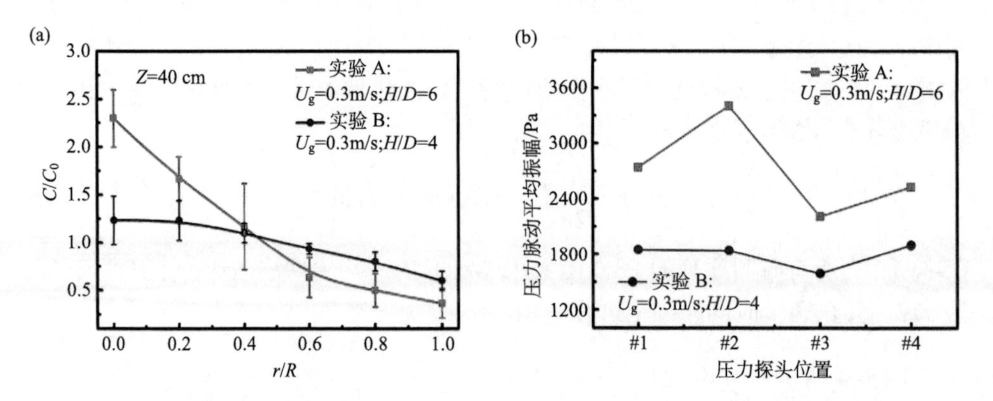

图 5-4　(a)径向示踪剂(H_2)浓度分布，测量位置为分布板上方 40 cm；(b)4 个径向位置压力脉动的平均振幅；测量位置为分布板上方 40 cm, 径向位置如图 5-3(b)所示

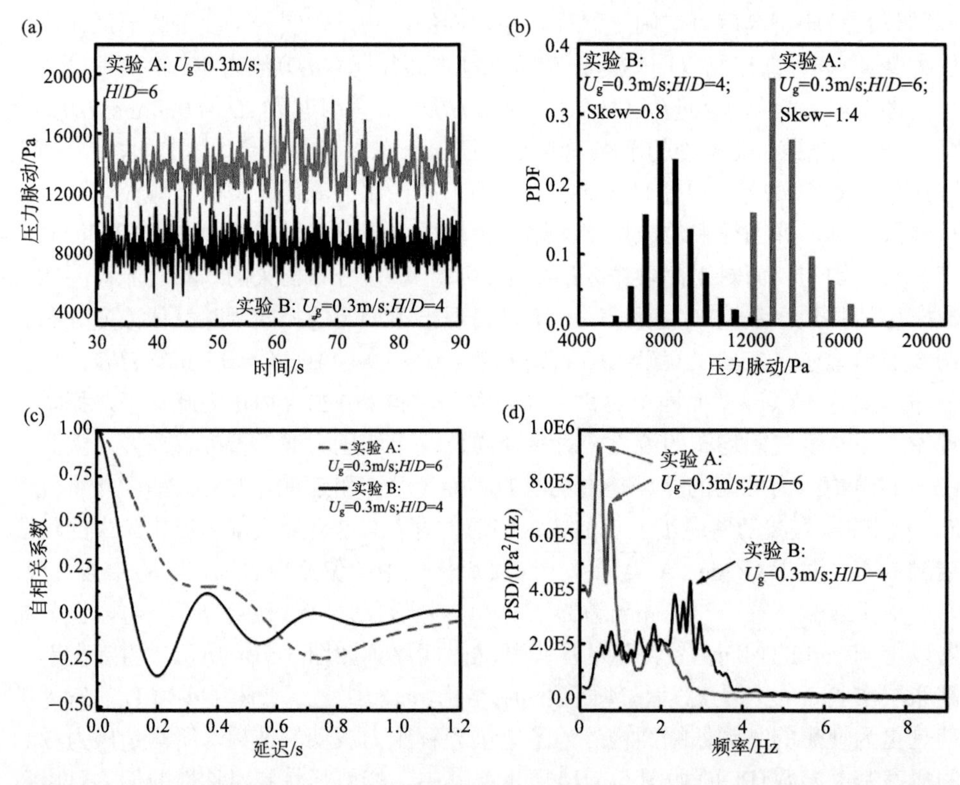

图 5-5　(a)压力脉动测量值；(b)压力脉动概率密度函数；(c)压力脉动自相关系数；(d)压力脉动的功率谱密度；实验 A($H/D = 6$)和实验 B($H/D = 4$)的压力脉动测量位置在分布器上方 40cm

上的分布(PSD)。如图 5-5(c)所示，随着固体颗粒床层的升高，自相关函数的周期性明显受到抑制，且初始下降斜率平滑，均说明气固的湍动性下降，说明在高固体颗粒床层流化床中高频周期性振动的小气泡聚并成低频的大气泡。压力脉动的功率谱密度同样佐证了这一点，在图 5-5(d)中可以清楚地看到：对于实验 A，其主频仅为 0.5 Hz；而在实验 B 中主频已达 2 Hz，表明在相同的表观气速下，低固体颗粒床层能够获得有效的气固相互作用，流化质量较好。

5.3.3　类激波气泡的稳定性分析

由于流化床中的气泡是其优异流动性和良好传递能力的核心，因此长期以来都是学术研究的关键。Jackso 对气固两相流体力学方程进行了稳定性分析，结果表明气穴相在密相流化状态中的微小扰动将无限制地增长。Davidason 与 Harrison 则从最大稳定气泡尺寸角度分析，给出的稳定性条件为气泡速度必须小于颗粒终端速度。Verloop 与 Heertjes 首先意识到可压缩性的重要性并将气泡视为激波进行分析，认为气泡产生的临界状态是气泡相(波)的上升速度等于“平衡扰动”的速度(声速)，这里固体颗粒床层的弹性模量除以其密度的平方根作为平衡扰动速度。Fanucci 等提出了气固流化床内激波形成的数学框架，使用特征线方法同时解决了孔隙率和速度的偏微分方程，这种情况适用于固体颗粒的弹性模量除以其密度超过较低相对速度的情况。Foscolo 与 Gibilaro 基于可压缩性的分析合理解释 Geldart A 类和 B 类颗粒体系中不同气泡的产生行为。在此基础上，Gidaspow 与 Ettehadieh 使用入口实际气速作为边界条件数值求解了流体动力学方程，可合理解释对于 Geldart B 类颗粒的自分相过程[6]。为了解释气泡的形成与长大规律，以下基于一阶偏微分方程的激波理论推导气泡产生的临界值。

1. 气穴相的波动方程

这里认为气固密相流化床体系内存在两种相态：一个是强可压缩相，另一个是弱可压缩相。对于气固体系表面张力可忽略，则原本是不应存在气泡的形式。前面通过稳定性分析可知，气固拟均相流处于亚稳态而会自发形成固体颗粒体积分数较小的气穴相和固体颗粒体积分数较大的颗粒聚团，但是会以何种形式分相就需本节中通过动力学进行讨论。此处，气穴相就是一类气相体积分数较大的形态，与第 2 章所述一致。为了获得基于连续方程的激波，需首先导出气穴的传播方程。一维无相变的气相和固体颗粒相的两个不可压缩连续性方程可写为

$$\frac{\partial \varepsilon_i}{\partial t}+\frac{\partial(\varepsilon_i u_i)}{\partial x}=0 \tag{5-76}$$

其中 $i=\mathrm{g,s}$ 分别代表了气相与固体颗粒相。此时应注意描述体系方程的简化核心是略去了非线性项。由雷诺运输定理可知，随着以速度 u_i 移动每个相 i 的体积是

恒定的。为获得所需的气穴相传播方程，分别针对速度梯度求解两个连续性方程并减去相减可得

$$\frac{\partial(u_s - u_g)}{\partial x} = \frac{1}{\varepsilon_g \varepsilon_s}\left[\frac{\partial \varepsilon_g}{\partial t} + (\varepsilon_g u_s + \varepsilon_s u_g)\frac{\partial \varepsilon_g}{\partial x}\right] \tag{5-77}$$

定义反加权平均速度为

$$\hat{u} = \varepsilon_g u_s + \varepsilon_s u_g \tag{5-78}$$

气固的滑移速度(相对速度)为

$$u_r = u_s - u_g \tag{5-79}$$

根据式(5-78)和式(5-79)，由气固两个连续性方程可得气穴传播方程：

$$\frac{\partial \varepsilon_g}{\partial t} + \hat{u}\frac{\partial \varepsilon_g}{\partial x} = \varepsilon_g \varepsilon_s \frac{\partial u_r}{\partial x} \tag{5-80}$$

如果滑移 u_r 是一个常数且固体颗粒相体积为 $\varepsilon_s=1-\varepsilon_g$，则式(5-80)表明空隙 ε_g 随速度 $\hat{u}$ 移动。基于这种近似可获得连续激波，其核心在于相体积分数的变化极大影响反加权平均速度。

这里使用一维模型寻找气泡形成的临界点，定义法向应力为 σ，壁面剪切为 τ_{ws}，由动量守恒可得

$$\varepsilon_s \rho_s u_r \frac{\partial u_r}{\partial x} = -\frac{\partial \sigma}{\partial x} - g\varepsilon_s \Delta\rho - \beta_c u_r - \frac{4\tau_{ws}}{D_t} \tag{5-81}$$

其中，重力 g 是在坐标 x 的相反方向上获取的，β_c 是界面阻力，D_t 是实际或有效管径。Gidaspow[6]通过近似认为法向应力为固相孔隙率或体积分数的函数来引入可压缩模量。类似地，以下通过法向应力与固体颗粒相体积分数之间的关系强可压缩模量：

$$\frac{\partial \sigma}{\partial x} = \frac{\partial \sigma}{\partial \varepsilon_s}\frac{\partial \varepsilon_s}{\partial x} \tag{5-82}$$

为保证颗粒流的可压缩模量始终为正值，则

$$G = \frac{\partial \sigma}{\partial \varepsilon_s} = -\frac{\partial \sigma}{\partial \varepsilon} \tag{5-83}$$

从等式(5-83)中替换式(5-81)速度梯度，则气穴传播方程可写为

$$\frac{\partial \varepsilon}{\partial t} + \left(\hat{u} - \frac{G\varepsilon}{\rho_s u_r}\right)\frac{\partial \varepsilon}{\partial x} = -\frac{\beta_c \varepsilon}{\Delta\rho} - \frac{g\varepsilon\varepsilon_s}{u_r} - \frac{4\tau_{ws}\varepsilon}{D_t \Delta\rho u_r} \tag{5-84}$$

式(5-84)表明，当曳力、重力与壁面摩擦达到时均平衡时，气穴相在空间尺度传播的速度为等式左边第二项括号内的数值，即可压缩性修正的反加权平均速度。当固体颗粒的压缩模量为零时，该表达式将退化为随反加权平均速度移动的连续

性方程。G/ρ_s 比是固体颗粒流声速的平方，其物理意义是微小扰动在固体颗粒中传播的速度，式(5-84)说明，该速度平方除以相对速度与主运动相反。在完全发展的流动中，方程(5-84)的右侧为零，然后浮力通过阻力和壁面摩擦来平衡。对于密相流化体系，相对速度方程中的界面阻力 β_c 为

$$\beta_c=150\frac{(1-\varepsilon_g)^2\mu}{\varepsilon_g{}^2(d_p\phi_s)^2}+1.75\frac{|u_r|(1-\varepsilon_g)\rho_g}{(d_p\phi_s)\varepsilon_g} \tag{5-85}$$

将式(5-81)中的相对速度等于终端颗粒速度，即在气固密相中达到完全的气固滑移过程。此时，可使浮力等于阻力，在没有壁摩擦的情况下，式(5-81)的右侧为

$$-u_r=\frac{\Delta\rho\varepsilon_s g}{\beta_c} \tag{5-86}$$

这种近似将气固两相气穴传播的问题简化为一阶偏微分方程，其中 ε_g 相体积分数为关键变量。

2. 稳定性判据

从不考虑可压缩性的气固完全发展流入手，两连续性方程的组合用以表达气穴相随以下传播速度传播

$$a=\hat{u}=\varepsilon u_s+\varepsilon_s u_g \tag{5-87}$$

考虑在最小流化状态将气穴相注入固体颗粒床层中，此时 u_s 为零。则传播速度 a 为

$$a=\varepsilon_s{}^2\frac{\Delta\rho g}{\beta_c} \tag{5-88}$$

对于不同摩擦系数 β_c，该传播速度将对空隙率具有不同的依赖性。如果 a 为常数，则以最小流化度注入床中的气穴将在整个固体颗粒床层中保持不变。对于低颗粒雷诺数，基于 Ergun 方程可得

$$a=\frac{\Delta\rho g(d_p\phi_s)^2}{150\mu}\varepsilon^2,\ Re_p<1 \tag{5-89}$$

式(5-89)表明，在最小流化速度下固体颗粒床底注入的气穴比其床层内空隙的波动速度更快。这就解释了为何在流化床中气泡上升的速度总是比表观气速高，气体在固体颗粒床层中会自发形成气泡进而能够更快地逸出流化床。那么，当注入底部较快移动的气穴相与固体颗粒床中较慢移动的气穴相重合时，增强的气穴即激波就形成了。现在考虑大颗粒雷诺数的情况，可使用 Ergun 方程的“湍流”部分

$$a = \left[\frac{\Delta\rho g d_{\mathrm{p}}\phi_{\mathrm{s}}}{1.75}\right]^{1/2}(1-\varepsilon)\varepsilon^{1/2},\ Re_{\mathrm{p}} > 1000 \tag{5-90}$$

当 ε 大于 1/3 时，式(5-90)为 ε 的递减函数。因此，从底部注入床中的气穴相比固体颗粒床层中已有最小流化状态下的气穴相移动得慢。因此，对于足够大的 Re_{p}(Geldart D 类颗粒)，在其流化床中不会形成气泡。

进一步地，将可压缩性考虑进来，则气穴相的传播速度为

$$a = \hat{u} - \frac{G\varepsilon}{\rho_{\mathrm{s}} u_{\mathrm{r}}} \tag{5-91}$$

基于上述不可压缩系统的讨论可得，形成激波的标准是

$$\frac{\mathrm{d}a}{\mathrm{d}\varepsilon} > 0 \tag{5-92}$$

对于小颗粒，a 是式(5-87)和由非零 G 引起的贡献之和。为方便起见，定义与气穴相固体颗粒体积分数无关的部分为

$$u_0 = \frac{\Delta\rho g (d_{\mathrm{p}}\phi_{\mathrm{s}})^2}{150\mu} \tag{5-93}$$

气泡在小颗粒中的传播方程可写为

$$a = u_0\varepsilon^2 + \frac{G}{\rho_{\mathrm{s}}}\frac{(1-\varepsilon)}{u_0\varepsilon} \tag{5-94}$$

如第 3 章所述，颗粒相压力可写为一个统一形式

$$G = G_0 \exp[-(\varepsilon - \varepsilon')b] \tag{5-95}$$

其中，G_0 是基准的相压力，b 为颗粒经验参数。式(5-92)是 ε 递增与递减函数之和。那么，激波形成的临界值为

$$\frac{\mathrm{d}a}{\mathrm{d}\varepsilon} = 2u_0\varepsilon - \frac{1+b\varepsilon-b\varepsilon^2}{\varepsilon^2 u_0}\frac{G}{\rho_{\mathrm{s}}} \tag{5-96}$$

或者

$$u_0 > \left(\frac{1+b\varepsilon-b\varepsilon^2}{\varepsilon^3}\right)^{1/2}\left(\frac{G}{\rho_{\mathrm{s}}}\right)^{1/2} \tag{5-97}$$

式(5-97)表明，只有当传播速度超过临界流速一定程度时才形成气泡。由于 u_0 随粒径的平方而变化，因此对于大颗粒，根据式(5-94)给出的准则是不会产生气泡的。当$\Delta\rho$ 较小时也不容易产生气泡，这也解释了为何在气固流化床中容易产生气泡而在液固流化床中会有很宽的散式区。上述气固流化床内气泡生成的判据甚至部分可以延伸到 Geldart C 类颗粒范畴：固体颗粒的弹性模量(G)急剧增大，此时气固间的剪切是无法破坏这种黏结的颗粒群。因此，对于 Geldart C 类颗粒流化时

也没有气泡形成。

上述气泡生成的判据还可有效解释 Geldart A 类与 B 类颗粒的分界线。对于低颗粒雷诺数，式(5-96)中使用的速度 u_0 通过以下关系式与最小流化速度关联：

$$u_0 = 11 U_{mf} \phi_s^2 \tag{5-98}$$

那么基于最小流化速度，气固流化床内产生气泡的准则为

$$U_{mf} > \frac{1}{11\phi_s^2}\left(\frac{1+b\varepsilon-b\varepsilon^2}{\varepsilon^3}\right)^{1/2}\left(\frac{G}{\rho_s}\right)^{1/2} \tag{5-99}$$

或

$$U_{mf} > U_{mb} \tag{5-100}$$

其中，U_{mb} 等于鼓泡速度。因此，最小鼓泡速度就是气穴相穿过固体颗粒床层的临界速度。当将表达式(5-99)取等号时，即可定量表达 Geldart A 类和 B 类颗粒的边界。此处计算的最小鼓泡速度量级与 Geldart 测得相符，但仍需注意 G 的 ε 高灵敏度可能使得从 G 定量计算 U_{mb} 产生不小的偏差。

3. 测量可压缩性的方法

5.3.3 小节基于质量守恒气穴相传递方程与基于密相颗粒流 Ergun 方程的对比，可得到气泡是一种在近最小流化状态的连续激波。根据判据可得，对于小颗粒来说会形成气泡；而对于大颗粒来说，气穴相的传递会变为扩散过程。这是由于气穴的传递速度是随着小颗粒体系空隙率的平方增大而随着大颗粒体系空隙率的平方减小。其中，颗粒流的强可压缩性是其存在最小鼓泡速度的核心。

我们知道，可压缩流产生激波是流体可压缩性的显著特征之一。那么，对于不可压缩流场，扰动的影响域和依赖域均是全流场；而高马赫数流中扰动的影响域只限于扰动下游的马赫锥内。因此，如图 5-1(a)所示本节拟从圆柱绕流后影响域形成的类激波几何特征出发，已知马赫锥的半顶角 μ 与马赫数的定量关系式

$$\mu = \arcsin\left(\frac{1}{Ma}\right) \tag{5-101}$$

其中马赫数的定义为

$$Ma = \frac{U}{a} \tag{5-102}$$

可通过测量圆柱/钝体绕流的马赫半锥角定量获得气固两相流在该条件下的可压缩性。

此外，在气固两相流穿过激波的过程中，物理量(速度、温度、压强)迅速从波前值变化到波后值[图 5-1(c)]。将坐标系固定在圆柱绕流后形成脱体激波的激

波面上，气固两相流的物性在激波两侧发生跳跃。由激波过程的兰金-于戈尼奥(Rankine-Hugoniot)关系式可知：

$$\frac{p_2}{p_1}=\frac{(\gamma+1)\frac{\rho_2}{\rho_1}-(\gamma-1)}{(\gamma+1)-(\gamma-1)\frac{\rho_2}{\rho_1}} \tag{5-103}$$

因此，对激波前后的压力测量也可获得密度的对应关系。此外，可通过特殊的构件形式让气固两相流在绕流后形成低压区，进而获得稳定存在的稀相区而抑制气固返混。

5.3.4 气泡尺寸对反应过程的影响

氨氧化反应是工业获得腈类化合物的主要途径，成为制备精细化学品的基础反应之一。对于甲苯类化合物的氨氧化反应，实验室级别催化剂研究报道较多，通常使用 V_2O_5 作为载体的固定床催化剂；但从实验室级别放大到工业级别时，由于氨氧化反应是强放热反应，因此使用固定床反应器很难保证均匀的温度分布，易出现飞温的情况。为确保反应过程中温度的均匀分布，我们课题组使用气固流化床反应器进行对氯甲苯(PCT)氨氧化制备对氯苯甲腈(PCBN)的反应。

如图 5-6 所示，整个工艺流程主要包括进料段、流化床反应器(直径 1.2m，高度 20m)、冷却和产物分离单元。在进料工段，将反应气体(PCT、空气和氨气)进行预热，后进入流化床反应器，流化床中固体颗粒为通过浸渍法制备的 VPO/SiO_2；出流化床反应器的物料包括未转化的原料组分(即 PCT，氧气和氨气)，反应产物(PCBN)以及副产物(如由 PCT 过氨氧化形成的 NH_4Cl)组成。在本节中，主要讨论固体颗粒床层高度对工业氨氧化流化床反应器反应性能的影响。

(5-104)

$$ClPhCH_3+O_2+2NH_3 \longrightarrow PhCN+2H_2O+NH_4Cl \tag{5-105}$$

对于气固流化床反应器来说，添加更多的催化剂并不能总提高反应转化率，当添加催化剂过量并超过某一临界值时，高固体颗粒床层所导致的流化质量恶化反而会进一步降低流化床反应器的转化率。而本节工作认为，这一临界值应该是气固均布失稳的临界点，而该临界点可以通过中气固密相均布稳定性分析计算得到。由图 5-7 可知，当表观气速一定时，随着固体颗粒床层(H/D)的升高，颗粒床层压力载荷(Φ_T)也会随之增加，当 $\Phi_T > \Phi_{Tc}$ 时，气固均布稳定性会遭到破坏；

此时，由前述实验可知，气固流化质量恶化，可计算得到临界高径比为 4.8；因此，我们将之前的高颗粒床层工况（$H/D = 6$）调整至低颗粒床层工况（$H/D = 4$），具体操作工况和流化床反应器尺寸见表 5-1。

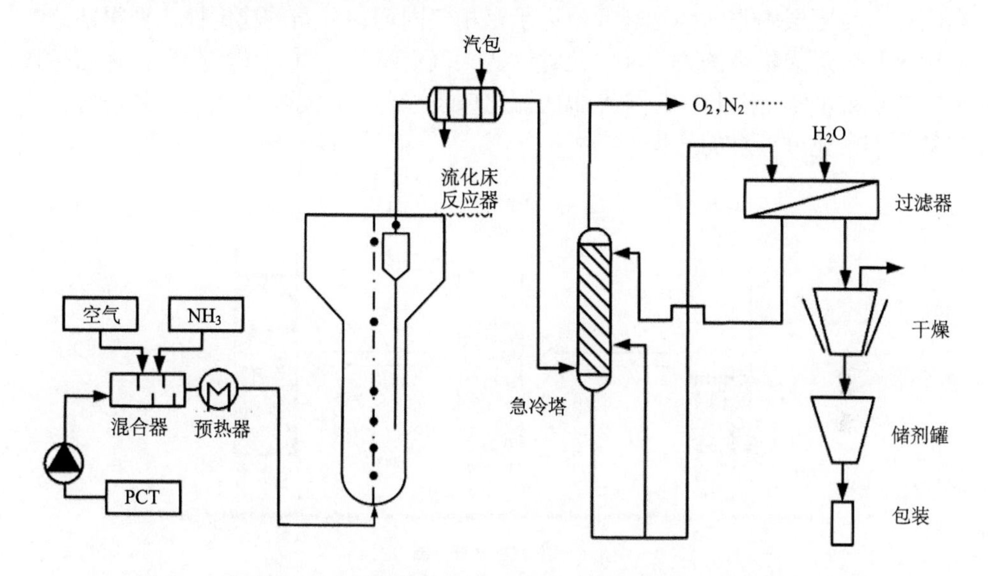

图 5-6　对氯甲苯(PCT)氨氧化制备对氯苯甲腈(PCBN)工艺流程示意图

表 5-1　氨氧化流化床反应器案例 A 和案例 B 的操作参数

	案例 A	案例 B
原料组成	PCT: NH_3:空气	PCT: NH_3:空气
反应器直径 D/m	1.2	1.2
催化剂装填量/kg	7000	4650
静床高 H/m	7.29	4.84
高径比 H/D	～6	～4
反应温度/K	483	483
操作压力/kPa	101.3	101.3
表观气速 U_g/(m/s)	0.3	0.3

图 5-8(a)和(b)分别显示了固体颗粒床层中的压力波动和温度轴向分布，可间接体现氨氧化流化床反应器中的气固流化质量。案例 A（$U_g = 0.3$ m/s, $H/D = 6$）的压力波动呈现低频高幅的特征，表明在深层固体颗粒床层中产生稳定的大气泡而导致流化质量下降；相对而言，案例 B（$U_g = 0.3$ m/s, $H/D = 4$）中的高频低幅的压力波动可归因于有效的气固相互作用和均匀的小气泡分布。通常，流化床内轴

向温度梯度的均匀性得益于优异的气固相互作用；然而，在图 5-8(b)所示的流化床反应区的轴向温度分布中，却发现流化质量较差的情况(案例 A)中的轴向温度分布比流化质量较好的情况(案例 B)更均匀。根据前述冷态实验结果可知，由于高固体颗粒床层中强非弹性耗散破坏了密相气固均匀分布的稳定性，使得部分气泡优先长大形成稳定的大气泡，此时这些大气泡增加了气固传质阻力，进而导致反应放热被抑制。因此，案例 A 中的流化床反应器温度分布更加均匀是反应物料与催化剂未充分接触的结果。

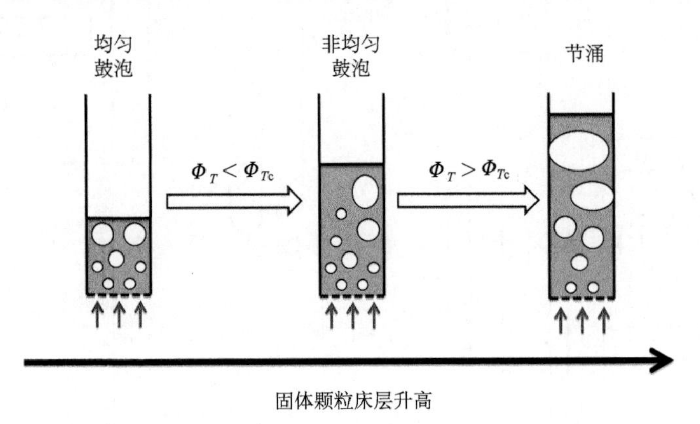

图 5-7　随固体颗粒床层(H/D)升高流化床状态的变化

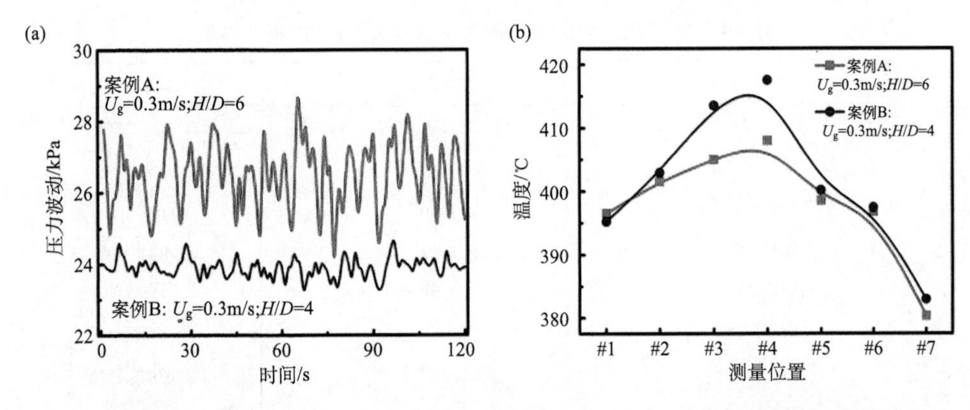

图 5-8　(a)案例 A 中气体分布器上方 160 cm 处的压力波动；(b)工业流化床的轴向温度分布；其中操作参数列于表 5-1

对氯甲苯(PCT)氨氧化反应的转化率由高床工况(案例 A)下约 85%提高至浅床(案例 B)约 95%且副产物(NH_4Cl)收率也下降了一半，如图 5-9 所示，根据本节的分析，较深的固体颗粒床层会导致气固不均匀分布，流化质量恶化；进一步地，由于气固分布的不均匀性，部分气泡获得了优先长大的机会形成稳定的大气泡甚至短路现象，这种大气泡既增大了传质阻力也由于其较高的上升速度减小了停留时间。因此，案例 A 中氨氧化的转化率较低；此外，复杂催化反应的选择性通常取决于反应器的局部停留时间，将氨氧化反应简化为一个串联反应(PCT 至 PCBN 再至 NH_4Cl)，由于在高床气固分布不均匀，一部分气泡优先长成大气泡而另一部分则会出现死区，在死区中由于停留时间过长，则会导致过度氨氧化生成 NH_4Cl。综上所述，当工况高径比(H/D)高于气固均布的失稳临界值时，流化床内气固均布稳定性遭到破坏，氨氧化反应的转化率和选择性均下降。

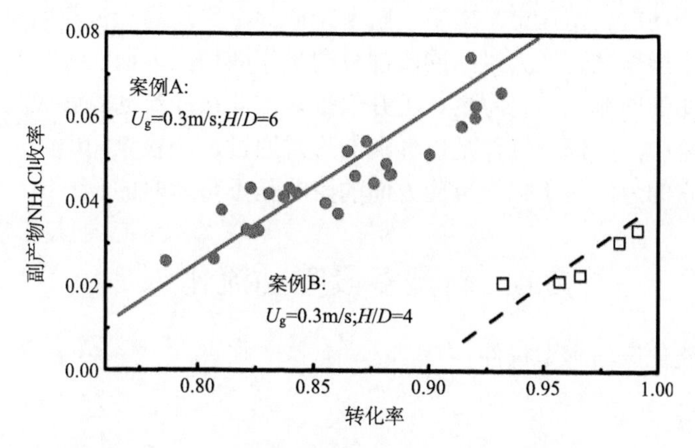

图 5-9　工业对氯甲苯氨氧化反应流化床反应器中高径比对反应性能的影响；其中操作条件列于表 5-1

除了上述通过调节固体颗粒床层高度防止产生节涌的方法，固体颗粒的粒径也对床层流化性能有重大影响：细颗粒如液体一样具有良好的流动性，但粗颗粒则不然，那么在催化剂成型时要着重考虑。此外，单一尺寸的颗粒流动性也不够好，需要有适当的粒度分布，流动性可有效改善。以催化裂化(FCC)的微球催化剂为例，其粒度分布大致是：20～40μm 的占 5%～15%，40～80μm 占 50%～70%，大于 80μm 占 20%～40%。其中 44μm 的级分被称为关键级分。若颗粒体系全部采用过细的颗粒(<50μm)则会容易凝结而产生沟流，而过大的颗粒易使得床层波动剧烈，气固接触不佳，反应再生循环输送管道易于磨损和堵塞。而具有较宽粒径分布的体系，有适当一部分特别易被流化的细颗粒，其能够向床层各处和大颗粒空隙间流动并将其动能传给大颗粒，从而促使整个床层流化更为均匀。因此，一定量的细颗粒在流化床反应器中必不可少，这时流化床反应器的旋风分离器设计就变得尤为重要。一般地，只有粒度分布较宽并含相当比例细分的床层(含 10%～20% 为 40μm 以下的颗粒)才流化良好、操作稳定、便于放大。因为这样的床层膨胀较大，其中的细颗粒容易侵入气泡相之内，而使得气泡分散得比较小，气固接触和

相间交换也较好。在连续运转时，流化床内颗粒由于自然磨损的结果，将达到一个定常态的粒径分布，称为平衡粒度分布，它与初始的固体颗粒粒径分布是不一样的，有时为了弥补因细颗粒带走而影响平衡粒度分布中细颗粒的含量，还有在床内特设一些装置(蒸气喷枪)以促使颗粒磨细。颗粒聚团中气流的情况比较复杂，在流速较小时颗粒聚团中的气体相当于临界流化气速向上流动，但由于有一部分固体颗粒上吸附和颗粒间的裹挟顺重力向下跳跃，就使得部分气体自上往下传递，这也是气固返混的直观表达。因此，颗粒聚团中存在上流及回流两类区域，其位置也是随机变动的。但在定常态下，整个床截面上平均的上流和回流气量大致都是恒定的。当操作气速增大时，回流部分的量相应增大，而在 U_g/U_{mf} 大于 6～11 时，颗粒聚团的回流气量将超过其上升气量，因此按净流动算就成为向下流动。尽管在流化床中，大部分气体是以气泡的形式通过，颗粒聚团中的气量相对要小得多，但是它的返混对于化学反应方面的影响是不可忽略的。

5.4 新型多段喷动流化床

5.4.1 喷动流化床与伞型构件

1. 喷动流化床

喷动流化床由于其强烈的气固相互作用而广泛应用于粒径较粗、密度较大的 Geldart D 类颗粒的干燥、气化以及燃烧等工业过程中。喷动流化床是喷动床与传统流化床的耦合，具备了喷动床剧烈喷射带动颗粒混合的特点也通过喷动区外的辅助流化气体防止了局部的死区。具体地，在中心喷射区，固体颗粒被大量气体快速提升，从而形成相对固体颗粒密度较小的喷泉区域。喷射而出气体夹带的固体颗粒在中心喷射的四周落回颗粒床层完成循环。在中心喷射区的四周，固体颗粒被辅助气体流化并逐渐转移回中心喷射区。与传统的喷动床有所不同，喷动流化床中由于辅助流化气体的作用，颗粒自从环形区域逐步向中心喷动区域流动过程中具备一定持气量，因此可有效减小中心喷动区所需的喷动速度和压头。除了优异的能量利用率，辅助流化气体还促进了环空区域的气固相互作用，避免局部死区的产生。因此，在喷射流化过程中，强喷射气体保证了颗粒的运动循环，而辅助流化气体则促进了在中心喷动区以外密相流化中的气固相互作用。

然而，喷动流化床突出的问题在于喷动流化的稳定操作区非常狭窄。由于中心喷动以外还存在辅助流化气体与固体颗粒床层的强气固非弹性耗散，那么中心喷动区经常受到波动而产生不稳定现象，这将极大地破坏气固流化系统的均匀性。为了提高喷动流化床的稳定性，前人的研究工作得出了一些经验方法来，例如匹配固体颗粒粒径与喷动区宽度以及固体颗粒床层的高径比。此外，许多学者还试图使用各种构件来提高喷动流化的稳定性，例如矩形、圆锥形和圆柱形的构件。然而，上述改进由于没有显著调变气固相结构，颗粒之间强非弹性耗散使得整个喷动流化床本征稳定性仍然较差。除此之外，喷动流化床中全局的气固相互作用也是问题。为保证喷泉区足够的提升能力，其高气体喷射量极大缩短了气固接触的时间。另一方面，在喷泉区周围的固体颗粒浓度又太高，这使得在整个空间尺度上气固接触非常不均匀，这也意味着相互作用与传递能力都会受到极大削弱。这里需强调的是，虽然在喷动流化床中环形区域中的固体颗粒堆积问题可通过增加辅助流化气来有效解决。然而，现有的研究表明辅助流化气体不应超过最小流化速度(U_{mf})的 1.5 倍，当超过这一气速后整个体系变得十分不稳定。总而言之，喷动流化床中较窄的稳定操作区间和较弱的气固接触效率极大限制了其广泛应用。因此，如何通过调变气固相结构获得更加稳定和高效的喷动流化床成为本节关注的核心问题。

前人已经在诸如喷动流化床几何设计、脉冲或旋流气体注入方式以及涡流发生器等方面入手试图改善气固流化性能。其中，添置内构件因其设备投资小、操作稳定等优点成为工业中常见的调控气固流动模式的方法。在现有喷动流化床内构件的设计中，为了确保喷动流化的稳定性，使用最广泛的一种是在喷泉区出口设置折流板。该折流板可有效抑制喷泉区出口的波动，调节固体颗粒在出口处的运动轨迹进而调控停留时间和颗粒的循环量，在一定程度上增加了喷动流化床的稳定操作区,但由于折流板严重阻碍了喷泉区与其周围空间固体颗粒的自由交换，其气固混合能力被进一步抑制，空间尺度上的不均匀性也显著提高。类似的内构件均存在无法同时提高稳定性和气固传递能力的问题且高速的射流会导致对喷动床内构件的极大磨损，这也是限制喷动流化床内构件使用的核心障碍。基于气固强可压缩性的特征通过构件迫使其产生类激波才可有效调变相结构，因此本节引入了新型的伞型构件。

2. 伞型构件

对于构件调控气固两相流动，从物理机制上看核心是气固两相障碍物绕流过程，这无论在学术上还是工程上都极具意义。正如可压缩流的典型特征，其圆柱或钝体绕流过程中会出现类马赫锥的激波现象。在诸如雪崩或泥石流这些自然现象中，固体颗粒流过障碍物时会出现压缩和膨胀区域。具体而言，在障碍物的前缘处形成一个大的停滞区，而在后缘处则可观察到稳定气穴相。如果通过构件使得喷动流化床中喷动区域也出现类似的密相和稀相区域，则密相区的存在一方面可破碎大气泡也可减少构件的磨损；稳定气穴则可以帮助气体聚集并在板上方进行第二次喷射。另一个问题是挡板的形状，应当指出许多雪崩或泥石流的防御结构是钝体，受这种自然现象的启发，伞状的内构件往往会取得更好的结果[7]。

本节通过 CFD-DEM 方法研究了带有伞状构件的喷动流化床中气固流动特征，发现其上游的稳定密相区和下游的稳定气穴区使其兼具破碎气泡和抑制返混的能力；在伞型构件的上游和下游被明显地分隔开来，可在现有喷动流化床中实现类似多孔板构件产生多级喷动的新流化状态。由于激波自身的稳定性使其在显著提高传递能力的同时扩大了操作稳定区间。

5.4.2 CFD-DEM 数值计算方法

1. 控制方程

本小节中，使用考虑气固相间交互的多相流开源软件(MFIX)进行数值计算。在 CFD-DEM 方法中，固体颗粒相受牛顿第二定律支配并在拉格朗日框架中进行描述和计算。对于气固喷动流化床体系，固体颗粒的运动主要受重力、颗粒间的碰撞力以及气固之间阻力的影响。因此固体颗粒的平移和旋转运动的控制方程如下：

$$m_i \frac{\mathrm{d}\boldsymbol{U}_i}{\mathrm{d}t} = m_i \boldsymbol{g} + \boldsymbol{f}_{\mathrm{d}} + \boldsymbol{f}_{\nabla p} + \sum_{j=1, j\neq i}^{k} \boldsymbol{f}_{c,ij} \tag{5-106}$$

$$I_i \frac{\mathrm{d}\omega_i}{\mathrm{d}t} = T_i \tag{5-107}$$

其中，$\boldsymbol{g}$ 是重力加速度，v_i 和 w_i 分别是粒子的平移速度和旋转速度。$\boldsymbol{f}_{\mathrm{d}}$ 是作用在固体上的净接触力，$\boldsymbol{f}_{\mathrm{d}}$ 和 $\boldsymbol{f}_p$ 是来自气相的阻力和压力梯度力，$\boldsymbol{f}_{c,ij}$ 分别是惯性矩和粒子施加的所有转矩的总和，I_i 是固体颗粒碰撞与器壁碰撞的数量。两个球形颗粒之间的相互作用力可以根据线性弹性碰撞模型来计算；进一步，将每个方向上的力分解成弹性力与阻尼力，其中弹性力主要表示碰撞变形而阻尼力表示固体颗粒碰撞的能量损失。气相遵循连续性介质假设并在欧拉坐标系下进行描述，使用 Navier-Stokes 方程用于描述气相的运动：

$$\frac{\partial(\varepsilon_{\mathrm{g}}\rho_{\mathrm{g}})}{\partial t} + \nabla(\varepsilon_{\mathrm{g}}\rho_{\mathrm{g}}U_{\mathrm{g}}) = 0 \tag{5-108}$$

$$\frac{\partial}{\partial t}(\varepsilon_{\mathrm{g}}\rho_{\mathrm{g}}U_{\mathrm{g}}) + \nabla(\varepsilon_{\mathrm{g}}\rho_{\mathrm{g}}U_{\mathrm{g}}U_{\mathrm{g}}) = -\varepsilon_{\mathrm{g}}\nabla P_{\mathrm{g}} + \nabla(\tau_{\mathrm{g}}) + \varepsilon_{\mathrm{g}}\rho_{\mathrm{g}}g - I_{\mathrm{gs}} \tag{5-109}$$

其中，ρ_{g}、U_{g} 和 P_{g} 分别是气相的密度、速度和压力；ε_{g} 是单元格中气相体积分数，τ_{g} 是气相剪切应力张量：

$$\tau_{\mathrm{g}} = 2\mu_{\mathrm{g}}\overline{\overline{\boldsymbol{D}}}_{\mathrm{g}} + \lambda_{\mathrm{g}}\nabla(\overline{\overline{\boldsymbol{D}}}_{\mathrm{g}}\boldsymbol{I}) \tag{5-110}$$

其中，$\boldsymbol{D}_g$ 是应变率张量；μ_{g} 和 λ_{g} 是气相的动态黏度和第二系数黏度。

2. 气固耦合

这里采用相间动量交互项 $\boldsymbol{I}_{gs}$ 描述气相与固体颗粒相的相互作用：

$$\boldsymbol{I}_{gs}=\frac{1}{V}\sum_{i=1}^{N}\left(\boldsymbol{f}_{\nabla P}+\boldsymbol{f}_{d}\right) \tag{5-111}$$

$$\boldsymbol{I}_{gs}=\frac{1}{V}\sum_{i=1}^{N}\frac{1}{6}\pi d_i^3\left[\nabla \boldsymbol{P}_g+\frac{\beta}{1-\varepsilon_g}(\boldsymbol{U}_g-\boldsymbol{U}_i)\right] \tag{5-112}$$

其中，N 为在控制体内的颗粒数，V 是控制体网格的体积；β 为气固曳力系数，该系数的准确程度与网格的大小密切相关。这里采用被大量应用在喷动流化床的数值模拟中 Gidaspow 的曳力模型。以固体颗粒体积分数为 0.8 为界，当其大于 0.8 为气固密相区，采用式(5-113)的曳力关系式，当其小于 0.8 为气固稀相区，采用式(5-114)的曳力关系式：

$$\beta=\frac{150(1-\varepsilon_g)U_g}{\varepsilon_g d_p^2}+1.75\frac{(1-\varepsilon_g)\rho_g\left|U_g-U_s\right|}{d_i} \tag{5-113}$$

$$\beta=\frac{3}{4}\frac{\varepsilon_g\varepsilon_s\rho_g\left|U_g-U_s\right|}{d_p}C_D\varepsilon_g^{-2.65} \tag{5-114}$$

写成曳力系数的形式为

$$C_D=24/Re\left(1+0.15Re^{0.687}\right) \tag{5-115}$$

其中雷诺数为

$$Re=\frac{\rho_g\varepsilon_g\left|u_g-v_p\right|}{\mu_g} \tag{5-116}$$

3. 模型验证

如图 5-10 所示，将实验测量获得的喷动流化床颗粒速度与当前数值计算结果进行对比。在不同轴向高度处基于本数值计算获得的颗粒速度径向分布与实验测量得到的速度分布一致，这说明了本模型可准确描述气固喷动流化床中气固流动特征。值得注意的是，数值模拟结果与实验结果差异最大的地方在于中心喷泉区靠近喷泉入口的地方，通过对比分析相关实验与数值计算的工作，类似的差异均普遍存在。由于该区域初始气流极大，更可能是测量准确性上带来的误差。

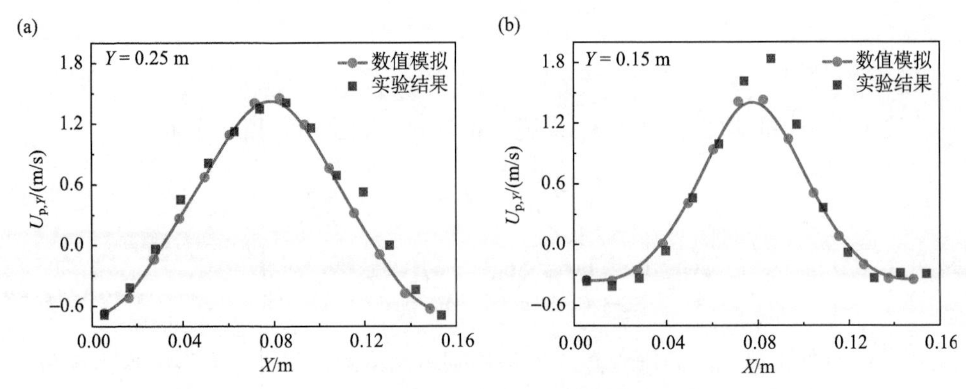

图 5-10　CFD-DEM 模拟与实验测量的颗粒径向速度分布对比

(a) $Y = 0.25$ m; (b) $Y = 0.15$ m

4. 数值模拟边界条件

正如前面所述，流化床内强烈的气固返混削弱了反应推动力且降低了目标产物的选择性，因此在学术和工业界均在尝试不同的方法，在保证流化床内传质传热效率的前提下尽可能抑制气固返混，实现近平推流的停留时间分布。比较常见的方式就是如第 4 章所述的通过多孔板构件形成多段流化床：若将流化床视为一个全混釜，那么通过多个全混釜串联的方式就可有效降低整体的返混，当串联的数目越多则整体效果越接近平推流。对于上述多段流化床中，多孔板构件在其下方形成了稳定的稀相区，这是其抑制返混的核心；然而从另一方面多孔板构件也容易造成节涌，即可稳定的稀相区一直保持并通过多孔板后不再形成小气泡，这样反而造成了操作的不稳定性。因此，对于 Geldart D 类颗粒，是无法采用多孔板构件的。在如图 5-11(a)的喷动流化床中，添置了如图 5-11(b)的伞型构件，预期通过其上游形成的密相区破碎分散喷泉，并通过其形成的类似激波的相对稀相区有效抑制返混。如图 5-11(a)的喷动流化床中，喷动气体从床中心底部区域注入，同时辅助流化气体从中心喷动气体孔口的两侧进入流化床中。与传统的喷动流化床相比，在喷泉区中心设置了一个伞型构件，称为多级喷动流化床。图 5-11(b)显示了本研究中使用的具有不同张角的伞型构件，每个挡板由两个组合的长方体组成，所有长方体中的长方体尺寸均一，为 25 mm×5 mm×15 mm(高×宽×厚)。此外，流化床的厚度与挡板的厚度相同(15mm)。在数值模拟中，初始状态为固体颗粒随机填充在喷动流化床中，二维床的内壁与侧壁采用无滑移边界，出口为恒压条件。在 X、Y 和 Z 方向上网格尺寸是固体颗粒粒径的 2×4×3 倍，气相和固体颗粒相的时间步长分别为 1×10^{-5} 和 1×10^{-6}，其他数值计算参数在表 5-2 列出。

本节将详细比较单级喷动流化床与具有伞型构件内多级喷动流化床的气固流动状态。表 5-3 列出了数值计算的操作与结构参数。为了彰显带伞型构件的多段流化床具有更宽的操作范围，将 U_{bg} 在原先稳定操作气速的基础上加倍设置为 3 m/s；此外，对 4 个不同开度的伞型构件进行系统研究，形成了多级喷动流化床调控相结构的框架。在所有情况下，伞型构件均置于距底部 0.12 m 处。

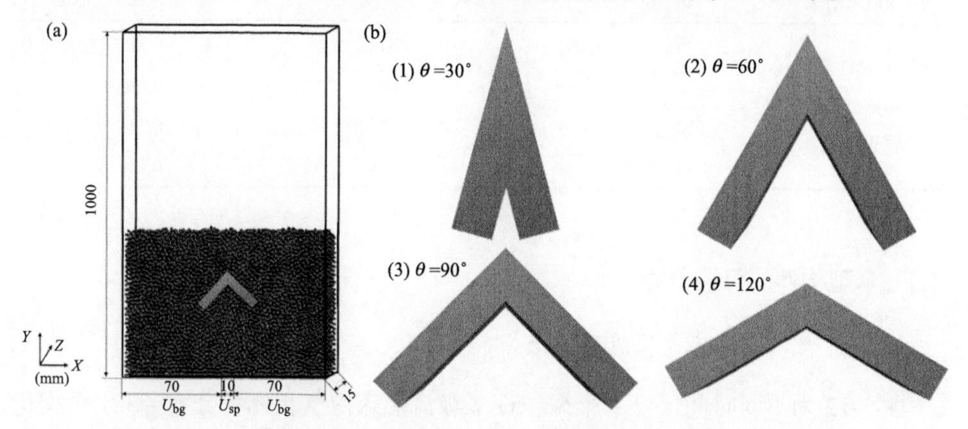

图 5-11　CFD-DEM 数值模拟(a)喷动流化床与(b)伞型构件的结构参数

表 5-2　数值模拟的物性参数

固体颗粒相		
颗粒直径	2.5	mm
颗粒密度	2526	kg/m³
颗粒数量	24500	
颗粒间恢复系数	0.97	(–)
与边壁恢复系数	0.97	(–)
颗粒间曳力系数	0.1	(–)
与边壁曳力系数	0.1	(–)
气相		
气体密度	1.2	kg/m³
气体黏度	1.8×10^{-5}	Pa·s
喷动气速	30	m/s
辅助流化气速	1.5	m/s
操作压力	101325	Pa
喷动流化床		
宽	0.15	m
高	1.0	m
厚	0.015	m
总网格数	30×200×2	(–)

表 5-3　工作的操作与结构参数

床型	U_{sp}/(m/s)	U_{bg}/(m/s)	伞型构件张角 φ/(°)	放置高度/m
单级喷动床	30	1.5	(–)	(–)
多级喷动床	30	3	30	0.12
	30	3	60	0.12
	30	3	90	0.12
	30	3	120	0.12

5.4.3　伞型构件的可控分相

1. 多级喷动流化床气固流动状态

图 5-12 为不同时间尺度上伞型构件多级流化床内气相体积分数分布，伞型构件将整个喷动流化床分为上下两个部分：在伞型构件的上游称为第一喷射区，在伞型构件的下游称为第二喷射区。与图 5-12(b)所示的无伞型构件喷动流化床相比，在不同的时间尺度，伞型构件的上游总存在气相体积分数较小即颗粒堆积区域，相应在伞型构件下游会产生显著且稳定的气相体积分数较大的区域。伞型构件上游累积的固体颗粒可将第一喷射区与第二喷射区显著分开，该处积累的固体颗粒类似“颗粒垫”，既可有效保护构件不被磨损也可有效分隔第一和第二喷射区，因此伞型构件及其上游的颗粒垫是形成多级流化床的必要条件。进一步，第一喷射区的气流可从伞型构件的两边绕流，该绕流并不是对称均匀分布的，其方向的选择会在下面详细讨论；气相绕流后，会在伞型构件的顶角处重新汇聚进而形成二次喷动。值得强调的是，气体向伞型构件顶角汇聚的原因是此处由于强可压缩性而形成了激波，显著的负压氛围将吸引气体涌入。最后，具有伞型构件的多级喷动流化床和单级喷动流化床相比，其气相体积分数更为均匀，避免了中心高、四周低的分布。

不同轴向高度上第一喷动区和第二喷动区的时均固体颗粒垂直速度。在第一喷动区，中心区域的固体颗粒速度达到最高值，约为 1.0 m/s；在第二喷动区，最大的固体颗粒速度也位于中心区域，大约为 0.9 m/s。这说明第一和第二喷动区的喷射能力相似，进而说明在伞型构件顶角处汇聚气体的能力非常强，而这也使得未来设计更多级喷动流化床时不必过于担心级数对多级喷动能力的影响。图 5-12(b)显示了在不同轴向高度上第一喷动区和第二喷动区时均固体颗粒通量，其结果同样显示第一喷射区与第二喷射区的最大颗粒通量相近。此外，无论是颗粒速度还是颗粒通量的径向分布，第二喷动区均比第一喷动区平滑，这也间接说明了第二喷动区激波面积较大，能够在更大程度上加强气固相互作用。

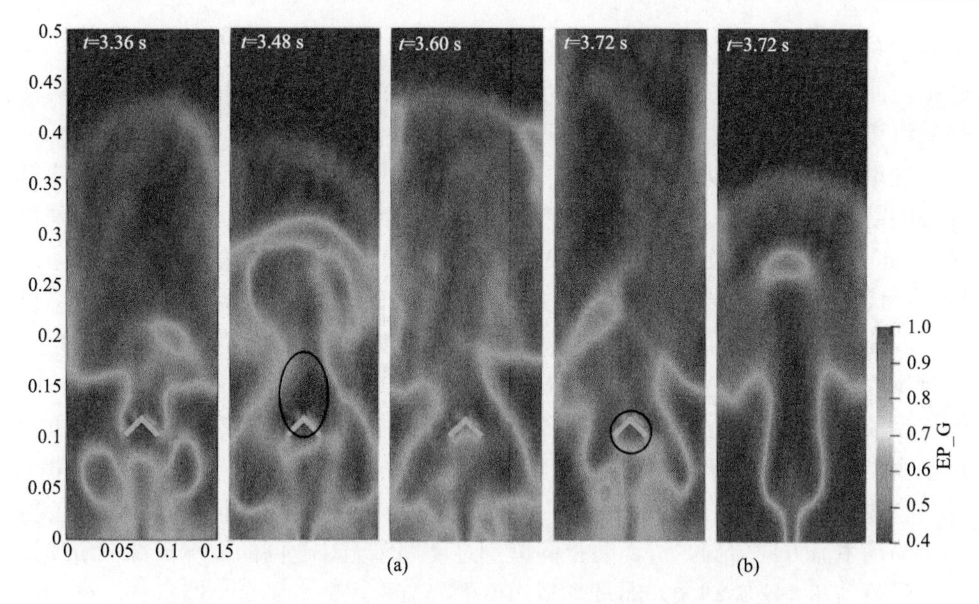

图 5-12　(a)伞型构件多级流化床和(b)单级流化床的气相浓度分布

2. 自反馈稳定性

这里进一步阐述气体从第一喷射区到第二喷射区跨越伞型构件的不同流动取向，如图 5-13(a)所示，当第一喷射区处于完全对称时，喷动的气流会被伞型构件下方的颗粒垫对称分开进而获得对称的绕流模式；如图 5-13(b)所示，当第

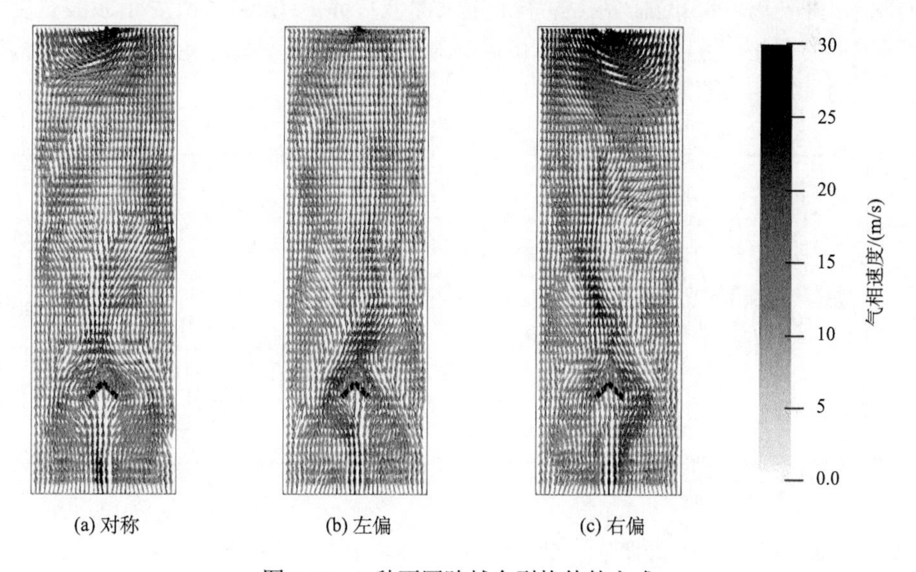

图 5-13　3 种不同跨越伞型构件的方式

一喷射向左偏转时，由于伞型构件的导流作用，其二级喷动的方向会朝着右边偏转；与此相对应的，如图 5-13(c)所示，当第一喷射向右偏转时，由于伞型构件的导流作用，其二级喷动的方向会朝着左边偏转。

这里定义一级喷动的主流方向与竖直轴线的夹角为第一喷动偏转角，相应第二级喷动的主流方向与竖直轴线的夹角为第二喷动偏转角。第一喷动偏转角是从 $H = 0$ m 平面计算出来的，而第二喷动偏转角是从 $H = 0.14$ m 平面计算出来的。图 5-14(a)展示了第一喷动偏转角与第二喷动偏转角的相互关系。数值模拟结果表明，在最近的 14 s 内所有测量数据的 73%第一喷动偏转角与第二喷动偏转角方向相反。正如前面所分析的，相反方向的喷动偏转为多级喷动流化床带来了特殊的自反馈，极大提高了喷动流化床的操作稳定性。具体地，当二级喷动主流方向由于伞型构件导向作用喷射一侧时，相应二级颗粒会汇聚至另一侧，而这一侧正好与一级喷动主流方向一致。那么，当固体颗粒自第二级下落至第一级时会使得一级喷动主流方向转向，进而防止向单侧过度偏转无法返回的情况。综上所述，在一级喷动和二级喷动之间通过伞型构件的导流作用建立了负反馈机制，使得两级喷动始终处于一个动态平衡中，极大促进了稳定操作域的范围。

值得进一步讨论的是，气固两相流过构件后产生类激波气穴相的稳定性，该气穴相既是抑制气固返混的核心，也是维持多级喷动强度的关键。为了直观表明伞型构件后气穴相的稳定性，使用气穴相的类激波宽度来表示，其计算方法如下：根据数值模拟结果的统计规律，气穴相的激波宽度基本在伞型构件以上 0.13 m 和 0.14 m 的范围达到最大值。因此，将计算高度设置为 0.135m 的激波宽度作为表征依据，并使用 0.85 的临界孔隙率来定义激波边界。图 5-14(b)表示激波宽度在时间域上的变化，可以看出激波宽度就是在 0.04 m 上下波动，这意味着伞型构件所产生的气穴相一直稳定存在。

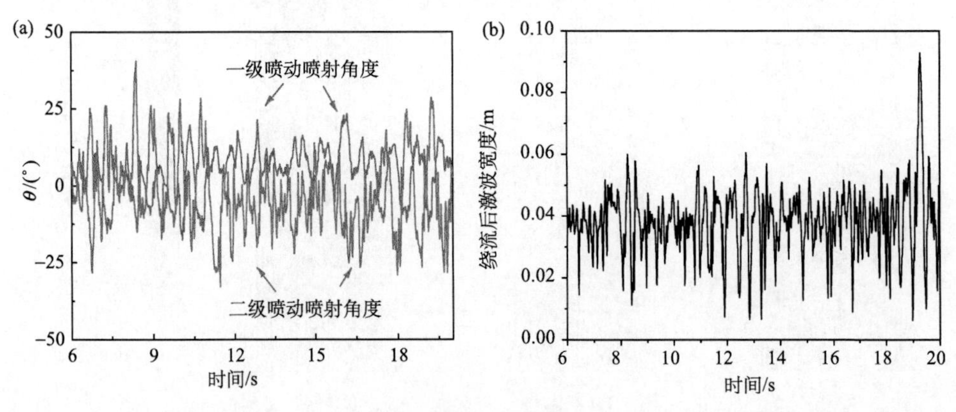

图 5-14　(a)一级喷动喷射角度与二级喷动喷射角度随时间的关系；(b)伞型构件下游稳定气穴相的宽度($H = 0.135$ m)

3. 气固混合能力

图 5-15 为多级喷动流化床中固体颗粒速度在不同时间尺度的分布图。在一般的喷动流化床中，固体颗粒在中心喷泉区域喷动气流提升，一小部分固体颗粒被扬起而另一大部分固体颗粒沿着边壁重新下降回到底部区域，在宏观尺度形成大的颗粒循环。在带伞型构件的多级喷动流化床中，由于伞型构件上游形成的固体颗粒垫可有效地将喷动流化床分成两级，与此同时伞型构件顶端的稳定气穴相为第二级提供了额外的喷动动力。另一方面，如图 5-15 所示，多级喷动流化床将原先单级喷动流化床的整体大循环打破，分成了上下两级内的小循环。具体地，在第一级喷动的两侧出现了两个固体颗粒运动涡流；而在伞型构件上方，固体颗粒在中心区域向上移动并落在壁附近，但与单级喷动流化床不同的是掉落的固体颗粒大部分被第二级喷动卷吸而没有回到第一级中。因此，在第二级伞型构件气穴相的两侧上也形成两个固体颗粒运动涡流。这与两个全混釜串联的概念是一致的，那么带伞型构件的多级喷动流化床也具有级内增强混合级间抑制返混的作用。值得注意的是，上述多级喷动流化床的平均扬析高度要显著高于单级流化床，这也说明了其对于能量利用效率的提高。

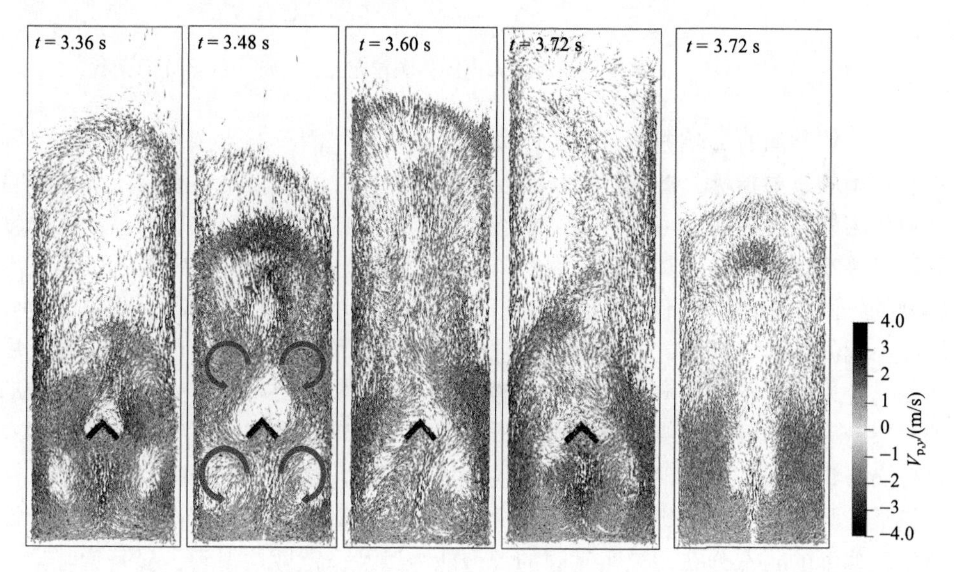

图 5-15　伞型构件的多级喷动流化床与单级喷动流化床内不同时间的颗粒速度空间分布

如前所述，在多级喷动流化床的二级喷动区下落的固体颗粒会被伞型构件所形成的气穴相卷吸重新进入二次喷动区而不落回到一级喷动区，这可有效打破原有单级喷动流化床在全床范围内的大循环进而有效抑制返混。图 5-16 为被伞型构件顶端形成的气穴相卷吸进而重新进入二次喷动区的颗粒再分配系数 Φ。该颗粒分配系数的定义为：将 Y 方向上 0.14～0.16m 区域中所有向下运动的固体颗粒，即在 Y 方向上具有负速度分量的颗粒作为示踪粒子。当 90％的示踪粒子通过伞型构件时 ($H = 0.12$ m)，示踪粒子的速度再次被记录，此时重新具有 Y 方向正速度分量并位于伞型构件上方的颗粒被认为重新进入第二喷动区。如图 5-17 所示，大约有 30%的下落固体颗粒会被伞型构件所形成的气穴相卷吸重新进入二次喷动区而不会掉落到一级喷动区，这是有效抑制固体颗粒返混的原因。

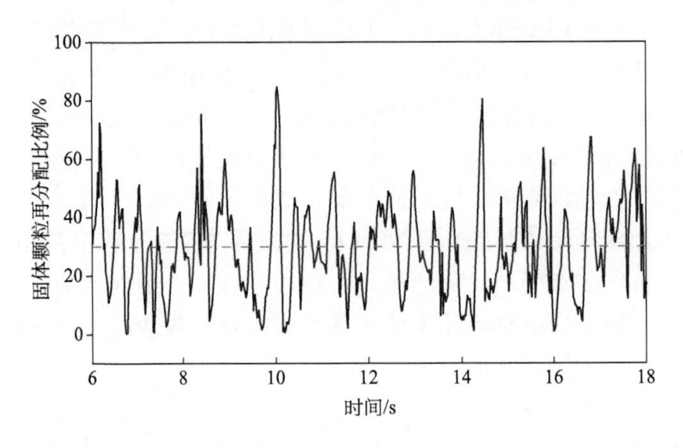

图 5-16　伞型构件的多级喷动流化床内固体颗粒在二级喷动中的再分配系数

与气体节涌的实验测量一致，压力波动是表达气固流态化体系相结构与气固相互作用的重要指标。图 5-17(a)比较了带伞型构件的多级喷动流化床与单级喷动流化床的压力脉动。可以看出，单级喷动流化床内的喷射过程压力波动的幅度要比多级喷动大得多。其核心原因是单级喷动流化床主要的波动来源于喷泉区内剧烈的气固相互作用，而在多级喷动流化床内原本单一剧烈的喷动过程被有效分散在不同的轴向位置处。多级喷动流化床内较为温和的压力波动可有效提高其操作稳定性以及延长实际应用过程中的设备运行周期。图 5-17(b)为上述压力脉动的概率密度分布函数，单级喷动流化床内的压力脉动概率密度分布呈现典型的双峰分布，说明其床层呈现显著周期性的碰撞与塌缩，这对工况的平稳操作带来极大挑战；另一方面，多级喷动流化床中的压力脉动概率密度分布在适中的压力幅值呈现典型的正态分布，说明气固的混合能力以及稳定性均得到了显著增强。

对单级喷动流化床与多级喷动流化床的压力波动进行频谱分析。对于单级喷动流化床来说，图 5-18(a)显示其压力脉动急剧向主频 6.2 Hz 靠拢，其高频脉动说明了喷泉区的气体穿透非常迅速，极易造成喷动流化床的短路。与此相对应，图 5-18(b)显示多级喷动流化床内频谱变宽且向低频移动，这说明了在多级喷动流化床内形成了空间和时间尺度的多级气固接触，且气体在喷泉区短路的倾向被显著抑制。

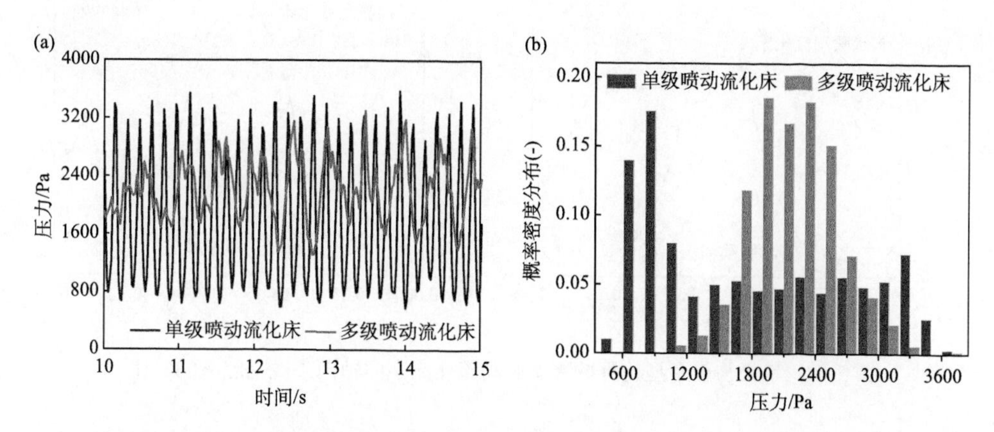

图 5-17　(a)伞型构件的多级喷动流化床内压力脉动及其(b)概率密度函数

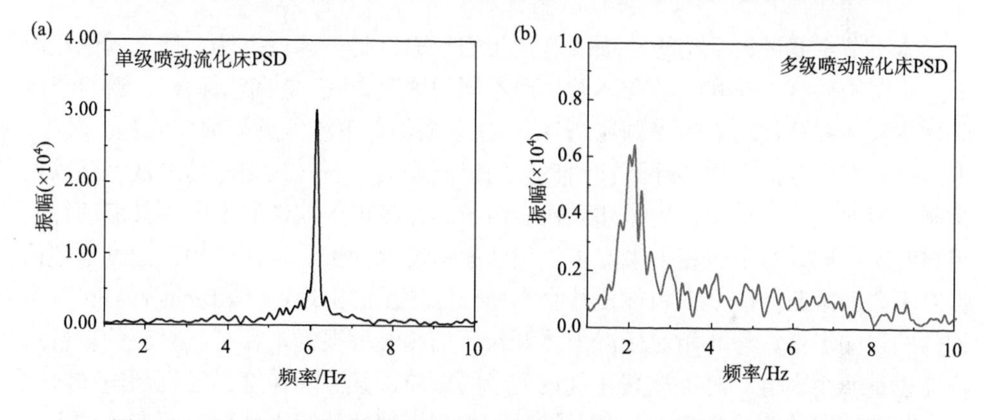

图 5-18　(a)单级与(b)带伞型构件的多级喷动流化床的压力脉动的频谱分析

基于上述分析可知，伞型构件及其所形成气穴相可有效改善其上部的气固接触和空间尺度的均匀性；更进一步，分析多级喷动流化床中一级喷动区气固相结构及其在空间尺度的均匀性。如图 5-19 所示，无论是接近一级喷动较近($H = 0.04$ m)还是较远的位置($H = 0.08$ m)，多级喷动流化床均呈现了更为均匀的空隙率分布，这也说明了在多级喷动流化床不仅对上层的流化状态，对下层(一级喷动区)的流化状态也有显著改善。其核心原因应该是伞型构件将原本大尺度的循环打破变为小空间尺度的循环，进而使其传递变得非常高效。

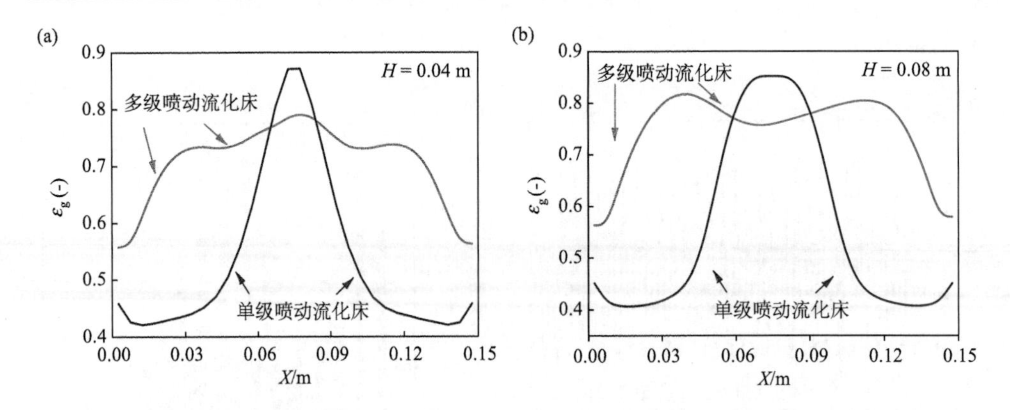

图 5-19　单级与带伞型构件的多级喷动流化床不同轴向高度空隙率的对比

5.4.4　分相机制的理论分析

本小节主要讨论伞型构件顶端气穴相的形成机制与调控方法。当气固两相流通过伞型构件时，在其上游和下游呈现不同的聚集方式：在伞型构件上游，形成固体颗粒体积分数较大的“颗粒垫”；而在伞型构件下游能够形成气穴相。其中，颗粒垫可有效保护伞型构件不被喷泉区的射流磨损；而气穴相则是二次喷动以及抑制返混的核心。这里，气流和颗粒流由于其自身可压缩性的不同，其流动行为也会有所不同。对于气相来说，由于气体的速度远低于声速，气相在通过伞型构件时不会产生激波，伞型构件顶端会有局部低压区的出现，气相反而容易在伞型构件的顶端汇聚。与此相对应，固体颗粒流的相温度很低，那么其对应的颗粒流声速也是一个小值，对于被高速气流夹带的颗粒，其流动速度已经远超固体颗粒本征声速，即颗粒马赫数大于 1。这时，强可压缩性使得固体颗粒流在经过伞型构件时其上游会产生局部密相区，而在构件的上游会产生类似脱体激波，正因为脱体激波的存在使得固体颗粒无法进入气穴相。

表 5-4 为颗粒温度、声速和马赫数的计算方法。图 5-20(a)为带伞型构件的多级喷动流化床内颗粒马赫数的空间分布。从数值模拟的结果可得，颗粒马赫数在 0.1～5 之间变化，范围从亚音速到超音速流。基于马赫数的定义，其大小由其流动速度和自身声速两者决定，而自身声速与相密度呈反比。在伞型构件的上游颗粒马赫数显著大于 1，表明固体颗粒流是强可压缩性；与此相对应，在伞型构件的下游呈现脱体激波的结构，其内部的颗粒马赫数显著小于 1，为典型的弱可压缩区域。图 5-20(b)为带伞型构件的多级喷动流化床内 $H = 0.135$ m 处沿 X 方向的激波结构周围时均压力。其显著特征是脱体激波内为一个压力低谷，那么第一级喷动绕流过伞型构件后会向低压区汇聚，避免了其向边壁喷射不可逆地失稳；此外，大量气体的汇聚也为第二级喷动提供了稳定的动力气源。

表 5-4　颗粒马赫数的计算

颗粒温度
$T_{s,i}=\dfrac{(v_{x,i}-\bar{v}_x)^2+(v_{y,i}-\bar{v}_y)^2+(v_{z,i}-\bar{v}_z)^2}{3}$
颗粒声速
$c_s^2=T_s\left\{f'(\varepsilon_s)+\left[\dfrac{f(\varepsilon_s)}{\varepsilon_s}\right]^2\right\}$
分配系数
$f(\varepsilon_s)=\dfrac{16-7\varepsilon_s}{16(1-\varepsilon_s)^2}$
颗粒马赫数
$Ma=U_s/c_s$

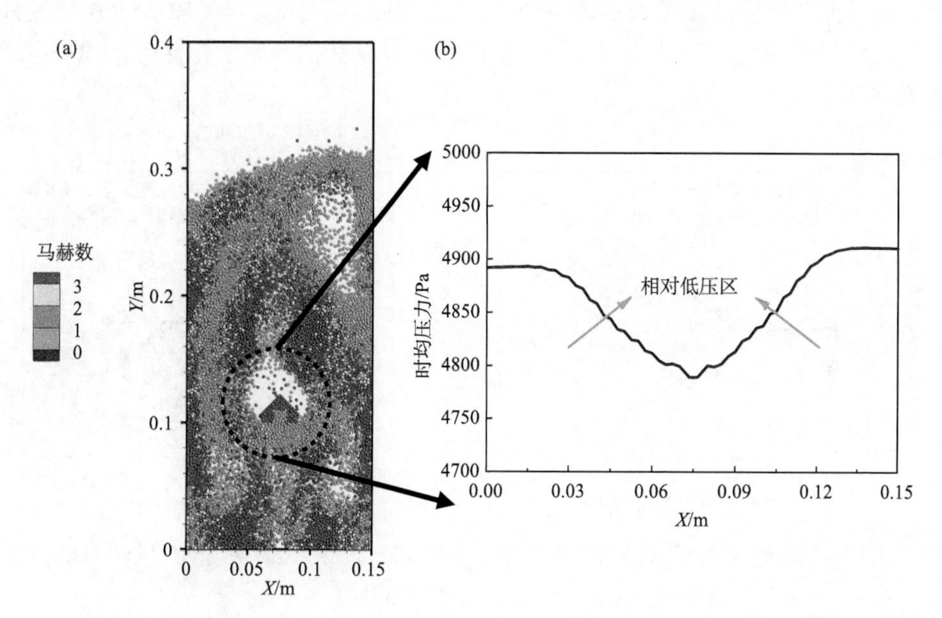

图 5-20　(a)带伞型构件的多级喷动流化床中颗粒马赫数分布；(b)气穴相内的相对低压区

进一步，我们讨论利用伞型构件的结构调变其顶端的气穴相。基于上述的讨论，第二级喷动产生的核心是强可压缩颗粒流的类激波特征。即当固体颗粒流马赫数大于 1 时，在伞型构件上游出现压缩区“颗粒垫”和下游出现的类脱体激波稀相区。而强可压缩流是基于连续介质假设，因此为确保伞型构件能够有效调控脱体激波的结构，我们先定义其有效调整范围，即确定连续介质假设的成立范围。这里引入构件 Knudsen 数(Kn_b)：固体颗粒微观特征尺度(此处为颗粒的平均自由

程 λ)与宏观特征尺度(此处为伞型构件映射直径 D)之比

$$Kn_{\mathrm{b}} = \frac{\lambda}{D} \tag{5-117}$$

颗粒平均自由程可由下式表达

$$\lambda = \frac{\pi d_{\mathrm{p}}}{8\varepsilon_{\mathrm{s}}} \tag{5-118}$$

基于上述定义，图 5-21 显示了带伞型构件的多级喷动流化床中构件不同张角以及努森数的构件下游类脱体激波的特征宽度。值得强调的是，类脱体激波宽度由两种临界孔隙率决定。图 5-21(a)显示当伞型构件张角度大于 60°时，气穴相的特征宽度保持增加。因此，在设计伞型构件时需保证角度应大于 60°，以确保稳定的气穴相以及第二次喷动能力。图 5-21(b)示出了当 Kn_{b} 小于 0.012 时，气穴相的特征宽度与 Kn_{b} 呈现线性相关；当 Kn_{b} 在 0.012～0.03 之间，气穴相特征宽度保持不变，说明此时连续介质假设已经不成立。这里我们认为 Kn_{b}=0.012 是介质连续性到离散性描述的过渡区开始，在设计伞型构件以及其他种类的构件时，均可参考本判据[8]。

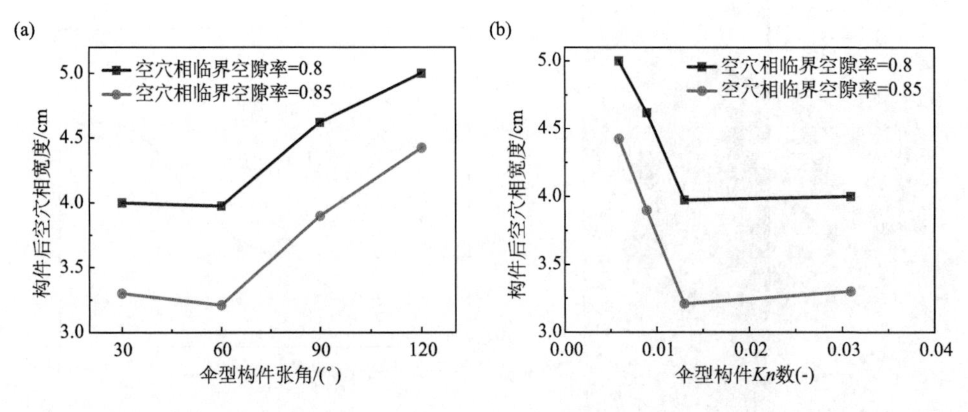

图 5-21 (a)二级喷动形成气穴相宽度随伞型构件张角的变化；(b)二级喷动形成气穴相宽度随伞型构件 Kn_{b} 数的变化

综上所述，本节基于 CFD-DEM 方法系统研究了带有伞型构件的多级喷动流化床中气固流动特征。与传统单级喷动流化床相比，带有伞型构件的多级喷动流化床在稳定操作域和气固接触效率方面均获得极大提高。具体的，在带有伞型构件的多级喷动流化床中，伞型构件上游形成一个时均稳定的颗粒垫，可以大幅降低伞型构件的磨损；伞型构件下游出现类脱体激波结构，这里具有压力低谷，可迅速吸收绕流过构件的气体，可为多级喷动提供稳定的气源；伞型构件将原本全床颗粒循环打破，形成了级内强混合，而在级间二级区域中大约 30%的下降颗粒将直接被二级喷动卷吸，可有效抑制级间的返混；第一喷动和第二喷动的方向具有负反馈的联动作用并始终处于动态平衡，大幅增强了多级喷动的操作稳定性；伞型构件形成类脱体激波的核心是颗粒流所具有的强可压缩性，是以连续介质假设为基础，因此为了确保气穴相的产生，伞型构件的努森数不能大于 0.012。

5.5 本章小结

在第 2 章对气固拟均相流从热力学角度进行稳定性分析的基础上，本章抓住气固密相流化中气泡与激波结构的相似性，着重分析了气穴相在颗粒聚团中的动力学演化，即气泡的形成。分别通过理论和实验研究气泡的压力特性，并在此基础上设计新型的伞型构件，在传统喷动流化床中建立起类脱体激波的稳定气穴相，极大抑制了气固返混以及扩展了喷动流化床的稳定操作区间。具体的结论如下。

借鉴双曲型波动方程以及可压缩单相流中激波的数学表达，将第 3 章类准粒子模型描述超可压缩流的数学框架推广至二维体系，采用拉普拉斯方程形式分析处于激发态的气穴相在处于基态的颗粒聚团中的传播过程，建立二维气固密相流中气泡形成机制的数学框架；

将特殊稳定气泡的形式“节涌”作为研究对象，以固体颗粒压力载荷为关键变量调控颗粒相压力，通过压力频谱分析对气泡的产生机制进行实验验证，并基于激波形成判据给出不同颗粒体系最小鼓泡速度的计算方法，在此基础上介绍了抑制节涌对促进工业反应过程的实际案例；

基于二维气固可压缩性产生类激波的原理，提出伞型构件多级喷动流化床。通过实验和 CFD-DEM 模拟方法研究了伞型构件多级喷动流化床的流动特征，伞型构件上游形成了随时间更新但时均稳定的颗粒密相区，可破碎喷泉区并减小颗粒流对构件的磨损；在伞型构件多级喷动流化床中，伞型构件下游形成了随时间更新但时均稳定的颗粒稀相区，可产生二次喷动强化传递并抑制颗粒返混；两级喷动角度相反，可形成负反馈的稳定操作域；引入构件努森数定量描述伞型构件调控稳定稀相区的有效范围。

参考文献

[1] 张兆顺, 崔桂香. 流体力学.第 3 版. 北京: 清华大学出版社, 2015.

[2] Zhang C, Qian W, Wang Y, et al. Heterogeneous catalysis in multi-stage fluidized bed reactors: from fundamental study to industrial application. Canadian Journal of Chemical Engineering, 2019, 97(3): 636-644.

[3] Gidaspow D. Hydrodynamics of fluidization and heat transfer: supercomputer modeling. Applied Mechanics Reviews, 1986, 39(1): 1-23.

[4] Bi H T, Ellis N, Abba I A, et al. A state-of-the-art review of gas–solid turbulent fluidization.

Chemical Engineering Science, 2000, 55(21): 4789-4825.

[5] Zhang C, Li P, Lei C, et al. Experimental study of non-uniform bubble growth in deep fluidized beds. Chemical Engineering Science, 2018, 176: 515-523.

[6] Gidaspow D, Jung J, Singh R K. Hydrodynamics of fluidization using kinetic theory: an emerging paradigm: 2002 Flour-Daniel lecture. Powder Technology, 2004, 148(2): 123-141.

[7] Gray J M N T, Cui X. Weak, strong and detached oblique shocks in gravity-driven granular free-surface flows. Journal of Fluid Mechanics, 2007, 579: 113-136.

[8] Yue Y, Zhang C, Shen Y. CFD-DEM model study of gas–solid flow in a spout fluidized bed with an umbrella-like baffle. Chemical Engineering Science, 2021, 230: 116234.

编 后 记

《博士后文库》是汇集自然科学领域博士后研究人员优秀学术成果的系列丛书。《博士后文库》致力于打造专属于博士后学术创新的旗舰品牌，营造博士后百花齐放的学术氛围，提升博士后优秀成果的学术和社会影响力。

《博士后文库》出版资助工作开展以来，得到了全国博士后管委会办公室、中国博士后科学基金会、中国科学院、科学出版社等有关单位领导的大力支持，众多热心博士后事业的专家学者给予积极的建议，工作人员做了大量艰苦细致的工作。在此，我们一并表示感谢！

《博士后文库》编委会